校企合作双元开发新形态教材

高等院校土木建筑类“十四五”技能型人才培养实用教材

安装工程计量与计价

（智媒体版）

主　编　刘晓艳　蔡汶青　侯　艳

副主编　杨俊华　李　玥　文志毅

西南交通大学出版社

·成　都·

图书在版编目（CIP）数据

安装工程计量与计价 / 刘晓艳，蔡汶青，侯艳主编
. —成都：西南交通大学出版社，2022.11
ISBN 978-7-5643-8946-8

Ⅰ. ①安… Ⅱ. ①刘… ②蔡… ③侯… Ⅲ. ①建筑安装 - 工程造价 - 高等学校 - 教材 Ⅳ. ①TU723.32

中国版本图书馆 CIP 数据核字（2022）第 207256 号

Anzhuang Gongcheng Jiliang yu Jijia (Zhimeiti Ban)

安装工程计量与计价（智媒体版）

主编 刘晓艳 蔡汶青 侯 艳

责任编辑	杨 勇
封面设计	何东琳设计工作室
出版发行	西南交通大学出版社 （四川省成都市金牛区二环路北一段 111 号 西南交通大学创新大厦 21 楼）
发行部电话	028-87600564 028-87600533
邮政编码	610031
网 址	http://www.xnjdcbs.com
印 刷	四川煤田地质制图印务有限责任公司
成品尺寸	185 mm × 260 mm
印 张	15.5
字 数	389 千
版 次	2022 年 11 月第 1 版
印 次	2022 年 11 月第 1 次
书 号	ISBN 978-7-5643-8946-8
定 价	48.00 元

课件咨询电话：028-81435775

PREFACE 前言

安装工程计量与计价，是供热通风与空调工程技术、给排水、建筑电气等建筑设备类专业从业人员的核心技能；同时，也是工程造价、建筑工程技术专业从业人员必备的一项技能。编者自毕业以来，先后在施工单位、设计单位、甲方单位等企业从事招投标及项目管理等工作，对工程中安装工程计量计价的工作流程及工作内容有了较为深刻的认识；同时，在高校讲授“安装工程计量与计价”课程十余年，对同学的学习习惯、学习方法和学习特点有了了解；在教学中，发现一本与安装工程造价从业人员工作流程一致的、使用最新规范定额的教材，对课程教学和同学的职业发展有积极的意义。本书有以下特点：

（1）按照人的认知规律和学习规律，在模块一工程造价知识中，带领大家先认识工程造价从业人员的职业路线和工程量清单计价体系，理清学习整体思路。

（2）依据安装造价工作人员的工作流程，在模块二安装工程各专业计量与计价中，按照“认识各专业工作—各专业工程图纸识读—工程量清单编制—工程量清单计价书编制”的工作流程，进行各专业计量与计价内容的编制。每个专业项目结束后，都会完成一套典型工程案例的工程量清单和清单计价书。

（3）在模块二安装工程各专业计量与计价学习中，应用案例详细解读《建设工程工程量清单计价规范》（GB 50500—2013）和《通用安装工程工程量计算规范》（GB 50856—2013）两本规范的计算规则，查询 2020 年《四川省建设工程工程量清单计价定额　通用安装工程》中的对应定额，采用市场价，完成真实工程案例的工程量清单和清单计价书编制。

（4）先手算，后电算。在模块三安装工程计量与计价软件应用中，将模块二中的给排水练习案例，应用计量软件和计价软件进行了计量与计价，以便手算和电算对照学习。

（5）根据项目内容的需要，在每个项目的内容中，设置了课前任务、随堂练习、课后任务，或者实训任务，方便练习。

（6）在书中，使用二维码提供了《全国二级造价工程师职业资格考试大纲》《工程量清单表格》等学习用的材料，方便同学下载使用。

（7）在“建筑云课”中建立了“安装工程计量与计价”课程，课程中配套录制了教学视频，欢迎下载“建筑云课”APP，扫描右侧班级二维码，加入班级学习。

班级邀请码 080182

本书由成都纺织高等专科学校刘晓艳、成都银杏酒店管理学院蔡汶青和成都纺织高等专科学校侯艳担任主编，四川省造价专家库专家杨俊华、四川财经职业学院李玥、中鸿亿博建设集团有限公司文志毅担任副主编。教材编写中，文志毅参与编写了项目一，蔡汶青参与编写了项目二，侯艳参与编写了项目三并录制了视频，李玥参与编写了项目四和项目五并录制了视频，杨俊华参与编写了项目五，广联达公司刘诗雨参与编写了模块三，CAD 图纸由成都纺织高等专科学校学生任智超绘制，其余内容由刘晓艳编写并统稿，供热通风与空调工程专业学生对本书编写提出了相关建议，四川省造价专家库专家杨俊华对整本书案例部分进行了审核。

由于编者水平有限，编写时间仓促，书中难免有不妥之处，敬请同行、专家和广大读者批评指正。如有问题，请联系 180843428@qq.com。

编　者

2022 年 11 月

CONTENTS 目录

模块一　工程造价基础知识

模块二　安装工程各专业计量与计价

模块三　安装工程计量与计价软件应用

模块一　工程造价基础知识

项目一　认识工程造价

素质目标

培养职业意识，确立职业目标。

知识目标

了解工程造价职业资格；熟悉工程造价的定义、工程造价的特点和工程计价模式的发展过程；熟悉并掌握建筑安装工程的建设程序、层次分级和各阶段的计量与计价活动。

能力目标

能够确立安装工程计量与计价课程的学习目标，了解工程造价人员的工作情境及职业发展道路。

课前任务

1. 思考：学习本课程的目的是什么？
2. 调查：从事“安装工程计量与计价”的工作岗位有哪些？

任务一　认识工程造价职业资格

造价工程师，是指通过全国统一考试取得中华人民共和国造价工程师执业资格证书，并经注册后从事建设工程造价工作的专业人员。国家对造价工程师实行准入类职业资格制度，纳入国家职业资格目录。

2018 年 7 月，住房和城乡建设部、交通运输部、水利部、人力资源社会保障部发布了新版《造价工程师职业资格制度规定》和《造价工程师职业资格考试实施办法》。造价工程师分为一级造价工程师和二级造价工程师。

（一）一级造价工程师考试

1. 考试设置

一级造价工程师职业资格考试设《建设工程造价管理》（客观题）、《建设工程计价》（客观题）、《建设工程技术与计量》（客观题）和《建设工程造价案例分析》（主观题）4 个科目。其中：《建设工程造价管理》和《建设工程计价》为基础科目；《建设工程技术与计量》和《建设工程造价案例分析》为专业科目，分为土木建筑工程、交通运输工程、水利工程和安装工程 4 个专业类别。报考人员可根据实际工作需要选报其一。参加 4 个科目考试（级别为考全科）的人员须在连续 4 个考试年度内通过全部应试科目，参加 2 个科目考试（级别为免二科）的符合免试基础科目人员须在连续 2 个考试年度内通过相应应试科目，方可获得资格证书。已取得一级造价工程师一种专业职业资格证书的人员，报名参加其他专业科目考试的（级别为增报专业），可免考基础科目，在连续 2 个考试年度内通过相应应试科目，可获得相应专业考试合格证明，该证明作为注册时增加执业专业类别的依据。

2. 报考条件

申请参加一级造价工程师考试的报名条件为，遵守中华人民共和国宪法、法律、法规，具有良好的业务素质和道德品行，并具备下列条件之一：

（1）具有工程造价专业大学专科（或高等职业教育）学历，从事工程造价业务工作满 5 年；具有土木建筑、水利、装备制造、交通运输、电子信息、财经商贸大类大学专科（或高等职业教育）学历，从事工程造价业务工作满 6 年。

（2）具有通过工程教育专业评估（认证）的工程管理、工程造价专业大学本科学历或学位，从事工程造价业务工作满 4 年；具有工学、管理学、经济学门类大学本科学历或学位，从事工程造价业务工作满 5 年。具体学校及评估通过时间可在住房和城乡建设部网站（www.mohurd.gov.cn）“人事教育”专栏“专业评估”目录查询。）

（3）具有工学、管理学、经济学门类硕士学位或者第二学士学位，从事工程造价业务工作满 3 年。

（4）具有工学、管理学、经济学门类博士学位，从事工程造价业务工作满 1 年。

（5）具有其他专业相应学历或者学位的人员，从事工程造价业务工作年限相应增加 1 年。

（二）二级造价工程师考试

1. 考试科目和考试方式

二级造价工程师职业资格考试设《建设工程造价管理基础知识》（机考 90 分钟）和《建设工程计量与计价实务》（机考 150 分钟）2 个科目，其中：《建设工程造价管理基础知识》为基础科目，题目为客观题；《建设工程计量与计价实务》为专业科目，题目由客观题和主观题组成，分为土木建筑工程、交通运输工程、水利工程和安装工程 4 个专业类别。考试方式均为电子化考试（即机考），客观题在计算机上选择答案作答，主观题需使用计算机键盘等录入答题内容，并按提示要求作答。

2. 报考条件

凡遵守中华人民共和国宪法、法律、法规，具有良好的业务素质和道德品行，具备下列条件之一者，可以申请参加该项考试，报考级别为“考全科”：

（1）具有工程造价专业大学专科（或高等职业教育）学历，从事工程造价、工程管理业务工作满 1 年。

（2）具有土木建筑、水利、装备制造、交通运输、电子信息、财经商贸大类大学专科（或高等职业教育）学历，从事工程造价、工程管理业务工作满 2 年。

全国二级造价工程师职业资格考试大纲

（3）具有工程造价专业大学本科及以上学历或学位。

（4）具有工学、管理学、经济学门类大学本科及以上学历或学位，从事工程造价、工程管理业务工作满 1 年。

（5）具有其他专业相应学历或学位的人员，从事工程造价、工程管理业务工作年限相应增加 1 年。

一级造价工程师和二级造价工程师考试内容仅供学习参考，具体报名条件及免试条件，及时查看四川人事考试基地网（http：//www.jdpta.com/）等官方网站。

任务二　认识工程造价的基本概念

（一）工程造价的含义

工程造价是指工程的建造价格，它的范围和内涵有很大的不确定性。工程造价有如下两种含义：

（1）工程造价是指建设一项工程预期开支或实际开支的全部固定资产投资费用。显然，这一含义是从投资者（业主）的角度来定义的。投资者选定一个投资项目，为了获得预期的效益，就要通过项目评估进行决策，然后进行设计招标、工程招标，直至竣工验收等一系列投资管理活动。在投资活动中所支付的全部费用形成了固定资产和无形资产。所有这些开支就构成了工程造价。从这个意义上说，工程造价就是工程投资费用，建设项目工程造价就是建设项目固定资产投资。

（2）工程造价是指工程价格，即为建成一项工程，预计或实际在土地市场、设备市场、技术劳务市场以及承包市场等交易活动中所形成的建筑安装工程的价格和建设工程总价格。显然，工程造价的这种含义是以社会主义商品经济和市场经济为前提的。它以工程这种特定的商品形式作为交易对象，通过招投标或其他交易方式，在进行多次预估的基础上，最终由市场形成的价格。在这里，工程的范围和内涵既可以是涵盖范围很大的一个建设项目，也可以是一个单项工程，甚至可以是整个建设工程中的某个阶段，如土地开发工程、建筑安装工程、装饰工程或者其中的某个组成部分。

所谓工程造价的两种含义，是以不同角度把握同一事物的本质。对建设工程的投资者来说，面对市场经济条件下的工程造价就是项目投资，是“购买”项目要付出的价格；同时也是投资者在作为市场供给主体时“出售”项目时定价的基础。对于承包商，供应商和规划、设计等机构来说，工程造价是他们作为市场供给主体出售商品和劳务的价格的总和，或是特指范围的工程造价，如建筑安装工程造价。通常，人们将工程造价的第二种含义认定为工程承发包价格。

（二）工程造价的特点

工程造价的特点由工程建设的特点所决定，工程造价具有以下特点：

（1）工程造价的大额性。

能够发挥投资效用的任一项工程，不仅实物形体庞大，而且造价高昂。动辄数百万、数千万、数亿、十几亿元人民币，特大型工程项目的造价可达百亿、千亿元人民币。工程造价的大额性使其关系到有关各方面的重大经济利益，同时也会对宏观经济产生重大影响，这就决定了工程造价的特殊地位，也说明了造价管理的重要意义。

（2）工程造价的个别性、差异性。

任何一项工程都有特定的用途、功能、规模。因此，对每一项工程的结构、造型、空间分割、设备配置和内外装饰都有具体的要求，因而使工程内容和实物形态都具有个别性、差异性。产品的差异性决定了工程造价的个别性差异。同时，每项工程所处地区、地段都不相同，使这一特点得到强化。

（3）工程造价的动态性。

任何一项工程从决策到竣工交付使用，都有一个较长的建设期间，而且由于不可控制因素的影响，在预计工期内，许多影响工程造价的动态因素，如工程变更，设备材料价格、工资标准以及费率、利率、汇率会发生变化。这种变化必然会影响到造价的变动。所以，工程造价在整个建设期中处于不确定状态，直至竣工决算后才能最终确定工程的实际造价。

（4）工程造价的层次性。

造价的层次性取决于工程的层次性。一个建设项目往往含有多个能够独立发挥设计效能的单项工程（如车间、写字楼、住宅楼等），一个单项工程又是由能够各自发挥专业效能的多个单位工程（如土建工程、电气安装工程等）组成。与此相适应，工程造价有 3 个层次：建设项目总造价、单项工程造价、单位工程造价。如果专业分工更细，单位工程（如给排水工程）的组成部分——分部分项工程也可以成为交换对象，如室外给排水工程、室内给排水工程等，这样工程造价的层次就增加分部工程和分项工程而成为 5 个层次。即使从造价的计算和工程管理的角度来看，工程造价的层次性也是非常突出的。

（5）工程造价的兼容性。

工程造价的兼容性首先表现在它具有两种含义，其次表现在工程造价构成因素的广泛性和复杂性。在工程造价中，首先，成本因素非常复杂，其中为获得建设工程用地支出的费用、项目可行性研究和规划设计费用、与政府一定时期政策（特别是产业政策和税收政策）相关的费用占有相当的份额；再次，盈利的构成也较为复杂，资金成本较大。

（三）工程造价的计价模式

纵观我国工程造价的发展，其计价模式大致经历了以下 4 个阶段的历史演变。

第一阶段：从新中国成立初期到20世纪50年代中期，这段时期属于无统一预算定额与单价情况下的工程造价计价模式阶段。这一时期工程造价的确定主要是按设计图计算工程量，没有统一的工程量计算规则，只是估价员根据企业的累积资料和本人的工作经验，结合市场行情进行工程报价，经过和业主进行双方洽商，达成最终工程造价。

第二阶段：从20世纪50年代到20世纪90年代初期，这段时期是有政府统一预算定额与单价情况下的工程造价计价模式，属政府决定造价。这一阶段的延续时间是最长的，而且它的影响最为深远。工程计价基本上是在统一预算定额（全国性或地区性的建筑工程预算定额）与单价（地区单位估价）情况下进行的，因此工程造价的确定主要是按设计图及统一的工程量计算规则计算工程量，并套用统一的预算定额与单价，计算出工程直接费，再按规定计算间接费及有关费用，最终确定工程的概算造价或预算造价，并在竣工后编制出结、决算造价，经审核后的即为工程的最终造价。

第三阶段：从20世纪90年代到2003年年初，这段时间造价管理沿袭了以前的造价管理方法，同时随着我国社会主义市场经济的发展，国家建设部对传统的预算定额计价模式提出了“控制量，放开价，引入竞争”的基本改革思路。各地在编制新预算定额的基础上，明确规定预算定额单价中的材料、人工、机械价格作为编制期的基期价，并定期发布当月市场价格信息进行动态指导，在规定的幅度内予以调整，同时在引入竞争机制方面做了新的尝试。

第四阶段：2003年3月，中华人民共和国建设部颁布《建设工程工程量清单计价规范》（GB 50500—2003），规定自2003年7月1日起我国正式推行建设工程工程量清单计价。这种计价模式是对我国原有定额计价模式的改革，是在建设施工招投标时招标人依据工程施工图纸、招标文件要求，以统一的工程量计算规则和统一的施工项目划分规定，为投标人提供实物工程量项目和技术性措施项目的数量清单；投标人在国家定额指导下、在企业内部定额的要求下，结合工程情况、市场竞争情况和本企业实力，并充分考虑各种风险因素，自主填报清单开列项目中包括的分部分项工程的综合单价与总价、措施项目费、其他项目费、规费和税金的合计汇总价，并以所报综合单价作为竣工结算调整价的一种计价模式。

工程量清单计价实行“量价分离”，是国际上普遍采用的工程施工招投标方式。2008年和2013年，中华人民共和国住房和城乡建设部对《建设工程工程量清单计价规范》先后进行了两次更新。2013年，在对规范进一步修订的基础上，按专业扩展发布了国家标准《建设工程工程量清单计价规范》（GB 50500—2013）以及《房屋建筑与装饰工程工程量计算规范》（GB 50854—2013）等9本工程量计算规范，这9本规范自2013年7月1日起实施，在规范中规定：使用国有资金投资的建设工程发承包，必须采用工程量清单计价；非国有资金投资的建设工程，宜采用工程量清单计价。

目前，随着市场经济的深入发展和国际交流的需要，工程量清单计价模式的使用越来越广泛，因此作为一名造价人员，必须掌握工程量清单计价模式下的报价书编制并熟悉相关造价管理工作。

任务三　认识建筑安装工程造价

建筑安装工程，主要是指永久性和临时性的建筑物、构筑物的建设工程，通常又可分为建筑工程和安装工程。建筑工程主要是指土建类工程，安装工程则主要包括给排水工程、电气工程、采暖通风工程等。

（一）建筑安装工程的建设程序

建设程序是指在建设过程中，各项工作必须遵循的先后顺序。一个建设工程项目的建成往往需要经过多个不同的阶段，各阶段的划分也不是绝对的，世界各国在工程项目建设程序上可能存在某些差异，但按照工程项目发展的内在规律，投资建设一个工程项目均要经过前期工作、建设实施和竣工验收及后评价三个时期，三个时期又可分为若干阶段，如图 1.1 所示。

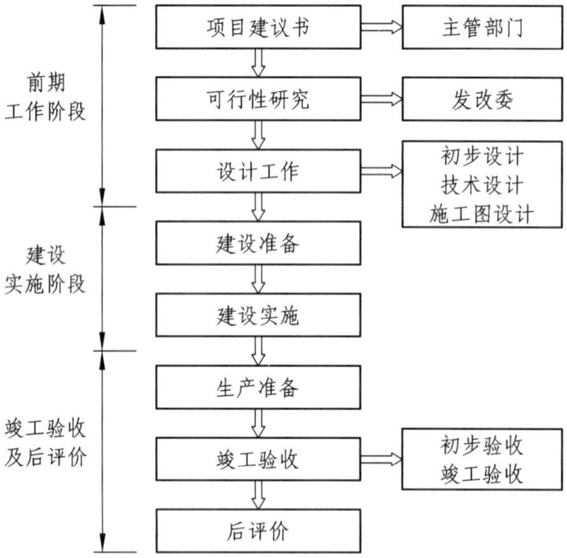

图 1.1　建筑安装工程的程序

（二）建筑安装工程的分级管理

为了实现对建设工程的分级管理，统一基本建设过程中的各项管理工作，国家统计部统一规定将基本建设工程项目分为建设项目、单项工程、单位工程、分部工程和分项工程。在建筑安装工程造价中，也按照这个层次分级进行计量与计价书的整理。

1. 建设项目

基本建设项目，又简称建设项目，是指按照总体设计进行施工，在经济上实行独立核算，在行政上具有独立组织形式的建设工程。建设项目也可以称为建设单位，是编制和执行基本建设计划的单位，如学校、医院、工厂等单位均可作为一个建设项目。

2. 单项工程

单项工程是建设项目的组成部分。凡是具有单独的设计文件，建成后可以独立发挥生产能力或效益的的工程，即为一个单项工程。一个建设项目，可以由一个或多个单项工程组成。在学校建设项目中，教学楼、食堂、宿舍都各为一个单项工程。

3. 单位工程

单位工程是单项工程的组成部分。具有独立的设计文件，具备独立施工条件并能形成独立使用功能，但竣工后不能独立发挥生产能力或工程效益的工程，称为单位工程。一个单项工程可以划分为一个或多个单位工程，如教学楼这个单项工程中，可以划分为土建工程、电气工程、暖通工程、给排水工程等各个单位工程。

4. 分部工程

分部工程是单位工程的组成部分。一般按单位工程的结构形式、工程部位、构件性质、使用材料、设备种类等的不同，将一个单位工程划分为多个分部工程，如土建工程可以分为土方工程、地基与基础工程、砌体工程、屋面工程等，电气工程可以划分为防雷接地工程、电缆工程、照明工程等。

5. 分项工程

分项工程是指分部工程的组成部分。在分部工程中，按照不同的施工方法、不同的材料型号规格进一步划分的最基本的工程项目，即为分项工程。例如，照明器具分部工程分为普通灯具的安装、荧光灯具的安装、工厂用灯及防水防尘灯的安装等。

（三）建筑安装工程各阶段的计量与计价

由于工程的计量与计价是一个动态的过程，随着工程建设的推进，建筑安装工程各阶段对应不同的计量与计价工作内容，如图 1.2 所示。

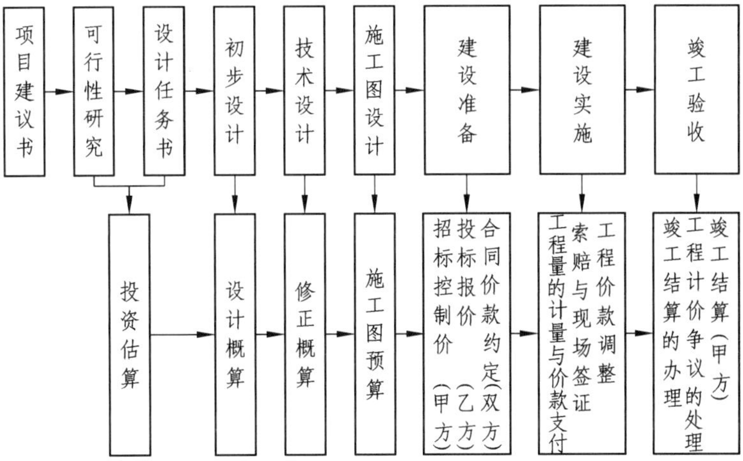

图 1.2　建筑安装工程各阶段的工程计量与计价工作

1. 投资估算

投资估算是指在项目建议书或可行性研究阶段，建设单位向国家或主管部门申请基本建设投资时，为了确定建设项目的投资总额而编制的经济文件。它是国家或主管部门审批或确定基本建设投资计划的重要文件。投资估算主要根据估算指标、概算指标或类似工程的预（决）算资料进行编制。

2. 设计概算

设计概算是指在初步设计或扩大初步设计阶段，由设计单位根据初步设计图纸、概算定额或概算指标、设备预算价格、各项费用的定额或取费标准、建设地区的自然和技术经济条件等资料，预先计算建设项目由筹建至竣工验收、交付使用的全部建设费用的经济文件。

设计概算的主要作用是控制工程投资和主要物资指标。在方案设计过程中，设计部门通过概算分析比较不同方案的经济效果，选择、确定最佳方案。

3. 修正概算

修正概算是指当采用三阶段设计时，随着设计内容的具体化，建设规模、结构性质、设备类型和数量等方面内容与初步设计可能有出入，为此，设计单位应对投资进行具体核算，对初步设计的概算进行修正而形成的经济文件。

修正概算的作用与设计概算基本相同。一般情况下，修正概算不应超过原批准的设计概算。

4. 施工图预算

施工图预算是指在施工图设计阶段，设计全部完成并经过会审，在单位工程开工之前，施工单位根据施工图纸、施工组织设计、预算定额、各项费用取费标准、建设地区自然、技术经济条件等资料，预先计算和确定单项工程及单位工程全部建设费用的经济文件。施工图预算的主要作用是确定建筑安装工程预算造价和主要物资需用量。在工程设计过程中，设计部门据此控制施工图造价不使其突破概算。施工图预算一经审定便是签订工程建设合同、业主和承包商经济核算、编制施工计划和银行拨款等的依据。

5. 招标控制价

招标控制价是在工程采用招标发包的过程中，由招标人根据国家或省级、行业建设主管部门颁发的有关计价依据和办法，以及拟定的招标文件和招标工程量清单，结合工程具体情况编制的招标工程的最高投标限价。

6. 投标报价

投标价是在工程采用招标发包的过程中，由投标人响应招标文件要求所报出的对已标价工程量清单汇总后标明的总价。投标过程中，投标人可根据工程特点，并结合自身的施工技术、装备和管理水平，依据有关计价规定，自主确定的工程造价。投标价是投标人希望达成工程承包交易的期望价格，原则上不能高于招标人设定的招标控制价。

7. 签约合同价

发承包双方在工程合同中约定的工程造价，即包括了分部分项工程费、措施项目费、其他项目费、规费和税金的合同总金额。一般情况下，采用招标发包的工程，其合同价应为投标人的中标价，即投标人的投标报价。特殊情况下，中标价是经过修正（增加或减少部分项目费用）后签约的合同价格。特殊情况指发出中标通知书后，签订协议书前，由于法律、法规和规章的改变，经合同双方协商同意的情况。

按照《建设工程工程量清单计价规范》（GB 50500—2013）的规定，实行招标的工程合同价款，应在中标通知书发出之日起 30 天内，由发、承包双方依据招标文件和中标人的投标文件在书面合同中约定。

8. 工程量的计量与价款支付

预付款：在发包前，发包人按照合同约定，预先支付给承包人用于购买合同工程施工所需的材料、工程设备，以及组织施工机械和人员进场等的款项。包工包料工程的预付款的支付比例不得低于签约合同价（扣除暂列金额）的 10%，不宜高于签约合同价（扣除暂列金额）的 30%。

进度款：在合同工程施工过程中，发包人按照合同约定对付款周期内承包人完成的合同价款给予支付的款项，也是合同价款期中结算支付。进度款支付同期应与合同约定的工程计量周期一致。

合同价款调整：在合同价款调整因素出现后，发承包双方根据合同约定，对合同价款进行变动的提出、计算和确认。

竣工结算价：发承包双方依据国家有关法律、法规和标准规定，按照合同约定确定的，包括在履行合同过程中按合同约定进行的合同价款调整，是承包人按合同约定完成了全部承包工作后，发包人应付给承包人的合同总金额。

9. 索赔与现场签证

索赔是指在合同履行过程中，合同当事人一方因非己方的原因而遭受损失，按合同约定或法律规定应由对方承担责任，从而向对方提出补偿的要求。索赔是合同双方行使正当权利的行为，承包人可向发包人索赔，发包人也可向承包人索赔。

现场签证是指发包人现场代表（或其授权的监理人、工程造价咨询人）与承包人现场代表就施工过程中涉及的责任事件所作的签认证明。现场签证是工程结算时的重要依据之一。

10. 工程计价争议的处理

在工程计价中，对工程造价计价依据、办法以及相关政策规定发生争议时，由工程造价管理机构负责解释。发、承包双方发生工程造价合同纠纷时，工程造价管理机构负责调解工程造价问题。

11. 竣工决算

竣工决算是指在竣工验收阶段，当一个建设项目完工并经验收后，建设单位编制的从筹建到竣工验收、交付使用全过程实际支出的建设费用的经济文件。竣工决算能全面反映基本建设的经济效果，是核定新增固定资产和流动资产价值、办理交付使用的依据。

课后任务

每个小组，通过上网或访问行业内人员，调研安装工程造价师的职业路线和工作内容。分析调研结果，写出调研报告，找出学好本门课程的方法。

项目二　认识工程量清单计价体系

素质目标

培养学生遵纪守法、自觉遵守行业规范；培养学生市场竞争意识和风险防范意识。

知识目标

了解实行工程量清单计价的目的和意义；熟悉《建设工程工程量清单计价规范》（GB 50500—2013）的内容；掌握安装工程工程量清单的编制方法和内容；掌握投标价的编制方法和要求。

能力目标

能够正确选择并填写工程量清单及清单计价表格；理解综合单价的实际意义，会计算综合单价。

课前任务

准备好以下学习材料：

（1）《建设工程工程量清单计价规范》（GB 50500—2013）。

（2）《通用安装工程工程量计算规范》（GB 50856—2013）。

（3）2020 年《四川省建设工程工程量清单计价定额　通用安装工程》。

任务一　认识工程量清单计价

（一）工程量清单的定义

工程量清单：载明建设工程分部分项工程项目、措施项目、其他项目的名称和相应数量以及规费、税金项目等内容的明细清单。

招标工程量清单：招标人根据国家标准、招标文件、设计文件以及施工现场实际情况编制的，随招标文件发布供投标报价的工程量清单，包括其说明和表格。

已标价工程量清单：构成合同文件组成的投标文件中已标明价格，经算术性错误修正（如有）且承包人已确认的工程量清单，包括其说明和表格。

工程量清单是工程量清单计价的基础，是作为编制招标控制价、投标报价、工程计量及进度款支付、调整合同款、办理竣工结算以及工程索赔等的依据之一。工程量清单应按《建设工程工程量清单计价规范》（GB 50500—2013）中统一的项目编码、项目名称、项目特征、计量单位和工程量计算规则进行编制，它不仅说明工程量的多少，而且通过项目特征来描述工程任务的相关特性与要求，帮助承包商理解发包的各分项工程特征、计量单位与数量的内涵。采用工程量清单方式招标，工程量清单必须作为招标文件的组成部分，其准确性和完整性由招标人负责。

（二）工程量清单计价的特点

1. 统一计价规则

通过制定统一的建设工程工程量清单计价方法、统一的工程量计量规则、统一的工程量清单项目设置规则，达到规范计价行为的目的。

2. 有效控制消耗量

通过由政府发布统一的社会平均消耗量指导标准，为企业提供一个社会平均尺度，避免企业盲目或随意大幅度减少或扩大消耗量，从而达到保证工程质量的目的。

3. 彻底放开价格

将工程消耗量定额中的工、料、机价格和利润、管理费全面放开，由市场的供求关系自行确定价格。

4. 企业自主报价

投标企业根据自身的技术专长、材料采购渠道和管理水平等，制定企业自己的报价定额，自主报价。企业尚无报价定额的，可参考使用造价管理部门颁布的《建设工程消耗量定额》。

5. 市场有序竞争形成价格

通过建立与国际惯例接轨的工程量清单计价模式，引入充分竞争形成价格的机制，制定衡量投标报价合理性的基础标准，在投标过程中，有效引入竞争机制，淡化标底的作用，在保证质量、工期的前提下，按国家《招标投标法》的有关条例规定，最终以“不低于成本”的合理低价者中标。

6. 强制性

按《建设工程工程量清单计价规范》（GB 50500—2013）规定：全部使用国有资金投资或国有资金投资为主的工程建设项目，必须采用工程量清单计价；非国有资金投资的工程建设项目，宜采用工程量清单计价。

（三）工程量清单计价的工作思路

1. 编制工程量清单

具有编制能力的招标人或受其委托，具有相应资质的工程造价咨询人按照相关规定编制出拟建工程的工程量清单，并在招标文件中列出，为投标人提供共同的报价基础。

2. 企业自主报价

企业根据招标文件、工程量清单、工程现场情况、施工方案、有关计价依据自行报价。企业报价包括两部分：一是措施项目和其他项目费用，按招标文件列出的项目、施工现场条件、工期要求和企业自身情况报出一笔金额，如招标文件项目不全可以自行补充列项；二是各分项工程的综合单价，综合单价一定要认真填报，考虑各分项应包括的内容，因为报出的单价被视为包括了应有的内容。企业报价是一个重要的计价环节，是形成个别工程造价的过程。

3. 合理低报价中标

招标投标法规定评标有综合评标价法和经评审的最低标价法两种，实行工程量清单招标工程应采用后一种办法，即经评审的最低标价中标，但这一最低标价应该是经说明不低于企业成本的。报价是否低于成本按建设部 89 号令、国家计委等七部委联合 12 号令规定由评标委员会认定，如果投标人能够对较低的报价说明理由，即可认为其报价有效。低价中标是清单招标计价的一个重要原则。

4. 签订工程承包合同

确定中标人后，招标人和中标人应按招标文件和中标人的投标文件订立书面合同，这是招标投标法的要求。合同中包括造价条款。合同一般使用示范文本，示范文本未尽之处可以另行约定。

5. 施工过程中一般调量不调价

招标文件中列出的工程数量表是投标人报价的共同基础，如工程量有误或施工中发生变化，工程量可以按实调整，工程量变化未超过 15%时，综合单价一般不调整。如果变更工程项目在工程量清单中未包括，双方可以协商一个变更项目的综合单价。

6. 业主按完成工程量支付工程款

由于约定了项目单价，工程款支付及调整比较简单，只要业主对已完成工程量及调整工程量认定后，按中标单价支付即可。

7. 工程结算价等于合同价加索赔

这里将所有的工程造价变更、调整、费用补偿都视为索赔，那么工程结算等于合同价加索赔，这时的工程结算已无须审查，按合同中所定单价、已认定工程量计算即可。工程量清单计价使工程款支付、造价调整、工程结算都变得相对简单。

8. 以相关保函制度作为实施条件

实行工程量清单计价要建立相应的保函制度，这里主要指履约保函，包括中标人的履约保函和业主的工程款支付保函，重点应是业主的工程款支付保函。

工程量清单计价的基本思路如上所述，其主要特点在于体现出了工程计价的个别性、竞争性。价格体制改革、加入世贸组织以及与国际计价惯例接轨的要求都使得工程量清单计价形式的推广显得必要和迫切。

（四）实行工程量清单计价的意义

（1）有利于贯彻“公正、公平、公开”的原则。招投标双方在统一的工程量清单基础上进行招标和投标，承发包工作更易于操作，有利于防止建筑领域的腐败行为。

（2）工程量清单报价可以在设计中期进行，缩短了建设周期，为业主带来明显经济效益。

（3）要求投标方编制企业定额，进行项目成本核算，提高其管理水平和竞争能力。

（4）清单条目简洁明了，有利于监理工程师进行工程计量，造价工程师进行工程结算，加快结算进度。

（5）工程量清单对业主和承包商之间承担的工程风险进行了明确划分。业主承担了工程量变动的风险，承包商承担了价格波动的风险，体现了风险分担的原则。

（五）工程量清单计价费用构成

工程量清单计价，包括分部分项工程费、措施项目费、其他项目费、规费和税金。根据《建设工程工程量清单计价规范》（GB 50500—2013），住建部和财政部发布的建标〔2013〕44 号文件，建筑安装工程费用构成（按造价形成）见图 2.1 所示。

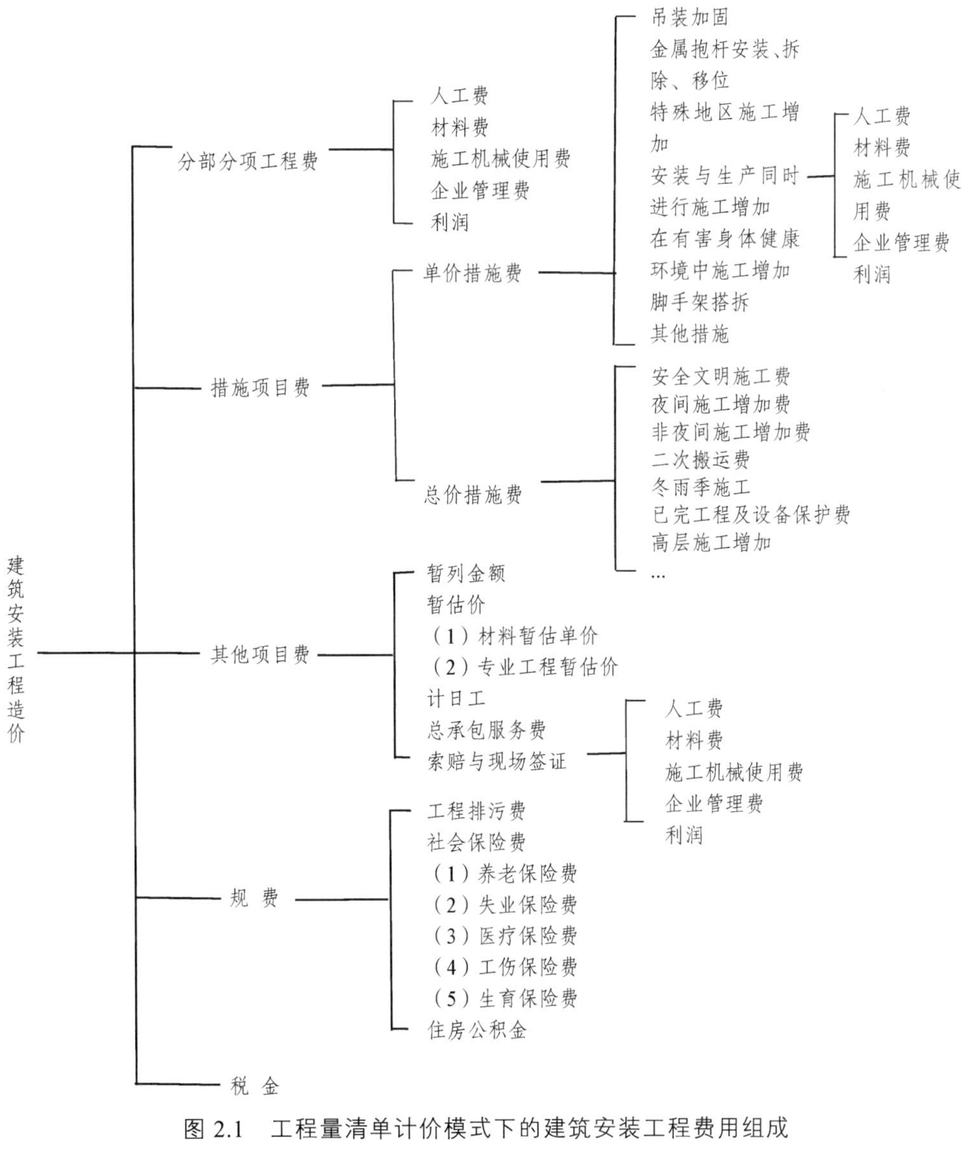

图 2.1　工程量清单计价模式下的建筑安装工程费用组成

任务二　认识工程量清单计价费用

（一）分部分项工程费

分部分项工程费是各分部分项综合单价费用的汇总。综合单价中包含了人工费、材料费、施工机具使用费、企业管理费和利润。

1. 人工费

人工费是指按工资总额构成规定，支付给从事建筑安装工程施工的生产工人和附属生产单位工人的各项费用。内容包括：

（1）计时工资或计件工资，是指按计时工资标准和工作时间或对已做工作按计件单价支付给个人的劳动报酬。

（2）奖金，是指对超额劳动和增收节支支付给个人的劳动报酬，如节约奖、劳动竞赛奖等。

（3）津贴补贴，是指为了补偿职工特殊或额外的劳动消耗和因其他特殊原因支付给个人的津贴，以及为了保证职工工资水平不受物价影响支付给个人的物价补贴，如流动施工津贴、特殊地区施工津贴、高温（寒）作业临时津贴、高空津贴等。

（4）加班加点工资，是指按规定支付的在法定节假日工作的加班工资和在法定日工作时间外延时工作的加点工资。

（5）特殊情况下支付的工资，是指根据国家法律、法规和政策规定，因病、工伤、产假、计划生育假、婚丧假、事假、探亲假、定期休假、停工学习、执行国家或社会义务等原因按计时工资标准或计量工资标准的一定比例支付的工资。

2. 材料费

材料费是指施工过程中耗费的原材料、辅助材料、构配件、零件、半成品或成品、工程设备的费用。内容包括：

（1）材料原价，是指材料、工程设备的出厂价格或商家供应价格。

（2）运杂费，是指材料、工程设备自来源地运至工地仓库或指定堆放地点所发生的全部费用。

（3）运输损耗费，是指材料在运输装卸过程中不可避免的损耗。

（4）采购及保管费，是指为组织采购、供应和保管材料、工程设备的过程中所需要的各项费用，包括采购费、仓储费、工地保管费、仓储损耗。

3. 施工机具使用费

施工机具使用费是指施工作业所发生的施工机械、仪器仪表使用费。

（1）施工机械使用费，以施工机械台班耗用量乘以施工机械台班单价表示，施工机械台班单价应由下列 7 项费用组成：

① 折旧费，指施工机械在规定的使用年限内，陆续收回其原值的费用。

② 检修费，指施工机械在规定的耐用总台班内，按规定的检修间隔进行必要的检修，以恢复其正常功能所需的费用。

③ 维护费，指施工机械在规定的耐用总台班内，按规定的维护间隔进行各级维护和临时故障排除所需的费用。包括为保障机械正常运转所需替换设备与随机配备工具附具的摊销和维护费用，机械运转中日常保养所需润滑与擦拭的材料费用及机械停滞期间的维护和保养费用等。

④ 安拆费及场外运费，安拆费指施工机械（大型机械除外）在现场进行安装与拆卸所需的人工、材料、机械和试运转费用以及机械辅助设施的折旧、搭设、拆除等费用，场外运费指施工机械整体或分体自停放地点运至施工现场或由一施工地点运至另一施工地点的运输、装卸、辅助材料及架线等费用。

⑤ 人工费，指机上司机（司炉）和其他操作人员的人工费。

⑥ 燃料动车费，指施工机械在运转作业中所消耗的各种燃料及水、电等。

⑦ 税费，指施工机械按照国家规定应缴纳的车船使用税、保险费及年检费等。

（2）仪器仪表使用费，是指工程施工所需使用的仪器仪表的摊销及维修费用。

4. 企业管理费

企业管理费是指建筑安装企业组织施工生产和经营管理所需的费用。内容包括：

（1）管理人员工资，是指按规定支付给管理人员的计时工资、奖金、津贴补贴、加班加点工资及特殊情况下支付的工资等。

（2）办公费，是指企业管理办公用的文具、纸张、账表、印刷、邮电、书报、办公软件、现场监控、会议、水电、烧水和集体取暖降温（包括现场临时宿舍取暖降温）等费用。

（3）差旅交通费，是指职工因公出差、调动工作的差旅费、住勤补助费，市内交通费和误餐补助费，职工探亲路费，劳动力招募费，职工退休、退职一次性路费，工伤人员就医路费，工地转移费以及管理部门使用的交通工具的油料、燃料等费用。

（4）固定资产使用费，是指管理和试验部门及附属生产单位使用的属于固定资产的房屋、设备、仪器等的折旧、大修、维修或租赁费。

（5）工具用具使用费，是指企业施工生产和管理使用的不属于固定资产的工具、器具、家具、交通工具和检验、试验、测绘、消防用具等的购置、维修和摊销等。

（6）劳动保险和职工福利费，是指由企业支付的职工退职金、按规定支付给离休干部的经费，集体福利费、夏季防暑降温补贴、冬季取暖补贴、上下班交通补贴等。

（7）劳动保护费，是企业按规定发放的劳动保护用品的支出，如工作服、手套、防暑降温饮料以及在有碍身体健康的环境中施工的保健费用等。

（8）检验试验费，是指施工企业按照有关标准规定，对建筑以及材料、构件和建筑安装物进行一般鉴定、检查所发生的费用，包括自设试验室进行试验所耗用的材料等费用。不包括新结构、新材料的试验费，对构件做破坏性试验及其他特殊要求检验试验的费用和建设单位委托检测机构进行检测的费用，对此类检测发生的费用，由建设单位在工程建设其他费用中列支。但对施工企业提供的具有合格证明的材料进行检测不合格的，该检测费用由施工企业支付。

（9）工会经费，是指企业按《工会法》规定的全部职工工资总额比例计提的工会经费。

（10）职工教育经费，是指按职工工资总额的规定比例计提，企业为职工进行专业技术和职业技能培训，专业技术人员继续教育、职工职业技能鉴定、职业资格认定以及根据需要对职工进行各类文化教育所发生的费用。

（11）财产保险费，是指施工管理用财产、车辆等的保险费用。

（12）财务费，是指企业为施工生产筹集资金或提供预付款担保、履约担保、职工工资支付担保等所发生的各种费用。

（13）税金，是指企业按规定缴纳的房产税、车船使用税、土地使用税、印花税等。

（14）其他，包括技术转让费、技术开发费、投标费、业务招待费、绿化费、广告费、公证费、法律顾问费、审计费、咨询费、保险费等。

5. 利　润

利润是指施工企业完成所承包工程获得的盈利。

（二）措施项目费

措施项目费是指为完成工程项目施工，发生于该工程施工前和施工过程中的技术、生活、安全、环境保护等方面的费用。措施项目可以根据工程实际情况进行调整列项。根据《建设工程工程量清单计价规范》（GB 50500—2013），措施项目费包括单价措施项目和总价措施项目。

1. 单价措施项目

单价措施项目是指在现行工程量清单计算规范中，有对应工程量计算规则，按人工费、材料费、施工机具使用费、管理费和利润形式组成综合单价的措施项目。各专业可能发生的单价措施项目如下：

（1）脚手架搭拆费：当安装物操作高度较高时，必须搭设脚手架，才能使安装工作安全顺利地进行。搭设拆除脚手架需消耗一定数量的人工、材料、材料的运输需消耗机械台班，这些都是工程造价的直接组成部分，必须正确地计算。在安装工程中，除定额中规定不计取脚手架费用者以外，不论工程实际是否搭设和拆除脚手架，也不论搭拆数量多少，均应按规定系数计取脚手架费用，包干使用，不得换算。

（2）安装与生产同时进行的增加费：安装与生产同时进行的增加费，一般发生在扩建工程中。因生产操作或生产条件的限制，干扰了安装施工的正常进行而使工效降低。为了弥补工效的降低，所以要计取该项费用。如果安装与生产同时发生，但生产并不干扰安装工作的进行，则不应计取该项费用。但需注意：安装与生产同时进行的增加费，并不包括为了保证生产和施工的安全所采取的措施费用。

（3）在有害身体健康的环境中施工的增加费：在有害身体健康的环境中施工的增加费，是指在民法通则有关规定允许的前提下，由于改建、扩建工程中车间或装置范围内存在有害气体或高分贝的噪声并超过国家标准，以致影响人们身体健康而降低了工效，为补偿工效降低而计取的费用。该项费用并不包括劳保条例规定中施工人员应享受的工种保健费。

（4）特殊地区施工的增加费：特殊地区施工的增加费，是指在高原、山区及高寒、高温、沙漠、沼泽地区施工，或在洞库内及水下施工需要增加的费用。

（5）其他措施费用：例如吊装加固，金属抱杆安装、拆除、移位，平台铺设、拆除，顶升、提升装置，大型设备专用机具，焊接工艺评定，胎（模）具制作、安装、拆除，防护棚制作安装拆除，工程系统检测、检验，设备、管道施工的安全、防冻和焊接保护，焦炉烘炉、热态工程，管道安拆后的充气保护，隧道内施工的通风、供水、供电、供气、照明及通信设施等。

2. 总价措施项目

总价措施项目是指现行工程量清单计算规范中无工程量计算规则，以总价（或计算基础乘以费率）计算的措施项目。主要包括以下内容：

（1）安全文明施工费，应按规定标准计价，不得作为竞争性费用。其内容包括以下 4 项。

① 环境保护费，是指施工现场为达到环保部门要求所需要的各项费用。工作内容及范围包括：现场施工机械设备降低噪声、防扰民措施费用；水泥和其他易飞扬细颗粒建筑材料密闭存放或采取覆盖措施等费用；工程防扬尘洒水费用；土石方、建渣外运车辆冲洗、防洒漏等费用；现场污染源的控制、生活垃圾清理外运、场地排水排污措施的费用；其他环境保护措施费用。

② 文明施工费，是指施工现场文明施工所需要的各项费用。工作内容及范围包括："五牌一图"；现场围挡的墙面美化（包括内外粉刷、刷白、标语等）、压顶装饰；现场厕所便槽刷白、贴面砖，水泥砂浆地面或地砖，建筑物内临时便溺设施；其他施工现场临时设施的装饰装修、美化措施；现场生活卫生设施；符合卫生要求的饮水设备、淋浴、消毒等设施；生活用洁净燃料；防煤气中毒、防蚊虫叮咬等措施；施工现场操作场地的硬化；现场绿化、治安综合治理；现场配备医药保健器材、物品费用和急救人员培训；用于现场工人的防暑降温费、电风扇、空调等设备及用电；其他文明施工措施。

③ 安全施工费，是指施工现场安全施工所需要的各项费用。工作内容及范围包括：安全资料、特殊作业专项方案的编制，安全施工标志的购置及安全宣传的费用；"三宝"（安全帽、安全带、安全网），"四口"（楼梯口、电梯井口、通道口、预留洞口），"五临边"（阳台围边、楼板围边、屋面围边、槽坑围边、卸料平台两侧）；水平防护架、垂直防护架、外架封闭等防护措施；施工安全用电，包括配电箱三级配电、两级保护装置要求、外电防护措施；起重机、塔吊等起重设备（含井架、门架）及外用电梯的安全防护措施（含警示标志）及卸料平台的临边防护、层间安全门、防护棚等设施；建筑工地起重机械的检验检测费用；施工机具防护棚及其围栏的安全保护设施；施工安全防护通道；工人的安全防护用品、用具购置；消防设施与消防器材的配置；电气保护、安全照明设施；其他安全防护措施。

④ 临时设施费，是指施工企业为进行建设工程施工所必须搭设的生活和生产用的临时建筑物、构筑物和其他临时设施费用，包括临时设施的搭设、维修、拆除、清理费或摊销费等。工作内容及范围包括：施工现场采用彩色、定型钢板，砖、混凝土砌块等围挡的安砌、维修、拆除；施工现场临时建筑物、构筑物的搭设、维修、拆除，如临时宿舍、办公室、食堂、厨房、厕所、诊疗所、临时文化福利用房、临时仓库、加工场、搅拌台、临时简易水塔、水池等；施工现场临时设施的搭设、维修、拆除，如临时供水管道、临时供电管线、小型临时设施等；施工现场规定范围内临时简易道路铺设，临时排水沟、排水设施安砌、维修、拆除；其他临时设施的搭设、维修、拆除。

（2）夜间施工增加费，是指因夜间施工所发生的夜班补助费、夜间施工降效、夜间施工照明设备摊销及照明用电等费用。

（3）非夜间施工增加费：为保证工程施工正常进行，在地下（暗）室、设备及大口径管道内等特殊施工部位施工时所采用的照明设备的安拆、维护及照明用电、通风等；在地下（暗）室等施工引起的人工工效降低以及由于人工工效降低引起的机械降效。

（4）二次搬运费，是指因施工场地条件限制而发生的材料、构配件、半成品等一次运输不能到达堆放地点，必须进行二次或多次搬运所发生的费用。

（5）冬雨季施工增加费，是指在冬季或雨季施工需增加的临时设施，对砌体、混凝土等采用的特殊加温、保温和养护措施，施工现场的防滑处理、排除雨雪，人工及施工机械效率降低等费用。

（6）已完工程及设备保护费，是指竣工验收前，对已完工程及设备采取的覆盖、包裹、封闭等必要保护措施所发生的费用。

（7）高层施工增加费：单层建筑物超过限 20 m，多层建筑物超过 6 层时，高层施工引起的人工工效降低以及由于人工工效降低引起的机械降效费用，以及通信网络设备的使用费用。注意：突出主体建筑物顶的电梯机房、楼梯出口间、水箱间、瞭望塔、排烟机房等不计入檐口高度；计算层数时，地下室不计入层数。

（三）其他项目费

其他项目费指除分部分项工程量清单项目、措施项目费以外的项目费用。

（1）暂列金额，是指建设单位在工程量清单中暂定并包括在工程合同价款中的一笔款项。用于施工合同签订时尚未确定或者不可预见的所需材料、工程设备、服务的采购，施工中可能发生的工程变更、合同约定调整因素出现时的工程价款调整以及发生的索赔、现场签证确认等的费用。在实际履约过程中，暂列金额可能发生，也可能不发生。

（2）暂估价，包括材料和工程设备暂估单价、专业工程暂估价。

（3）计日工，是指在施工过程中，承包人完成发包人提出的工程合同范围以外的零星项目或工作所需的费用。

（4）总承包服务费，是指总承包人为配合、协调发包人进行的专业工程发包，对发包人自行采购的材料、工程设备等进行保管以及施工现场管理、竣工资料汇总整理等服务所需的费用。

（四）规　费

根据国家法律、法规规定，由省级政府或省级有关权力部门规定，施工企业必须缴纳的，应计入建筑安装工程造价的费用。内容详见图 2.1。

规费按照国家标准《建设工程工程量清单计价规范》（GB 50500—2013）规定，不得作为竞争性费用。

（五）税　金

税金是指国家税法规定的应计入建筑安装工程造价内的增值税、城市维护建设费税和教育费附加及地方教育附加等。增值税计税方法包括简易计税方法和一般计税方法。

简易计税方法，其应纳税额为“销售额 × 征收率”计算的税额，并不得抵扣进项税额。小规模纳税人均采用简易计税方法。

一般计税方法，其应纳税额为“当期销项税额 – 当期进项税额”后的余额，一般纳税人原则上必须采用一般计税方法。采用一般计税方法时，销项增值税按税率 9%计算，销项税额 = 税前工程造价 × 销项增值税税率 9%。税前工程造价包括分部分项工程费、措施费、其他项目费和规费，各费用项目均以不包含增值税可抵扣进项税额的价格计算。

任务三　认识工程量清单及工程量清单计价编制依据

安装工程工程量清单及工程量清单计价的编制依据主要包括：

（1）《建设工程工程量清单计价规范》（GB 50500—2013）。

（2）《通用安装工程工程量计算规范》（GB 50856—2013）。

（3）国家或省级、行业建设主管部门颁发的计价依据和办法。

（4）企业定额，国家或省级、行业建设主管部门颁发的计价定额。

（5）建设工程设计文件。

（6）与建设项目相关的标准、规范、技术资料。

（7）拟定的招标文件。

（8）施工现场情况、工程特点及常规施工方案。

（9）市场价格信息或工程造价管理机构发布的工程造价信息。

（10）其他的相关资料。

我们以四川省的计价定额为例，来熟悉一下《建设工程工程量清单计价规范》（GB 50500—2013）、《通用安装工程工程量计算规范》（GB 50856—2013）和 2020 年《四川省建设工程工程量清单计价定额　通用安装工程》内容。

（一）《建设工程工程量清单计价规范》简介

《建设工程工程量清单计价规范》（GB 50500—2013）是根据《中华人民共和国建筑法》、《中华人民共和国合同法》、《中华人民共和国招投标法》等法律法规，在《建设工程工程量清单计价规范》（GB 50500—2008）基础上修订的，适用于建设工程发承包及实施阶段的计价活动。

《建设工程工程量清单计价规范》（GB 50500—2013）内容主要包括总则、术语、一般规定、工程量清单编制、招标控制价、投标报价、合同价款约定、工程计量、合同价款调整、合同价款期中支付、竣工结算与支付、合同解除的价款结算与支付、合同价款争议的解决、工程造价鉴定、工程计价资料与档案、工程计价表格等共 16 章，还包括物价变化合同价款调整方法及各种表格的附录。规范提出，工程计价表宜采用统一格式，各省、自治区、直辖市建设行政主管部门和行业建设主管部门可根据本地区、本行业的实际情况，在规范提供的表格基础上补充完善。

（二）《通用安装工程工程量计算规范》简介

《通用安装工程工程量计算规范》（GB 50856—2013）适用于工业、民用、公共设施建设安装工程的计量和工程计量清单编制；通用安装工程计价，必须按本规范规定的工程量计算规则进行工程计量。

《通用安装工程工程量计算规范》（GB 50856—2013）内容主要包括总则、术语、工程计量、工程量清单编制和附录。附录按照专业划分，包括以下内容：

附录 A：机械设备安装工程；

附录 B：热力设备安装工程；

附录 C：静置设备与工艺金属结构制作安装工程；

附录 D：电气设备安装工程；

附录 E：建筑智能化工程；

附录 F：自动化控制仪表安装工程；

附录 G：通风空调工程；

附录 H：工业管道工程；

附录 J：消防工程；

附录 K：给排水、采暖、燃气工程；

附录 L：通信设备及线路工程；

附录 M：刷油、防腐蚀、绝热工程；

附录 N：措施项目。

附录中包括项目编码、项目名称、项目特征、计量单位、工程量计算规则和工作内容，其中项目编码、项目名称、项目特征、计量单位、工程量计算规则作为 5 个要件的内容，要求招标人在编制工程量清单时必须执行。

（三）《四川省建设工程工程量清单计价定额》简介

1. 2020 年《四川省建设工程工程量清单计价定额》的适用范围

2020 年《四川省建设工程工程量清单计价定额》是与中华人民共和国国家标准《建设工程工程量清单计价规范》（GB 50500—2013）以及《房屋建筑与装饰工程工程量清单计价规范》（GB 50854—2013）、《通用安装工程工程量计算规范》（GB 50856—2013）等规范相配套，依据住房和城乡建设部第 16 号令《建筑工程施工发包与承包计价管理办法》、《住房和城乡建设部关于进一步推进工程造价管理改革的指导意见》（建标〔2014〕142 号）、《住房和城乡建设部关于加强和改善工程造价监管的意见》（建标〔2017〕209 号），住房和城乡建设部、财政部关于印发《建筑安装工程费用项目组成》的通知（建标〔2013〕44 号）、《住房和城乡建设部关于印发〈建设工程定额管理办法〉的通知》（建标〔2015〕230 号）、《房屋建筑与装饰工程消耗量定额》（TY01-31—2015）、《通用安装工程消耗量定额》（TY02-31—2015）等消耗量定额、《建设工程施工机械台班费用编制规则》、2015 年《四川省建设工程工程量清单计价定额》以及现行国家相关产品标准、设计规范、施工质量验收规范和安全操作规程等并结合四川省实际进行编制。

2020 年《四川省建设工程工程量清单计价定额》，包括房屋建筑与装饰工程、仿古建筑工程、通用安装工程、市政工程、园林绿化工程、构筑物工程、爆破工程等各册定额。2020 年《四川省建设工程工程量清单计价定额》适用于四川省行政区域内的工程建设项目计价。凡使用国有资金投资的建设工程应按有关规定执行该定额。

2. 2020 年《四川省建设工程工程量清单计价定额　通用安装工程》的主要内容

2020 年《四川省建设工程工程量清单计价定额　通用安装工程》，共分为 13 分册，包括：

A——机械设备安装工程；

B——热力设备安装工程；

C——静置设备与工艺金属结构制作安装工程；

D——电气设备安装工程；

E——建筑智能化工程；

F——自动化仪表安装工程；

G——通风空调工程；

H——工业管道工程；

J ——消防工程；

K——给水、采暖、燃气工程；

L——通信设备及线路工程；

M——刷油、防腐蚀、绝热工程；

N——通用项目及措施项目。

3. 2020 年《四川省建设工程工程量清单计价定额　通用安装工程》的结构组成

2020 年《四川省建设工程工程量清单计价定额　通用安装工程》设有总说明、册说明和工程量计算规则。另外，每分册均由分册说明、章说明和工程量计算规则、定额项目表、附录等组成。

（1）总说明。各册定额的总说明是完全一样的，主要说明 2020 年《四川省建设工程工程量清单计价定额》的编制依据、适用范围、定额作用、消耗量标准、综合基价、措施项目费、其他项目费、规费、税金、一次性补充定额、工作内容、材料用量等内容。

（2）册说明和工程量计算规则。册说明中主要说明本册定额包含的内容，定额系数的选取等内容。工程量计算规则中说明使用该定额计价时的单位工程工程量计算规则、计算规则适用范围、注意事项等。

（3）分册说明和工程量计算规则。主要说明：

a. 本册定额的适用范围；

b. 定额的编制依据；

c. 有关费用（如脚手架搭拆费、高层建筑增加费、操作高度超高费等）的计取；

d. 本册定额包括的工作内容和不包括的工作内容；

e. 本册定额在使用中应注意的事项和有关问题的说明；

f. 部分分册设有工程量计算规则，说明使用该定额计价时本专业内容工程量计算规则。

（4）章说明和工程量计算规则。主要说明：

a. 分部工程定额包括的主要工作内容和不包括的工作内容；

b. 使用定额的一些基本规定和有关问题的说明，例如界限划分、适用范围等；

c. 分部工程的工程量计算规则及有关规定。

（5）定额项目表。定额项目表是每册定额的重要内容，它将安装工程基本构成要素有机组列，并按章编号，以便检索应用，其包括的内容有：

a. 分项工程的工作内容，一般列在项目表的表头；

b. 一个计量单位的分项工程人工费、材料费、机械费、综合费，以及未计价材料的数量；

c. 综合单价，即人工费、材料费、机械费、综合费的合计（货币指标）。

（6）附录。主要提供一些有关资料，例如主要材料损耗率，定额中材料的重量表等，放在每册定额表之后。

【例 2.1】 现以下表中的 CK0858 子目为例来说明 2020 年《四川省建设工程工程量清单计价定额　通用安装工程》中表格表现的内容。

K.3.1.1　螺纹阀门安装

工作内容：切管、套丝、阀门连接、水压试验

定额编号	项目名称	单位	综合基价/元	其中					未计价材料		
				人工费	材料费	机械费	管理费	利润	名称	单位	数量
CK0858	公称直径（mm 以内）15	个	21.84	10.41	8.02	0.84	0.79	1.78	螺纹阀门	个	1.010

注：摘自 2020 年《四川省建设工程工程量清单计价定额　通用安装工程》。

解：

a. 定额编号：CK0858；

b. 项目名称：螺纹阀门安装，公称直径 15 mm；

c. 计量单位：个；

d. 人工费：10.41 元；

e. 材料费：8.02 元；

f. 机械费：0.84 元；

g. 管理费：0.79 元；

h. 利　润：1.78 元；

i. 综合基价：

综合基价 = 人工费 + 材料费 + 机械费 + 管理费 + 利润 = 10.41 + 8.02 + 0.84 + 0.79 + 1.78 = 21.84 元；

j. 该项目的未计价材料为螺纹阀门，损耗率为 0.01。

任务四　编制招标工程量清单

采用工程量清单方式招标，工程量清单必须作为招标文件的组成部分，其准确性和完整

性由招标人负责。招标人在编制招标文件时提供工程量清单的优点在于：一是减轻投标人在投标报价时计算工程量的负担，缩短投标报价时间；二是在评审各投标人报价时，可只考虑价格因素，免除了由于各投标人在工程量计算方面产生差异而影响报价的因素。在实际工作中，由于招标人自身原因，往往委托有资质的招标代理机构、工程价格咨询单位或监理单位，依据招标文件的有关要求、施工设计图纸、施工现场实际情况及相应的工程量计算规则和计价办法进行编制。

（一）工程量清单的编制内容

工程量清单在工程量清单计价中起到基础性作用，是整个工程量清单计价活动的重要依据之一，贯穿于整个施工过程中。作为一个合格的计价依据，它就必须具有完整详细的信息披露，因此编制的工程量清单应包括下述内容。

1. 明确的项目设置

工程计价的特征是一个分部组合计价的过程，不同的计价模式对项目的设置规则和结果都是不尽相同的。在招标人提供的工程量清单中必须具有明确清单项目的设置情况，除明确说明各个清单项目的名称外，还应阐释各个清单项目的特征和工作内容，以保证清单项目设置的特征描述和工作内容没有遗漏，也没有重叠。所以，各个项目设置应当通过《通用安装工程工程量计算规范》（GB 50856—2013）来约束。

2. 清单项目的工程数量

由于工程量清单报价就是为投标者提供一个平等的竞争条件，在相同的清单工程量条件下，由企业根据自身实力和市场经济商品的运作方式来填写不同的单价，符合商品交换的一般性原则。因此，在招标人提供的工程量清单中必须列出各个清单项目的工程数量。

3. 基本的表格组成

工程量清单的表格格式是依附于项目设置和工程量计算的，就一般情况来说，工程量清单应包括：

（1）招标工程量清单封面；

（2）招标工程量清单扉页；

（3）工程计价总说明；

（4）分部分项工程和单价措施项目清单与计价表；

（5）总价措施项目与清单计价表；

（6）其他项目清单与计价汇总表；

（7）规费、税金项目计价表；

（8）发包人提供设备和材料一览表；

（9）承包人提供主要材料和工程设备一览表。

工程量清单表格

另外，在其他项目清单与计价汇总表下，还设有二级表格，包括暂列金额明细表、材料（工程设备）暂估单价及调整表、专业工程暂估单价及结算价表、计日工表和总承包服务费计价表等。

工程量清单的表格格式，为投标人进行投标报价提供了一个合适的计价平台，投标人可根据表格之间的逻辑联系和从属关系，在其指导下完成分部组合计价的全过程。

（二）工程量清单的表格编制

1. 招标工程量清单封面

招标工程量清单封面应填写招标工程项目的具体名称，招标人应盖单位公章，如委托造价咨询人编制，还应由其加盖相同单位公章。由招标人编制的招标工程量清单封面样例见表2.1（a），由招标人委托工程造价咨询人编制的招标工程量清单封面样例见表2.1（b）。

表2.1（a）　招标人自行编制的招标工程量清单封面

××小学教学楼　工程 招 标 工 程 量 清 单 招　标　人：××小学 （单位盖章） ××××年××月××日

表2.1（b）　招标人委托工程造价咨询人编制的招标工程量清单封面

××小学教学楼　工程 招 标 工 程 量 清 单 招　标　人：××小学 （单位盖章） 造价咨询人：××工程造价咨询 （单位盖章） ××××年××月××日 封-2

2. 招标工程量清单扉页

招标人自行编制工程量清单时，编制人员必须是在招标人单位注册的造价人员。由招标人盖单位公章，法定代表人或其授权人签字或盖章；当编制人是注册造价工程师时，由其签字盖执业专用章；当编制人是助理造价工程师时，由其在编制人栏签字盖专用章，并应由注册造价工程师复核，在复核人栏签字盖执业专用章，由招标人编制的工程量清单封面样例见表 2.2（a）。

表 2.2（a） 招标人自行编制的招标工程量清单扉页

× × 小 学 教 学 楼 工程

招 标 工 程 量 清 单

招 标 人：××小学
（单位盖章）

法定代表人
或其授权人：×××
（签字或盖章）

编 制 人：×××
（造价人员签字盖专用章）

复 核 人：×××
（造价工程师签字盖专用章）

编制时间：××××年××月××日

复核时间：××××年××月××日

招标人委托工程造价咨询人编制工程量清单时，编制人员必须是在工程造价咨询人单位注册的造价人员，工程造价咨询人盖单位资质专用章，法定代表人或其授权人签字或盖章。当编制人是注册造价工程师时，由其签字盖执业专用章；当编制人是助理造价师时，由其在编制人栏签字盖专用章，并应由注册造价工程师复核，在复核人栏签字盖执业专用章。由招标人委托工程造价咨询人编制的招标工程量清单扉页样例见表 2.2（b）。

表 2.2（b） 招标人委托工程造价咨询人编制的招标工程量清单新扉页

× × 小 学 教 学 楼 工程

招 标 工 程 量 清 单

招 标 人：××小学
（单位盖章）

造价咨询人：×× 工程造价咨询企业
（单位资质专用章）

法定代表人
或其授权人：××小学
（签字或盖章）

法定代表人
或其授权人：××工程造价咨询企业
（签字或盖章）

编 制 人：×××
（造价人员签字盖专用章）

复 核 人：×××
（造价工程师签字盖专用章）

编制时间：××××年××月××日

复核时间：××××年××月××日

3. 工程计价总说明

总说明的作用主要是阐明本工程的有关基本情况，其具体内容应视拟建项目实际情况而定，但就一般情况来说，应说明的内容包括：

（1）工程概况，如建设地址、建设规模、工程特征、交通状况和环保要求等。

（2）工程发包、分包范围。

（3）工程量清单编制依据，如采用的标准、施工图纸和标准图集等。

（4）使用材料设备、施工的特殊要求等。

（5）其他需要说明的问题。

工程量清单总说明举例见表 2.3。

表 2.3　××小学教学楼工程量清单总说明

工程名称：××小学教学楼工程　　　　第　页共　页

（1）工程概况： 该项目总建筑面积 12 000 m^2，地上 6 层，框架结构。由教学楼及办公楼组成，计划工期 180 d。 （2）工程招标范围： 本次招标范围为施工设计图范围内的建筑工程和安装工程。 （3）工程量清单编制依据： ① 教学楼施工设计图。 ②《建设工程工程量清单计价规范》（GB 50500—2013）。 （4）其他需要说明的问题： ① 要求投标人须具备房屋建筑工程施工总承包特级资质，近 3 年以来（以竣工验收报告时间为准）拟投标项目经理完成过类似工程业绩（框架结构、地上 6 层、建筑面积不少于 10 000 m^2 的非住宅项目），并在人员、设备、资金等方面具有相应的施工能力，不接受联合体投标。承包人应在施工现场对招标人供应的钢筋进行验收及保管和使用发放。招标人供应主体钢筋的价款支付，由招标人按每次发生的金额支付给承包人，再由承包人支付给供货商。 ② 进户大门、地砖、外墙砖工程、幕墙、铝合金门窗工程、教学实习车间起重机设备另行专业发包。同时，总承包人应配合专业工程承包人完成以下工作。 a. 按专业工程承包人的要求提供施工工作面并对施工现场进行统一管理，对竣工资料进行统一整理汇总。 b. 为专业工程承包人提供垂直运输机械和焊接电源接入点，并承担垂直运输费和电费，同时协助管理好防火和安全工作。 c. 为进户大门安装后进行补缝和找平并承担相应费用。 d. 为车间起重设备的入场提供专用通道。

4. 分部分项工程和单价措施项目清单与计价表

分部工程是单项或单位工程的组成部分，是按结构部位、路段长度及施工特点或施工任务将单项或单位工程划分为若干分部的工程；分项工程是分部工程的组成部分，是按不同施工方法、材料、工序及路段长度将分部工程划分为若干分项或项目的工程。

分部分项工程和单价措施项目清单与计价表，是将分部分项工程项目和以单价项目形式表现的措施项目列在同一张表格上，将工程量清单和投标人报价统一在同一个表格中，减少了投标人因分部分项工程量清单表和计价表分开设置而可能带来的出错的概率，增强了适用性。

按照《建设工程工程量清单计价规范》（GB 50500—2013）规定，分部分项工程量清单必须载明项目编码、项目名称、项目特征、计量单位和工程量五个要件。分部分项工程量清单必须根据相关工程现行国家计量规范规定的项目编码、项目名称、项目特征、计量单位和工程量计算规则进行编制。分部分项工程量清单和单价措施项目清单与计价表的格式见表 2.4。

表 2.4　分部分项工程和单价措施项目清单与计价表

工程名称：　　　　　　　　　　标段：　　　　　　　　　　第　　页共　　页

序号	项目编号	项目名称	项目特征描述	计量单位	工程量	金额/元		
						综合基价	合价	其中：暂估价
本页小计								
合计								

注：为计取规费等的使用，可在表中增设其中："定额人工费"。

必须明确的是此表不仅是编制招标工程量清单的表式，也是编制招标控制价、投标价、竣工结算的最基本的用表。

编制工程量清单时，使用本表在"工程名称"栏应填写完整具体的工程称谓。就房屋建筑而言，因无标段划分而不填写"标段"栏，但对于管道敷设、道路桥隧施工等，通常以标段划分，此时，应填写具体"标段"栏，其他各表涉及此类设置，与此相同。

因安装工程是建设工程中除主体之外的功能性主体之一，随着人居舒适感的提升，衍生出了许多功能性名目，应对工程量清单名目予以必要的引导。项目编码、项目名称、项目特征、计量单位和工程量是构成一个分部分项工程量清单的 5 个要件，在分部分项工程量清单的组成中，5 个要件缺一不可。招标人必须按规定如实编写，不得因具体情况不同而随意变动，这是《建设工程工程量清单计价规范》（GB 50500—2013）第 4.2.2 条的强制性规定，必须严格执行。

（1）项目编码

项目编码是分部分项工程量清单项目和措施项目名称的数字标志，对每个项目实行统一编号，实行 5 级编码。“项目编码”栏应按相关工程国家计量规范项目编码栏内规定，采用十二位阿拉伯数字表示。

通用安装工程项目中，1～9 位应按《通用安装工程工程量计算规范》（GB 50856—2013）附录 A～N 中的规定设置，10～12 位应根据拟建工程的工程量清单项目名称和项目特征设置，同一招标工程的项目编码不得有重复。例如某电业局办公楼安装镀锌钢管规格分别为 DN15、DN20、DN32，管长各若干米，室内安装，采用螺纹连接方式安装，其中涉及的管道编码分别为：DN15 镀锌钢管，031001001001；DN20 镀锌钢管，031001001002；DN32 镀锌钢管，031001001003。图 2.2 所示为给排水、采暖、燃气工程的各级编码含义说明。

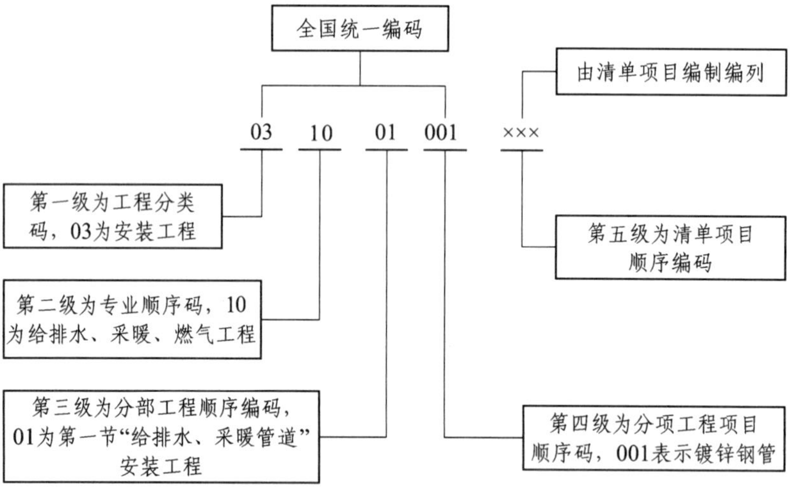

图 2.2　给排水、采暖、燃气工程的各级编码含义说明

（2）项目名称

“项目名称”栏应按相关工程国家计量规范项目规定根据拟建工程项目的实际确定填写。

通用安装工程量清单的“项目名称”应按《通用安装工程工程量计算规范》（GB 50856—2013）附录 A～N 中的规定相关实体项目规定的“项目名称”并结合拟建工程的实际确定。虽然在一定时期内《通用安装工程工程量计算规范》（GB 50856—2013）所规定的项目名称十分合理，但随着新设备、新材料、新技术、新的施工工艺不断涌现和应用，在进行工程量清单编制时会出现附录中未包括的项目，编制人应做补充，并报省级或行业工程造价管理机构备案。补充项目的编码由附录的顺序码与 B 和 3 位阿拉伯数字组成，并应从 ×B001 起顺序编制，同一招标工程的项目不得重码。工程量清单中需附有补充项目的名称、项目特征、计量单位、工程量计算规则、工作内容。

（3）项目特征

工程量清单的项目特征是确定一个清单项目综合单价的重要依据，在编制的工程量清单中必须对其项目特征进行准确和全面的描述。“项目特征”栏应按相关工程国家计量规范项目规定根据拟建工程项目的实际确定填写。

通用安装工程量清单的“项目特征”应按《通用安装工程工程量计算规范》（GB 50856—2013）附录 A ~ N 中规定的“项目特征”并结合拟建工程的实际确定。在进行项目特征描述时，可从以下几个方面予以把握：

a. 对于涉及能够准确计量、结构形态要求、材质要求和涉及安装方式等方面的内容，必须进行直观描述。

b. 对于计量计价无实质影响、应由投标人根据施工方案确定、由投标人根据当地材料和施工要求确定，而由施工措施解决的内容，可以不进行描述。

c. 对采用标准图集或施工图纸能够全部或部分满足项目特征描述要求的，项目特征描述可直接采用详见 × × 图集或 × × 图号的方式。但对不能满足项目特征描述要求的部分，仍应用文字描述进行补充。

d. 项目安装高度若超过基本安装高度时，应在“项目特征”中描述。

（4）计量单位

通用安装工程量清单的“计量单位”应按《通用安装工程工程量计算规范》（GB 50856—2013）附录 A ~ N 中的规定的“计量单位”确定。若有两个或两个以上计量单位时，应根据所编工程量清单项目的特征要求，选择最适宜表现项目特征并方便计量的单位。根据《通用安装工程工程量计算规范》（GB 50856—2013）规定，同一工程项目的计量单位应一致。工程计量时每一项目汇总的有效位数应遵守以下规定：

a. 以“t”为单位，应该保留小数点后三位数字，第四位小数四舍五入。

b. 以“m”、“m^2”、“m^3”、“kg”为单位，应该保留小数点后二位数字，第三位小数四舍五入。

c. 以“台”、“个”、“套”、“根”、“件”、“组”、“系统”为单位，应该取整数。

（5）工程量

工程量主要通过工程量规则计算得到。工程量计算规则是指对清单项目各分项工程量（通过工程量计算规则与设计施工图纸内容相结合计算确定）计算的具体规定。本教材主要参考《通用安装工程工程量计算规范》（GB 50856—2013）附录 A ~ N 中的工程量计算规则。分项工程项目与计算规则必须对应，除有特别说明外，所有清单项目的工程量应以实体工程量为准，且以工程完成后的净值计算；投标人报价时，应在综合单价中考虑施工中的各种损耗和需要增加的工程数量。

5. 总价措施项目清单与计价表

《通用安装工程工程量计算规范》（GB 50856—2013）中将措施项目分为列出了项目编码、项目名称、项目特征、计量单位和工程量计算规则的项目和仅列出项目编码、项目名称而未列出项目特征、计量单位和工程量计算规则的项目。列出了项目编码、项目名称、项目特征、计量单位和工程量计算规则的措施项目按分部分项工程项目的规定执行，采用表 2.4。仅列出项目编码、项目名称而未列出项目特征、计量单位和工程量计算规则的项目，按《通用安装工程工程量计算规范》（GB 50856—2013）附录 N 措施项目规定的项目名称和项目编码确定，并采用表 2.5 编制工程量清单，表中的项目可以根据工程实际情况进行增减。

表 2.5　总价措施项目清单与计价表

工程名称：　　　　　　　　　　　　　　标段：　　　　　　　　　　　　第　页共　页

序　号	项目编码	项目名称	计算基础	费率/%	金额/元	调整费率/%	调整后金额/元	备　注
		安全文明施工费						
		夜间施工费						
		二次搬运费						
		冬雨季施工增加费						
		已完工程及设备保护						
合　计								

编制人（造价人员）：　　　　　　　　　　　　　　复核人（造价工程师）：

注：1.“计费基础”中安全文明施工费可为“定额基价”、“定额人工费”或“定额人工费＋定额机械费”，其他项目可为“定额人工费”或“定额人工费＋定额机械费”。

2. 按施工方案计算的措施费，若无“计算基础”或“费率”的数值，也可以只填“金额”数值，但应在备注栏说明施工方案出处或计算方法。

6. 其他项目清单与计价汇总表

其他项目清单包括暂列金额、暂估价、计日工和总承包服务费，表格格式见表 2.6。其他项目清单表包括其他项目清单与计价汇总表、暂列金额明细表、材料暂估价表、专业工程暂估价表、计日工表、总承包服务费计价表。在具体某工程中，编制人可以根据工程的实际情况补充其余不足部分。

表 2.6　其他项目清单与计价汇总表

工程名称：　　　　　　　　　　　　　　标段：　　　　　　　　　　　　第　页共　页

序　号	项目名称	金额	结算金额/元	备　注
1	暂列金额			
2	暂估价			
2.1	材料（工程设备）暂估价/结算价			
2.2	专业工程暂估价/结算价			
3	计日工			
4	总承包服务费			
5	索赔与现场签证			
合　计				—

注：材料（工程设备）暂估单价计入清单项目综合单价，此处不汇总。

（1）暂列金额

编制暂列金额表时，要求招标人能将暂列金额与拟用项目列出明细，填入表 2.7 中，如果操作中确实不能详列，也可只列暂定金额总数。投标人应将上述暂列金额计入投标总价中。该暂列金额，尽管包含在投标总价中（所以也将包含在中标人的合同总价中），但并不属于承包人所有和支配，是不受承包人所有合同约定的开支程序的制约。

表 2.7　暂列金额明细表

工程名称：　　　　　　　　　　　标段：　　　　　　　　　　　第　页共　页

序　号	项目名称	计量单位	暂定金额/元	备　注
合　计				

注：此表由招标人填写，如不能详列，也可只列暂定金额总额，投标人应将上述暂列金额计入投标总价中。

（2）暂估价

为方便合同管理与计价，通常只将材料费纳入分部分项工程量清单项目综合单价中，以方便投标人组价。招标人针对相应的拟用项目（按照材料设备的名称分别给出）填入到“材料暂估单价表”中（见表 2.8）。

表 2.8　材料（工程设备）暂估单价及调整表

工程名称：　　　　　　　　　　　标段：　　　　　　　　　　　第　页共　页

序　号	材料名称（工程设备）、规格、型号	计量单位	数量		暂估/元		确认/元		差额±/元		备　注
			暂估	确认	单价	合价	单价	合价	单价	合价	

注：此表由招标人填写暂估单价，并在备注栏说明暂估价的材料、工程设备拟用在哪些清单项目上，投标人应将上述材料、工程设备暂估单价计入工程量清单综合单价报价中。

以“项”为计量单位给出的专业工程暂估价（见表 2.9）一般应是综合暂估价，暂估价中应当包括除规费、税金以外的管理费、利润等费用。专业工程暂估价应在表内填写工程名称、工程内容、暂估金额，投标人应将上述金额计入投标总价中。

表 2.9　专业工程暂估价及结算价表

工程名称：　　　　　　　　　　　标段：　　　　　　　　　　　　　第　　页共　　页

序　号	工程名称	工程内容	暂估金额/元	结算金额/元	差额±/元	备　注

注：此表“暂估金额”由招标人填写，投标人应将“暂估金额”计入投标总价中。结算时按合同约定结算金额填写。

无论采用何种方式，投标人均应将上述暂估价金额汇总计入投标总价中。

（3）计日工

该项费用是为完成发包人提出的设计施工图纸以外的零星项目或工作而使用的一种计价方式，其包含以下两方面含义：

a. 完成该项目作业的人工费用、材料费、施工机械台班等。

b. 计日工单价由投标人通过投标报价确定，计日工数量按完成发包人发出的计日工指令的数量确定。

因此，招标人编制过程中，应当填写“项目名称”、“计量单位”和“暂估数量”。其中“暂估数量”须根据实践经验，估算一个比较贴近实际工程的数量。当然，尽可能把项目列全，防患于未然，也是值得充分重视的工作。

投标单位在编制投标报价时，人工、材料、机械台班单价由投标人自主确定，按已给暂估数量计算合价计入投标总价中。在施工过程中，中标人完成发包人提出的施工图纸以外的零星项目或工作，按合同中约定的综合单价计价。计日工表见表 2.10。

表 2.10　计日工表

工程名称：　　　　　　　　　　　标段：　　　　　　　　　　　　　第　　页共　　页

编　号	项目名称	单　位	暂定数量	实际数量	综合单价/元	合　价/元	
						暂定	实际
一	人　工						
1							
2							
	人工小计						

续表

编号	项目名称	单位	暂定数量	实际数量	综合单价/元	合价/元	
						暂定	实际
二	材料						
1							
2							
材料小计							
三	施工机械						
1							
2							
施工机械小计							
四、企业管理费和利润							
合计							

注：此表项目名称、暂定数量由招标人填写，编制招标控制价时，单价由招标人按有关计价规定确定；投标时，单价由投标人自主报价，按暂定数量计算合价计入投标总价中。结算时，按承发包双方确定的实际数量计算合价。

（4）总承包服务费

总承包服务费是为配合协调发包人进行的专业工程发包，对发包人自行采购的材料、工程设备等进行保管以及施工现场管理、竣工资料汇总整理等服务所需的费用。总承包服务费计价表见表 2.11。

表 2.11　总承包服务费计价表

工程名称：　　　　　　　　　　　标段：　　　　　　　　　　　第　页共　页

序号	工程名称	项目价值/元	服务内容	计算基础	费率/%	金额/元
1	发包人发包专业工程					
2	发包人供应材料					
合计						

注：此表项目名称、服务内容由招标人填写。编制招标控制价时，费率及金额由招标人按有关规定确定；投标时，费率及金额由投标人自主报价，计入投标总价中。

7. 规费、税金项目计价表

规费项目清单应包括工程排污费、社会保障费（含养老保障金、失业保险费、医疗保险费、生育保险费、工伤保险费）、住房公积金。在施工实践中，有的规费项目（如工程排污费）并非每个工程所在地都要征收，实践中可作为按实计算的费用处理。

营改增后，税金是指销项增值税。规费、税金项目计价表见表 2.12。

表 2.12 规费、税金项目与计价表

工程名称： 标段： 第 页共 页

序 号	项目名称	计算基础	计算基数	费率/%	金额/元
1	规 费	定额人工费			
1.1	工程排污费	定额人工费			
1.2	社会保障费	定额人工费			
(1)	养老保险费	定额人工费			
(2)	失业保险费	定额人工费			
(3)	医疗保险费	定额人工费			
(4)	生育保险费	定额人工费			
(5)	工伤保险费	定额人工费			
1.3	住房公积金	定额人工费			
2	税 金	分部分项工程费＋措施项目费＋其他项目费＋规费－按规定不计税的工程设备金额			
合 计					

编制人（造价人员）： 复核人（造价师）：

（三）工程量清单编制注意事项

工程量清单包括的内容很多，划分也十分详细，如果编制时不细致，就有可能出现偏差，给工程计量与支付、合同管理等带来麻烦，也可能给承建商造成项目费用偏差或是可乘之机，给业主带来无法挽回的损失。因此，编写工程量清单时应兼顾下面几个方面。

1. 作为独立的工程细目单列应开办项目

应开办项目通常是指工程动工就要发生或动工前就要发生的一些项目，如工程担保与保险、项目监理设施、承建商的驻地建设、工程测量放样等。如果将以上项目列在其他项目的单价中，上述各种款项在承建商动工时将得不到及时支付，不但影响合同的公平和承建商资金周转，而且增加招标中预付款数量。

2. 合理划分工程项目

进行工程细目划分时，应区分不同等级要求的工程项目，将同一性质但不属于同一部位的工程区分开；将情况不同、可能要进行不同报价的项目分开。这一做法主要是为了强化工程投标中的竞争性，使投标人报价更加具体，针对不同情况可以采用不同的单价，便于降低总造价。

3. 合理划分工程细目

工程细目的划分可大可小，工程细目大，可减少计算工作量，但太大就难以发挥单价合同的优势，不便于工程变更的处理；另外，工程细目太大也会使支付周期延长，影响承包商的资金周转，最终影响合同的正常履行。工程细目的划分不是绝对的，既要简单明了，高度概括，又不能漏掉项目和应计价的内容，要结合工程实际，具体问题具体对待，灵活掌握。

4. 细致准确整理工程量的计算

计算和整理工程量的依据是设计图纸和技术规范，这是一项严谨的技术工作，决不是简单地罗列设计文件中的工程量。要认真阅读技术规范中的计量和支付方法，仔细核查设计文件中工程量所对应计量方法与技术规范中的计量方法是否一致，如不一致，则需在整理工程量时进行技术处理。此外，在工程量的计算过程中，要做到不重不漏，更不能发生计算错误，否则，会带来一系列问题。

5. 计日工清单不可缺少

计日工清单是用来处理一些附加的或小型的变更工程计价用的，清单中计日工的数量完全是由业主虚拟的，用以避免承包商在投标时计日工的单价报得太离谱，有了计日工清单会使合同管理很方便。

6. 应严格遵循技术规范

工程量清单的编号、项目、单位等要与技术规范中的计量支付相统一，从而保证整个合同的严密性和前后一致性。

任务五　编制工程量清单计价

与工程量清单计价有关的活动包括招标控制价、投标报价、工程合同价款约定、工程计量与价款支付、索赔与现场签证、竣工结算、工程计价争议处理等内容。

招标控制价是在工程采用招标发包的过程中，由招标人根据国家或省级、行业建设主管部门颁发的有关计价依据和办法，以及拟定的招标文件和招标工程量清单，结合工程具体情况编制的招标工程的最高投标限价。

投标价是在工程采用招标发包的过程中，由投标人响应招标文件要求所报出的对已标价工程量清单汇总后标明的总价。投标过程中，投标人可根据工程特点，并结合自身的施工技术、装备和管理水平，依据有关计价规定，自主确定的工程造价。投标价是投标人希望达成工程承包交易的期望价格，原则上不能高于招标人设定的招标控制价。

招标控制价和投标价都属于工程量清单计价，只是二者价格选择和费率计取上有所不同，本书根据同学实际工作需要，以招标控制价和投标价为例，讲述工程量清单计价的编制方法。

（一）工程量清单计价的表格组成

工程量清单计价的表格中，有很多与工程量清单的表格格式相同，投标报价和招标控制价的表格包括：

1. 封面
2. 扉页
3. 工程计价总说明
4. 工程计价汇总表
（1）建设项目投标报价汇总表
（2）单项工程投标报价汇总表
（3）单位工程投标报价汇总表
5. 分部分项工程和单价措施项目清单与计价表
6. 综合单价分析表
7. 总价措施项目与清单计价表
8. 其他项目清单与计价汇总表
（1）暂列金额明细表
（2）材料（工程设备）暂估单价及调整表
（3）专业工程暂估单价及结算价表
（4）计日工表和总承包服务费计价表
9. 规费、税金项目计价表
10. 发包人提供设备和材料一览表
11. 承包人提供主要材料和工程设备一览表

工程量清单表格

（二）工程量清单计价的编制依据

编制安装工程工程量清单计价时，主要依据如下：
（1）《建设工程工程量清单计价规范》（GB 50500—2013）；
（2）《通用安装工程工程量计算规范》（GB 50856—2013）；
（3）国家或省级、行业建设主管部门颁发的计价办法；
（4）企业定额，国家或省级、行业建设主管部门颁发的计价定额；
（5）招标文件、工程量清单及其补充通知、答疑纪要；
（6）建设工程设计文件及相关资料；
（7）施工现场情况、工程特点及拟定的投标施工组织设计或施工方案；
（8）与建设项目相关的标准、规范等技术资料；
（9）市场价格信息或工程造价管理机构发布的工程造价信息；
（10）其他的相关资料。

（三）工程量清单计价的编制内容

采用工程量清单方式招标的工程，为了使各投标人在投标报价中具有共同的竞争平台，所有投标人均必须按照招标人提供的工程量清单填报价格。填写的项目编码、项目名称、项目特征、计量单位、工程量必须与招标人提供的一致。投标人在领取招标文件后，按招标文件中工程量清单表格填写后的表格，即形成投标报价。

投标报价书的编制主要包括以下工作内容。

1. 复核工程量清单的工程数量

一般情况下，投标人可不复核工程量清单的工程数量，直接根据招标人提供的工程量清单的工程数量来确定分部分项工程费。但如果投标人为确定投标策略把握投标机会，可重新计算或复核工程量；经复核工程量清单的工程量，发现有漏洞、重项或误算时，可根据投标人自身策略决定是否向招标方提出质疑。招标方接到质疑，确定工程量清单计算有失误时，可作出统一的修改更正，并将修正后的工程量清单发给所有投标人。

2. 确定分部分项工程的综合单价

综合单价是指完成一个规定计量单位的分部分项工程量清单项目或措施清单项目所需的人工费、材料费、施工机械使用费和企业管理费与利润，以及一定范围内的风险费用。

分部分项工程量清单计价的核心是综合单价的确定，其包括：

（1）确定依据。确定分部分项工程量清单项目综合单价的最重要依据之一是该清单项目的特征描述，投标人投标报价时应依据招标文件中分部分项工程量清单项目的特征描述确定清单项目的综合单价。在招投标过程中，当出现招标文件中分部分项工程量清单特征描述与设计图纸不符时，投标人应以分部分项工程量清单的项目特征描述为准，确定投标报价的综合单价。当施工中施工图纸或设计变更与工程量清单项目特征描述不一致时，发、承包双方应按实际施工的项目特征，依据合同约定重新确定综合单价。

（2）材料暂估价。招标文件中提供了暂估单价的材料，按暂估的单价进入综合单价。

（3）风险费用。招标文件中要求投标人承担的风险费用，投标人应考虑进入综合单价。招标文件中没有明确的，应提请招标人明确。在施工过程中，当出现的风险内容及其范围（幅度）在招标文件规定的范围（幅度）内时，综合单价不得变动，工程价款不作调整。

3. 表格填写

将计算得到的各分部分项工程的综合单价、合价等数据填入分部分项工程和单价措施项目清单与计价表，再整理计算其他各项费用，并填写到对应表格中，检查审定形成最终的投标报价书。

（四）工程量清单计价的编制程序

1. 编制投标报价和招标控制价时的一般编制程序

（1）计算分部分项工程费。

① 复核工程量清单的工程数量。

② 分析计算分部分项工程量清单项目的综合单价。

③ 计算分部分项工程费。

（2）计算措施项目费。

① 确定措施项目。

② 分析措施清单项目单价和确定合价。

（3）计算其他项目费。

（4）计算规费。

（5）计算税金。

（6）单位工程费汇总。

（7）单项工程费汇总。

（8）建设工程费汇总。

（9）投标总价确定。

2. 综合单价计算的一般顺序

（1）熟悉相关规范及工程资料。

工程量清单中包含各分部分项工程的项目特征描述及工作内容，工程量清单计价时要根据项目特征及工作内容进行组价。为了合理地计取各项价格，必须仔细查看工程招标文件，熟悉建设项目相关规范标准，不遗漏、错算、多算或少算各分项中工程内容的价格。

（2）分析工程量清单项目的工程特征及工作内容，确定综合单价分析的组价定额项目。

根据工程量清单项目名称、项目特征和拟建工程实际，参照定额说明和工作内容，确定该清单项目主体及其相关工作内容的定额项目。所需的定额项目可能是一个定额，也可能是多个定额。

（3）计算组价定额项目的工程量。

根据确定的定额项目，确定人工、材料和机械台班的消耗量，计算各个定额项目下每计量单位对应的工程量及未计价材料消耗量。

（4）分析计算组价定额项目的人工费、材料费、机械费。

① 根据工程量清单计价的费用组成，参照本地的《计价定额》，或参照工程造价主管部门发布的人工、材料、机械台班和未计价材料的信息价格，确定组价定额项目的人工单价、材料单价和机械单价与未计价材料单价。

② 计算组价定额项目的每计量单位的人工费、材料费、机械台班费、未计价材料费。

$$\begin{aligned}&\text{组价定额项目每计量单位的人工费}\\&=\sum(\text{组价定额项目的人工用量}\times\text{组价定额项目的人工单价})\end{aligned}$$

$$\begin{aligned}&\text{组价定额项目每计量单位的材料费}\\&=\sum(\text{组价定额项目的材料用量}\times\text{组价定额项目的材料单价})\end{aligned}$$

$$\begin{aligned}&\text{组价定额项目每计量单位的机械台班费}\\&=\sum(\text{组价定额项目的机械用量}\times\text{组价定额项目的机械单价})\end{aligned}$$

$$\begin{aligned}&\text{组价定额项目每计量单位的未计价材料费}\\&=\sum(\text{组价定额项目的未计价材料用量}\times\text{组价定额项目的未计价材料单价})\end{aligned}$$

（5）分析计算分部分项工程量清单项目每计量单位的人工费、材料费、机械台班费、未计价材料费。

分部分项工程量清单项目每计量单位的人工费

$=\sum$(各组价定额项目每计量单位的人工费)

分部分项工程量清单项目每计量单位的材料费

$=\sum$(各组价定额项目每计量单位的材料费)

分部分项工程量清单项目每计量单位的机械台班费

$=\sum$(各组价定额项目每计量单位的机械台班费)

分部分项工程量清单项目每计量单位的未计价材料费

$=\sum$(各组价定额项目每计量单位的未计价材料费)

（6）分析计算分部分项工程量清单项目每计量单位的管理费、利润和一定范围内的风险费。

根据工程量清单计价的费用组成，参照其计算方法或参照工程造价主管部门发布的相关费率，并结合本企业和市场的实际情况，确定管理费率、利润率和风险费的计取方法，计取分部分项工程量清单项目每计量单位的管理费、利润和风险费。

管理费、利润费的计取也可以参照本地的《计价定额》，读取各组价定额项目每计量单位的价款后，求和计算分部分项工程量清单项目每计量单位的费用。

（7）分析计算分部分项工程量清单项目的综合单价。

分部分项工程量清单项目的综合单价

=分部分项工程量清单项目每计量单位的（人工费+材料费+机械费+管理费+利润+风险费+未计价材料费）

【例 2.2】 现以项目“室内塑料排水管（粘接）De110”为例，来说明分部分项工程量清单项目的综合单价计算方法。通过市场调查，De110 塑料排水管 30 元/m，De110 塑料排水管件 15 元/个。

表 K.1.6.13　室内塑料排水管（粘接）

工作内容：切管、组对、粘接、管道及管件安装、灌水试验。

定额编号	项目名称	单位	综合基价/元	其中					未计价材料		
				人工费	材料费	机械费	管理费	利润	名　称	单位	数量
CK0551	公称外径（mm 以内）110	10 m	270.54	216.00	5.21	0.07	15.12	34.14	塑料排水管 室内塑料排水粘接管件	m 个	9.500 11.560

注：摘自 2020 年《四川省建设工程工程量清单计价定额　通用安装工程》。

解：

（1）根据项目名称及特征，确定分部分项工程项目“室内塑料排水管（粘接）De110”，所使用的定额项目为 CK0551。

（2）应用综合单价分析表计算该项目的综合单价，见表 2.13。

填表时要注意：

① “清单综合单价组成明细”中的“数量”应为：清单计量单位（m）÷定额单位（10 m）= 0.1。

② “清单组合单价组成明细”中的“合价”为：合价 = 数量 × 各项目的单价。

③ “材料费明细”中的“主要材料名称、规格、型号”为“计价定额”中的“未计价材料项目”（塑料排水管 De110 和室内塑料排水粘接管件 De110），“主要材料名称、规格、型号”中的数量 = “计价定额”中的“数量” × “清单综合单价组成明细”中的“数量”，如塑料排水管 De110 的数量 = “计价定额”中的数量（9.500）× “清单综合单价组成明细”中的数量（0.1）。

④ 未计价材料费 = “材料费明细”中项目（塑料排水管 De110 和室内塑料排水粘接管件 De110）的“合价”之和 = 28.50 + 17.34 = 45.84。

⑤ 清单项目综合单价 = 21.60 + 0.521 + 0.007 + 1.512 + 3.414 + 45.84 = 72.894（元/m），保留小数点后两位，取 72.89 元/m。

表 2.13　工程量清单综合单价分析表

工程名称：某室内给排水工程　　　　标段：　　　　第 1 页共 1 页

<table>
<tr><td colspan="2">项目编码</td><td colspan="2">031001006001</td><td colspan="2">项目名称</td><td colspan="2">室内塑料排水管 De110（粘接）</td><td>计量单位</td><td>m</td><td>工程量</td><td colspan="3">1</td></tr>
<tr><td colspan="14">清单综合单价组成明细</td></tr>
<tr><td rowspan="2">定额编号</td><td rowspan="2">定额名称</td><td rowspan="2">定额单位</td><td rowspan="2">数量</td><td colspan="5">单　价</td><td colspan="5">合　价</td></tr>
<tr><td>人工费</td><td>材料费</td><td>机械费</td><td>管理费</td><td>利润</td><td>人工费</td><td>材料费</td><td>机械费</td><td>管理费</td><td>利润</td></tr>
<tr><td>CK0551</td><td>公称外径（mm 以内）110</td><td>10 m</td><td>0.1</td><td>216</td><td>5.21</td><td>0.07</td><td>15.12</td><td>34.14</td><td>21.60</td><td>0.521</td><td>0.007</td><td>1.512</td><td>3.414</td></tr>
<tr><td></td><td></td><td></td><td></td><td></td><td></td><td></td><td></td><td></td><td></td><td></td><td></td><td></td><td></td></tr>
<tr><td colspan="3">人工单价</td><td colspan="6">小　计</td><td></td><td></td><td></td><td></td><td></td></tr>
<tr><td colspan="3">元/工日</td><td colspan="6">未计价材料费</td><td colspan="5">45.84</td></tr>
<tr><td colspan="9">清单项目综合单价</td><td colspan="5">72.89</td></tr>
<tr><td rowspan="5">材料费明细</td><td colspan="4">主要材料名称、规格、型号</td><td>单位</td><td colspan="3">数量</td><td>单价/元</td><td>合价/元</td><td>暂估单价/元</td><td colspan="2">暂估合价/元</td></tr>
<tr><td colspan="4">塑料排水管 De110</td><td>m</td><td colspan="3">9.5×0.1</td><td>30</td><td>28.50</td><td></td><td colspan="2"></td></tr>
<tr><td colspan="4">室内塑料排水粘接管件 De110</td><td>个</td><td colspan="3">11.56×0.1</td><td>15</td><td>17.34</td><td></td><td colspan="2"></td></tr>
<tr><td colspan="8">其他材料费</td><td>—</td><td>0.521</td><td>—</td><td colspan="2"></td></tr>
<tr><td colspan="8">材料费小计</td><td>—</td><td>46.361</td><td>—</td><td colspan="2"></td></tr>
</table>

【练习】 试用综合单价分析表，计算【例 2.1】中“螺纹阀门 DN15”的综合单价。通过市场调查，DN15 螺纹阀门 50 元/个。

任务六　编制清单计价书

（一）投标报价封面

投标人编制投标报价时，报价封面应填写投标工程的具体名称，投标人应盖单位公章。表 2.14 为投标总价封面的样例。

表 2.14　投标总价封面样例

×× 小学教学楼 工程 投 标 总 价 投　标　人：××建筑公司 （单位盖章） ××××年××月××日

（二）投标总价扉页

投标人编制投标报价时，由投标人单位注册的造价人员编制。投标人盖单位公章，法定代表人或其授权人签字或盖章；编制的造价人员（造价工程师或助理造价工程师）签字盖执业专用章。表 2.15 为投标总价扉页样例。

表 2.15　投标总价扉页样例

投 标 总 价	
招　标　人：	××小学
工 程 名 称：	××小学教学楼工程
投 标 总 价（小写）：	3 965 428 元
（大写）：	叁佰玖拾陆万伍仟肆佰贰拾捌元
投　标　人：	××建筑公司 （单位盖章）
法定代表人 或其授权人：	××× （签字或盖章）
编　制　人：	××× （造价人员签字盖专用章）
编 制 时 间：××××年××月××日	

（三）投标报价的总说明

投标报价总说明的内容应包括：

（1）采用的计价依据。

（2）采用的施工组织设计。

（3）综合单价中包含的风险因素、风险范围（幅度）。

（4）措施项目的依据。

（5）其他有关内容的说明等。

投标报价总说明表格格式详见表 2.3 所示的工程量清单总说明的样式。

（四）建设项目投标报价汇总表

1. 建设项目投标报价汇总表

建设项目投标报价汇总表由各单项工程投标报价汇总而成，建设项目投标报价汇总表表格格式见表 2.16。

表 2.16　工程项目投标报价汇总表

工程名称：　　　　　　　　　　　　　　　　　　　　第　页共　页

序　号	单项工程名称	金额/元	其　中：（元）		
			暂估价	安全文明施工费	规费
合　计					

注：本表适用于建设项目招标控制价或投标报价的汇总。

2. 单项工程投标报价汇总表

单项工程投标报价汇总表由各单位工程投标报价汇总而成，单项工程投标报价汇总表见表 2.17。

表 2.17 单项工程投标报价汇总表

工程名称： 第 页共 页

序 号	单位工程名称	金额/元	其 中：（元）		
			暂估价	安全文明施工费	规费
合 计					

注：本表适用于单项工程招标控制价或投标报价的汇总。暂估价包括分部分项工程中的暂估价和专业工程暂估价。

3. 单位工程投标报价汇总表

单位工程投标报价汇总表由该单位工程的分部分项工程量清单计价表、措施项目清单计价表、其他项目清单计价表、规费、税金等汇总而成。单位工程投标报价汇总表表格格式见表 2.18。

表 2.18 单位工程投标报价汇总表

工程名称： 标段： 第 页共 页

序 号	汇总内容	金额/元	其中：暂估价/元
1	分部分项及单价措施项目		
1.1			
1.2			
2	总价措施项目		—
2.1	其中：安全文明施工费		—
3	其他项目		—
3.1	其中：暂列金额		—
3.2	其中：专业工程暂估价		—
3.3	其中：计日工		—
3.4	其中：总承包服务费		—
4	规费		—
5	创优质工程奖补偿奖励费		—
6	税前工程造价（6=1+2+3+4+5）		—
6.1	其中：除税甲供材料（设备）费		—
7	销项增值税额		—
8	附加税		
投标报价合计＝税前工程造价＋销项增值税额＋附加税			

注：本表适用于单位工程招标控制价或投标报价的汇总，如无单位工程划分，单项工程也使用本表汇总。

（五）分部分项工程和单价措施项目清单与计价用表

分部分项工程和单价措施项目清单与计价用表中包括分部分项工程和单价措施项目清单与计价表、综合单价分析表。

1. 分部分项工程和单价措施项目清单与计价表

分部分项工程和单价措施项目清单与计价表见表 2.4。投标人对表中的“项目编码”、“项目名称”、“项目特征”、“计量单位”、“工程量”均不能做改动。单价项目应根据招标文件和招标工程量清单项目中的特征描述确定综合单价计算。对其中的“暂估价”栏，投标人应将招标文件中提供了暂估材料单价的暂估价计入综合单价，并应计算出暂估单价的材料在“综合单价”及其“合价”中的具体数额，因此，为更详细反映暂估价情况，也可在表中增设一栏“综合单价”其中的“暂估价”。

2. 综合单价分析表

工程量清单综合单价分析表见表 2.13。工程量清单综合单价分析表是评标委员会评审和判别综合单价组成与价格完整性、合理性的主要基础，对因工程变更调整综合单价也是必不可少的基础价格数据来源。采用经评审的最低投标价法评标时，该分析表的重要性更加突出。

该分析表集中反映了构成每一个清单项目综合单价的各个价格要素的价格及主要的“工、料、机”消耗量。投标人在投标报价时，需要对每一个清单项目进行组价，为了使组价工作具有可追溯性（回复评标质疑时尤其需要），需要表明每一个数据的来源。该分析表实际上是投标人投标组价工作的一个阶段性成果文件，借助计算机辅助报价系统，可以由电脑自动生成，并不需要投标人付出太多额外劳动。

该分析表一般随投标文件一同提交，作为竞标价的工程量清单的组成部分。编制投标报价，使用本表可填写使用的省级或行业建设主管部门发布的计价定额，如不使用可不填写。

由于招标人进行工程招标时提供的措施项目清单是根据社会一般水平确定的，并没有考虑不同投标人的特色，而各投标人拥有的技术水平、施工装备和采用的施工工艺方法等存在差异，这时投标人投标时可依据招标文件及投标时编制的施工组织设计或施工方案确定总价措施项目，并对招标人提供的总价措施项目进行合理调整，投标人所作的调整和确定的措施项目应通过评标委员会的评审。但必须注意的是，安全文明施工费应按照省级或行业建设主管部门的规定计价，不得作为竞争性费用。

（六）总价措施项目清单与计价表

投标报价中的总价措施项目清单与计价表见表 2.5。

（七）其他项目清单与计价汇总表

投标报价中的其他项目清单与计价表见表 2.6 ~ 表 2.11。

（1）暂列金额应按招标工程量清单中列出的金额填写。

（2）材料、工程设备暂估价应按招标工程量清单中列出的单价计入综合单价；专业工程暂估价应按招标工程量清单中列出的金额填写。

（3）计日工应按招标工程量清单中列出的项目和数量，自主确定综合单价并计算计日工金额。

（4）总承包服务费应依据招标工程量清单中列出的内容和提出的要求自主报价。

（八）规费、税金项目计价表

规费和税金应按照国家或省级、行业建设主管部门的规定计算，不得作为竞争性费用。规费、税金项目清单与计价表表格形式见表 2.12。

课后任务

试填写打印以下工程的投标报价书：

某给排水工程，工程量清单中 De110 共计 100 m，综合单价见本章【例 2.2】，费率参照当地费率。

项目三　给排水工程工程量清单及清单计价

素质目标

培养诚信守法、爱岗敬业的职业素养；培养认真严谨、细致耐心的工作态度。

知识目标

了解给排水工程的分类及组成、常用材料、安装等基础知识；了解并熟悉给排水工程施工图的主要内容及其识读方法；熟悉给排水工程清单项目设置及工程量计算规则；掌握清单计价模式下的给排水工程工程量清单及清单计价编制的步骤、方法、格式及内容。

能力目标

能够迅速识读给排水工程施工图；比较熟练地进行清单计价模式下的给排水工程工程量计算和清单编制，熟练地计算分部分项工程综合单价及汇总编制给排水工程工程量清单计价。

任务一　认识给排水工程

给排水工程是指用于水供给、废水排放和水质改善的工程，其主要包括市政给排水工程、室外给排水工程、室内给排水工程。本章主要讲的是室内给排水工程。

（一）室内给水系统的分类与组成

给水系统是指通过管道及附属设备，按照建筑物和用户的生产、生活和消防的需要，有组织地输送到用水地点的系统。其任务是满足建筑物和用户对水质、水量、水压、水温等的要求，保证用水安全可靠。

1. 给水系统分类

给水系统按用途分为 3 类：

（1）生活给水系统：供人们在日常生活中使用，如饮用、烹饪、沐浴、洗衣、冲洗厕所等。

（2）生产给水系统：供生产过程中使用，如工艺用水、清洗用水、生产空调用水、除尘用水、锅炉用水等。

（3）消防给水系统：消防灭火设施用水，主要包括消火栓、消防卷盘和自动喷水灭火系统喷头等设施的用水。

上述 3 种基本给水系统也可根据具体情况合并使用，如生活-生产给水系统、生活-消防给水系统、生产-消防给水系统、生活-生产-消防给水系统。

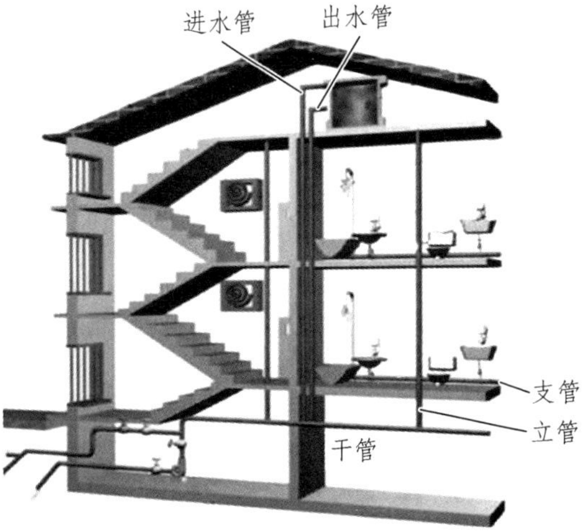

图 3.1　给水系统组成示意图

2. 室内给水系统组成

室内给水系统组成如图 3.1 所示，一般由引入管、水表节点、给水管道、给水附件、配水设备和增压、贮水设备组成。

（1）引入管

引入管又称进户管，是市政给水管网和建筑内部给水管网之间的连接管道，其作用是从市政给水管网引水至建筑内部给水管网。

（2）水表节点

水表节点是指引入管上装设的水表及其前后设置的阀门及泄水装置等的总称，如图 3.2 所示。

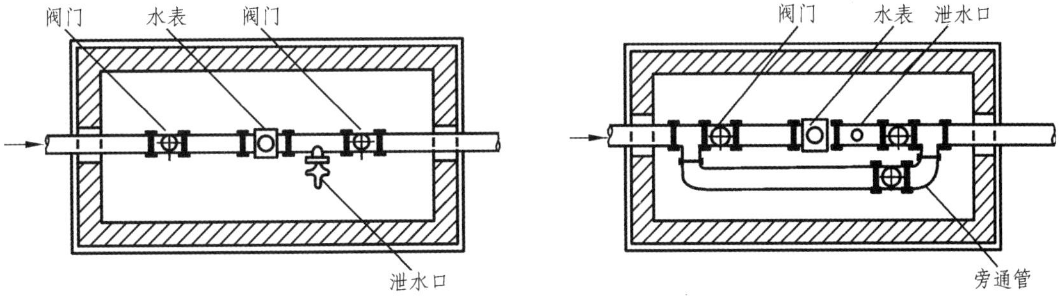

（a）一般水表节点　（b）有旁通管的水表节点

图 3.2　水表节点

（3）给水管道

给水管道指建筑室内给水水平干管、立管和支管、分支管。干管将水从引入管输送至建筑物各区域；立管将水从干管沿垂直方向输送至各楼层、各不同高程处；支管是将水从立管输送至各房间内；分支管将水从支管输送至各用水设备处。

（4）给水附件

管道系统中调节水量、水压，控制水流方向，改善水质，以及关断水流，便于管道、仪表和设备检修的各类阀门和设备。给水附件包括各类阀门（控制阀、减压阀、止回阀等）、水锤消除器、过滤器、减压孔板等管路附件。

（5）配水设备

生活、生产和消防给水系统管网的终端用水点上的装置即为配水设备。生活给水系统主要指卫生器具的给水配件或配水龙头；生产给水系统主要指用水设备；消防给水系统主要指室内消火栓和自动喷水灭火系统中的各种喷头。

（6）增压、贮水设备

当室外给水管网的水压、水量不能满足建筑给水要求或要求供水压力稳定、确保供水安全可靠时，需要在给水系统中设置水泵、气压给水设备和水池、水箱等增压、贮水设备。

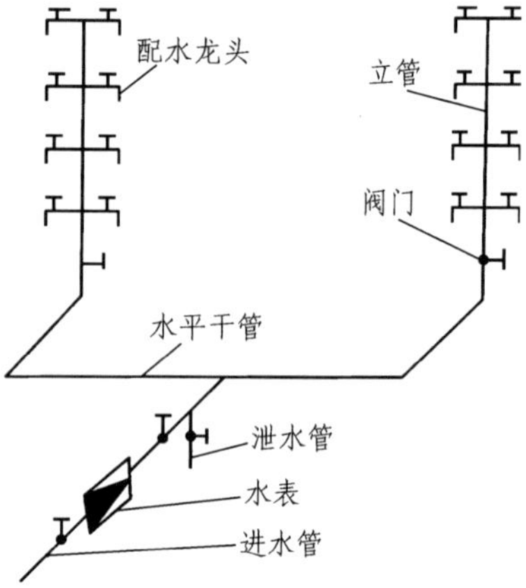

图 3.3　直接给水系统

3. 室内给水系统的给水方式

（1）直接给水系统

室内给水管道系统与室外给水管网直接连接，利用室外管网压力直接向室内给水系统供水，如图 3.3 所示。

（2）设水箱的给水系统

室内给水管道与室内给水管网直接连接，并在屋顶设有水箱。当室外给水管网水压足够时，室外管网直接向水箱供水，再由水箱向各配水点连续供水；当室外管网水压较小时，则由水箱向室内给水系统补充水量，如图 3.4 所示。

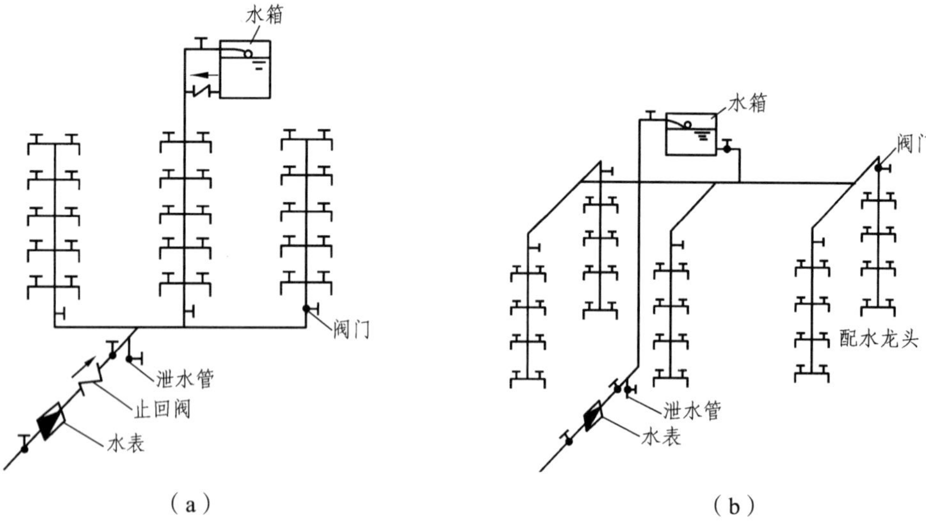

图 3.4　设水箱的给水系统

（3）设水池、水泵和水箱的给水系统

当室外给水管网压力经常性或周期性不足，室内用水不均匀时，在给水管道上增设上水泵和水池、高位水箱等，以提升供水压力和贮存水量，如图 3.5 所示。

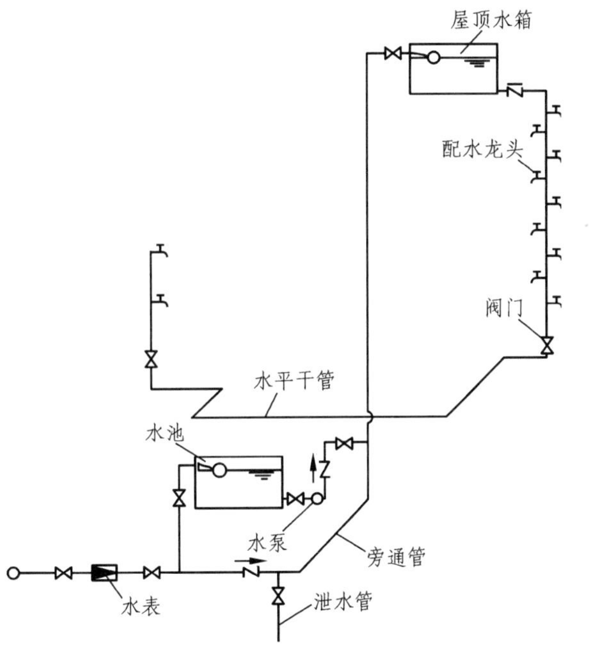

图 3.5　设水池、水泵和水箱的给水系统

（4）竖向分区给水系统

在多层或高层建筑中，室外给水管网中水压往往只能供到下面几层，而不能满足上面几层的需要，为了充分有效地利用室外给水管网中提供的水压，可将建筑物分为上、下两个区域或多个区域，如图 3.6 所示。下区可直接由室外管网供水，上区由水泵、水箱联合供水。

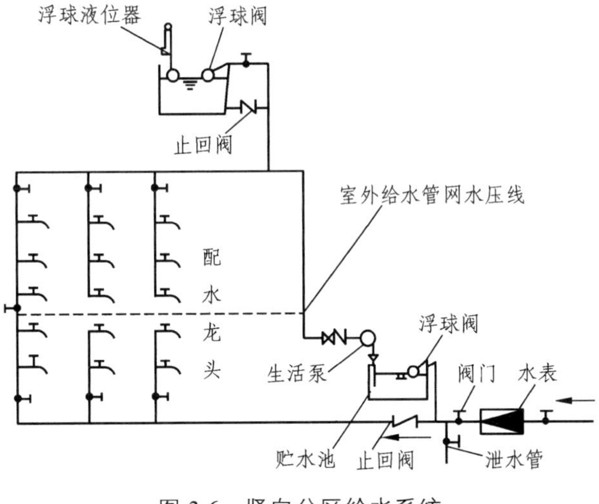

图 3.6　竖向分区给水系统

（二）室内排水系统的分类与组成

室内排水系统的任务是接纳、汇集建筑物内各种卫生器具和用水设备排放的污（废）水，以及屋面的雨、雪水，并在满足排放要求的条件下，排入室外排水管网。

1. 室内排水系统的分类

（1）生活排水系统

生活排水系统用于排除居住、公共建筑及工厂生活间的盥洗、洗涤和冲洗便器等污废水，并可进一步分为生活污水排水系统和生活废水排水系统。收集并排出居民日常生活中排泄的粪便污水的系统为生活污水系统；收集并排出居民日常生活中排出的洗涤水的系统为生活废水系统。

（2）工业排水系统

工业排水系统用于排出生产过程中产生的工业污（废）水。生产污水污染较重，需经过处理，达到排放标准后排放；生产废水污染较轻，可作为杂用水水源，可经过简单处理后回用或排入水体。

（3）屋面雨雪水排水系统

屋面雨雪水排水系统用于收集排除建筑屋面上的雨雪水。

2. 室内排水系统的组成

室内污废水排水系统的基本组成部分有卫生器具和生产设备的受水器、排水管道、通气管道、清通设备，如图 3.7 所示。在有些建筑物的污废水排水系统中，根据需要还设有污废水的提升设备和局部处理构筑物。

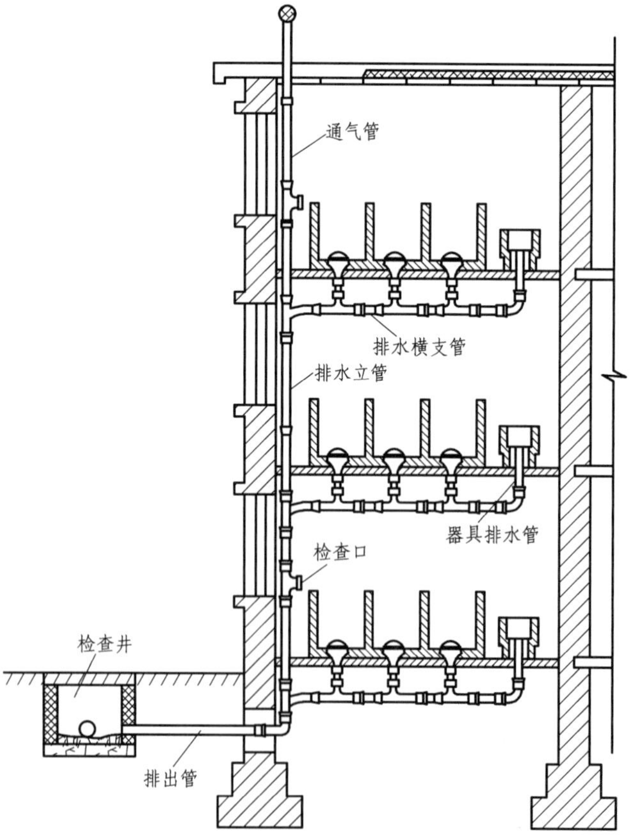

图 3.7　室内排水系统组成

（1）卫生器具和生产设备的受水器

卫生器具是接受、排出人们在日常生活中产生的污废水或污物的容器或装置，如洗脸盆、浴盆、大便器、地漏等。生产设备受水器则是接受、排出工业企业在生产过程中的污废水或污物的容器或装置。

（2）排水管道

排水管道包括器具排水管（含存水弯）、横支管、立管、埋地干管和排出管。器具排水管将卫生器具与后续管道排水横支管连接；排水横支管汇集各器具排水管的来水，沿水平方向按一定坡度输送至排水立管；排水立管收集各排水横支管的来水，并作垂直方向将水排泄至排出管；排出管收集排水立管的污、废水，并从水平方向排至室外污水检查井。

（3）通气管道

建筑内部排水管道内是水气两相流。为使排水管道系统内空气流通，压力稳定，避免因管内压力波动而使有毒有害气体进入室内，需要设置与大气相通的通气系统。通气系统一般由排水立管延伸至屋面上和大气相通，伸出屋面大于等于 0.3 m，上人屋面其高度不低于 2 m，通气管伸出屋面的顶部装设透气帽，以防止杂物落入管中堵塞。建筑标准要求较高的建筑可设置专用通气管以及专用附件。

（4）清通设备

为疏通建筑内部排水管道，保障排水畅通，常需设置清通设备。清通设备包括设在横支管顶端的清扫口、设在立管或较长横支管上的检查口和设在室内较长埋地横干管上的检查井等。

（5）提升设备

当建筑物内的污废水不能自流排至室外时（如民用建筑中的地下室、人防建筑、高层建筑的地下技术层、某些工业企业车间地下室、地铁、立交桥等地下建筑物等），需设置污水提升设备。建筑内部污废水提升包括污水泵、污水集水池和污水泵房等。

（6）局部处理构筑物

当建筑内部污水未经处理不允许直接排入市政排水管网或水体时，需设污水局部处理构筑物，如处理民用建筑生活污水的化粪池，去除含油污水的隔油池，以及以消毒为主要目的的医院污水处理构筑物等。

（三）室内给排水系统的常用材料

室内给水系统的常用材料包括常用管材及管件、管道附件、卫生器具等。

1. 管材与管路附件的公称直径

公称直径（DN 或叫公称通径），就是各种管子与管路附件的通用口径。同一公称直径的管子与管路附件均能相互连接，具有互换性。管材的公称直径与管内径相接近，但它既不等于管道或配件的实际内径，也不等于管道或配件的外径，而只是一种公认的称呼直径，所以又叫名义直径。

一般阀门和铸铁管的内径和公称直径相等，钢管、塑料管的内径和外径与公称直径均不相等。室内给水塑料管公称直径与管外径对照表见表 3.1。

表 3.1　室内给水塑料管公称直径与管外径对照表

公称直径 DN	15	20	25	32	40	50	65	80	100
管外径 De	20	25	32	40	50	63	75	90	110

2. 管道与管路附件的压力

管道及管件的压力分为公称压力、试验压力和工作压力。

（1）公称压力

公称压力，是与管道系统元件的力学性能相关，不代表测量值，不能用于计算。常用字母 PN 表示，如公称压力为 1.6 MPa 的管道，应写作 PN1.6。管道公称压力等级的划分如下：

低压管道：$0 < PN \leqslant 1.6$ MPa；

中压管道：$1.6 < PN \leqslant 10$ MPa；

高压管道：$10 < PN \leqslant 42$ MPa。

（2）试验压力

试验压力，是对管道进行水压或严密性试验的压力，用字母 Ps 表示。如试验压力为 3.0 MPa，写为 Ps3.0。试验压力又分为水压试验压力和气压试验压力，水压试验以设计工作压力乘以 1.5，气压试验以设计工作压力乘以 1.25。

（3）工作压力

工作压力，是指介质在工作温度下的操作压力，用字母 Pt 表示。标记某管道的工作压力应注明其工作温度，通常是 P 右下角附数字，该数字是最高工作温度除 10 所得整数值，如介质的最高工作温度是 200℃，工作压力为 3.0 MPa，则用 $P_{20}3.0$ 表示。

3. 常用管材及管件

室内给排水系统中管道材料可分为金属管材、非金属管材和常用管材等。

（1）金属管材

① 无缝钢管

无缝钢管常用普通碳素钢、优质碳素钢或低合金钢制造而成，包括一般钢管、合金钢管、不锈钢管等。按制造方法可分为热轧钢管和冷轧钢管两种，单根长度为 1.5 ~ 12.5 m。

无缝钢管的规格用“管外径 × 壁厚”表示，如，外径为 108 mm，厚度为 4 mm 的无缝钢管，其管径标注样式为 $\phi 108 \times 4$。

无缝钢管常用于压力较高的工业管道工程，如热力管道、压缩空气管道、化工管道等。在民用工程中，无缝钢管一般用于采暖主干管道和煤气主干管道等，给排水工程中使用较少。

② 焊接钢管

焊接钢管俗称水煤气管，通常用普通碳素钢中钢号为 Q215、Q235、Q255 的软钢制造而成。

按钢管壁厚不同分为普通钢管、加厚钢管两种；按其表面是否镀锌可分为镀锌钢管（白铁管）和焊接钢管（黑铁管）；按焊缝的形状分为直缝焊管和螺旋缝焊管。常用的焊接钢管壁厚为 4 ~ 10 mm，单根管道长度为 4 ~ 10 m。

焊接钢管的直径规格用公称直径“DN”表示，单位为 mm。

由于人们对水质要求的提高，饮用水管道越来越多地选用塑料管，镀锌钢管适用于工业管道或非饮用水的给水管及煤气管。

③ 铸铁管

给水铸铁管常用灰口铸铁或球墨铸铁浇筑而成，出厂前内外表面已用防锈沥青漆防腐。按接口形式分为承插式给水铸铁管和法兰式给水铸铁管两种。排水铸铁管常用橡胶圈密封、螺栓紧固的柔性抗震接口，能适应较大的轴向位移和横向挠曲变形，适用于高层建筑室内排水管，对地震区尤为合适。

④ 有色金属管

有色金属管包括铜及铜合金管、铝及铝合金管、铅及铅合金管、钛及钛合金管等。

由于铜管具有良好的韧性，可承受极冷和极热的温度，能在任何气候和温度下使用，不会因长期使用和温度变化而损坏，同时可以有效防止卫生具被污染，且美观漂亮，在发达国家超过85%的给水系统是铜制的。

（2）非金属管材

① 塑料管

塑料管是以合成树脂为主要成分，加入适量添加剂，在一定温度和压力下塑制成型的有机高分子材料管道。

塑料管分为聚乙烯（PE）管、聚丙烯（PPR）管、聚丁烯（PB）管、聚氯乙烯（PVC-U）管等。聚乙烯（PE）管、聚丁烯（PB）管用于室内外输送冷、热水和低温地板辐射采暖。常用几种塑料管的特点及主要用途比较见表3.2。

表3.2　常用几种塑料管的特点及主要用途比较

名称	特　点	连接方式	主要用途
PPR	耐腐蚀、不结垢、耐高温（95 °C）高压、质量轻、安装方便	承插粘接、热熔焊接	生活冷热水、饮用水、采暖及中央空调水系统
PVC-U	具有较好的抗拉、抗压强度，价格较便宜，但低温下较脆，输送温度不超过15 °C的水	承插粘接和弹性密封圈连接、法兰或螺纹连接	用于输送生活污水和生产污水
PVC-C	阻燃性能良好，耐热性能好，使用温度为−40～45 °C	粘接、螺纹连接或焊接	建筑空调管道、生活饮用水管道、游泳池系统及供暖系统
ABS	强度高、耐冲压、使用温度为−40～80 °C，但价格较贵	粘接、螺纹连接或电熔合	卫生洁具用下水管、输气管、污水管、地下电缆管、高防腐工业管道
PE	质量轻，韧性好，耐低温性较好，无毒，价格较便宜，抗冲击强度高，但抗压、抗拉强度低	热熔焊接、对接焊等	饮用水、雨水、气体管道，工业耐腐蚀管道

② 复合管

复合管材以金属管材为基础，内、外焊接聚乙烯、交联聚乙烯等非金属材料成型，具有金属管材和非金属管材的优点。目前应用较多的有铝塑复合管、铜塑复合管、钢塑复合管、涂塑复合管、钢骨架PE管等。

③ 其他非金属管材

给排水工程除使用给水塑料管、硬聚氯乙烯排水塑料管外，还经常在室外给排水工程中使用自应力和预应力混凝土给水管，钢筋混凝土、带釉陶土（耐腐、性脆）和石棉水泥（质量轻、价格低，但性脆）排水管等。

（3）常用管件

常用管件可分为以下类型：

① 螺纹管件，如管箍、活接头、弯头、三通、四通、丝堵等。

② 铸铁管件，包括铸铁给水管件和离心铸铁排水管件。铸铁给水管件如异径管、三通、四通、弯头等，离心铸铁排水管件如弯曲管、90°弯头、45°弯头、90°三通、45°三通、正四通、Y 三通、TY 三通、P 形存水弯、S 形存水弯等。

③ 焊接管件。在焊接钢管和无缝钢管的安装中，经常需要根据现场情况制作一些钢制管件，按制作方法分为压制法和焊接法。

④ 铝（钢）塑复合管件，如异径弯、等径和异径三通、等径直通等。

⑤ 热熔管件，其用于钢塑复合管、PP-R 以及 PE 管材的连接，有直接、弯头、三通、弯径、法兰等。

4. 管道附件

给排水管道安装时用到的管道附件包括阀门、伸缩器、水表、法兰、浮标水位标尺等。

（1）阀门

阀门是控制调节水流运动的重要配件。

按照阀门的工作原理、结构及用途，可分为蝶阀、闸阀、截止阀、球阀等，这些阀门可用来调节水量或者开闭水流。按照阀门连接方式的不同，可分为螺纹阀、螺纹法兰阀、焊接法兰阀。

螺纹阀：利用阀体两边的螺纹丝扣，与管道或其他附件进行连接的阀门。

螺纹法兰阀：阀门与管道的连接，采用螺纹法兰连接。

焊接法兰阀：阀门与管道的连接，采用焊接法兰连接。

除以上常用的阀门外，还有止回阀、浮球阀、自动排气阀、安全阀、减压阀、疏水阀等用途相对特殊的阀门。

止回阀：能自动阻止流体倒流的阀门。止回阀的阀瓣在流体压力作用下开启，流体从进口侧流向出口侧。当进口侧压力低于出口侧时，阀瓣在流体压差、本身重力等因素作用下自动关闭以防止流体倒流。

浮球阀：利用液位变化可以自动开关，一般用于水箱或水池内。

自动排气阀：安装在供暖或供水系统上具有自动放气功能的阀门，也叫放风阀。

安全阀：用在锅炉、压力容器等受压设备上作为超压保护装置。当被保护设备内介质压力异常升高达到规定值时，阀门自动开启，继而全量排放，以防止压力继续升高；当压力降低到另一规定值时，自动关闭。

减压阀：也称为减压器，通过启闭件的节流，将进口压力降至某一需要的出口压力，并能在进口压力及流量变动时，利用介质本身的能量保持出口压力基本不变的阀门。

疏水阀：用于蒸汽管网及设备中，能自动排出凝结水、空气及其他不凝结气体，并阻止水蒸汽泄漏的阀门，也叫疏水器。

（2）伸缩器

伸缩器（补偿器）的作用是消除管道因温度变化而产生膨胀或收缩应力对管道的影响。常用补偿器有方形伸缩器、套筒伸缩器等。

（3）水表

水表是一种计量水量的仪表，一般安装在引水管及需要计量的管路上，常用的水表有旋翼式和螺翼式两种。

5. 卫生器具

卫生器具是指厨房、卫生间内盥洗设施，包括浴盆、淋浴器、洗面盆、大便器（坐便器、蹲便器）、小便器、洗涤盆和工厂用化验盆以及冲洗水箱、水龙头、排水栓、地漏等项目。

（1）洗澡设施

① 浴盆

浴盆按材质可分为铸铁搪瓷、陶瓷、玻璃钢、塑料等类型，外形尺寸又有大小之分，按安装形式又可分为自带支撑和砖砌支撑；按使用情况又可分为不带淋浴器、带固定淋浴器、带活动淋浴器等几种形式。浴盆由盆体、供水管（冷、热）、控制混合水嘴、存水弯等组成。浴盆安装示意图如图 3.8 所示。

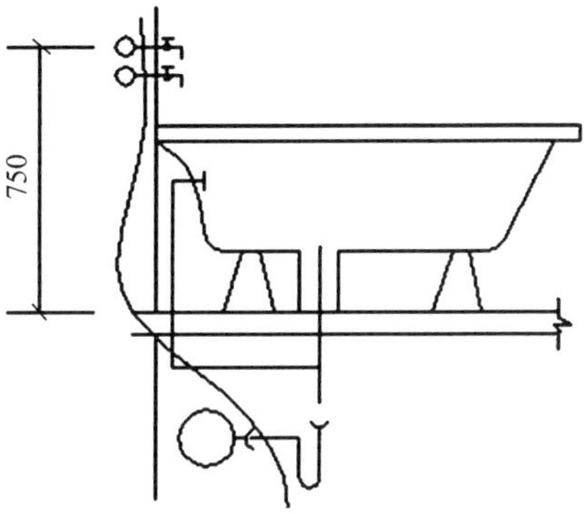

图 3.8　浴盆安装示意图

② 淋浴器

淋浴器按材质可分为钢管、铜管等类型，可提供冷水或冷热水。淋浴器安装示意图如图 3.9 所示。

（2）洗涤设施

① 水龙头

水龙头的类型很多，按不同用途可分为旋压式配水龙头、旋塞式配水龙头、冷热水混合龙头和手术室医用龙头、化验室的化验鹅颈龙头等。

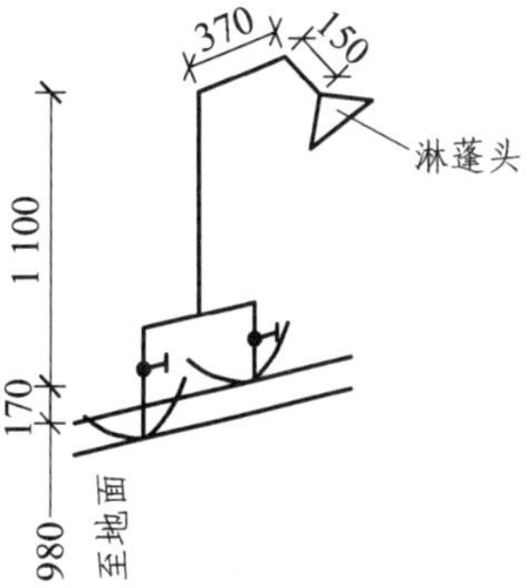

图 3.9　淋浴器安装示意图

② 洗脸盆

洗脸盆一般安装在卫生间内，由冷、热水管道供水，有一些仅供冷水。所接管道可为铜管或钢管，开启方式有普通开关、肘式开关、脚踏开关等方式。排水部分由排水栓、存水弯排入室内下水管道中。洗脸盆安装示意图如图 3.10 所示。

③ 洗涤盆

洗涤盆一般安装在厨房、实验室、洁具间等场所。根据其水龙头数目有单嘴、双嘴之分，开启方式有普通开关、肘式开关、脚踏开关等方式。洗涤盆安装示意图如图 3.11 所示。

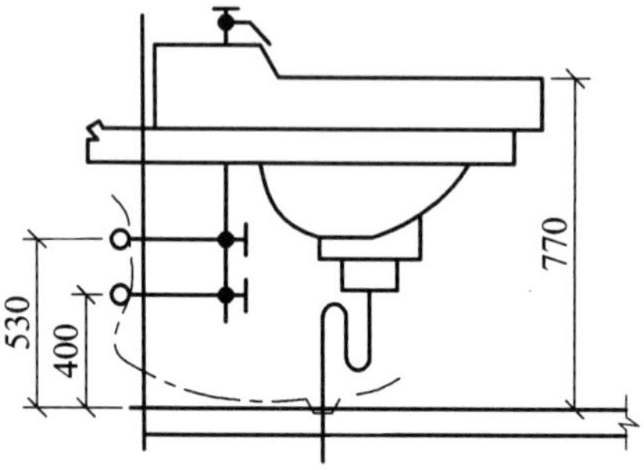

图 3.10　洗脸盆安装示意图

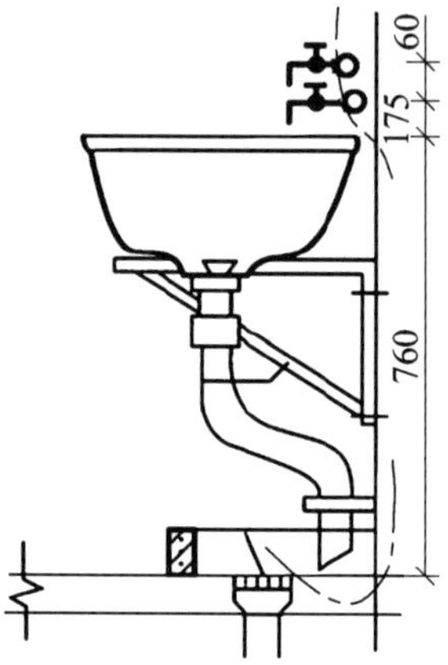

图 3.11　洗涤盆安装示意图

（3）卫生设施

① 大便器

卫生间大便器分为两种，即坐便器和蹲便器。

a. 坐便器

坐便器一般可分为低水箱坐便器、带水箱坐便器、连体水箱坐便器、自闭冲洗阀坐便器。低水箱坐便器安装示意图如图 3.12 所示。

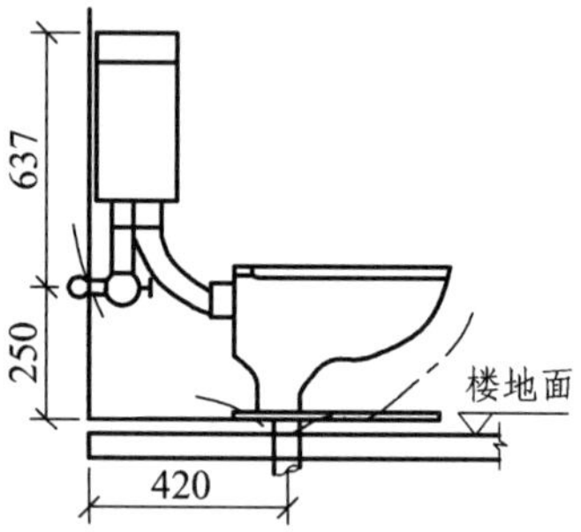

图 3.12　低水箱坐便器安装示意图

b. 蹲便器

目前，蹲便器在公共卫生间使用较多，按其冲洗方式可分为瓷高水箱、瓷低水箱、普通冲洗阀、手压阀冲洗、脚踏阀冲洗、自闭冲洗阀等蹲便器。高水箱蹲便器安装示意图如图 3.13 所示，冲洗阀式蹲便器安装示意图如图 3.14 所示。

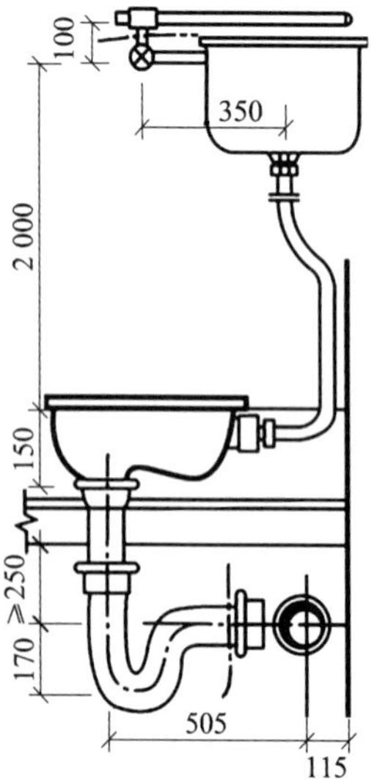

图 3.13　高水箱蹲便器安装示意图

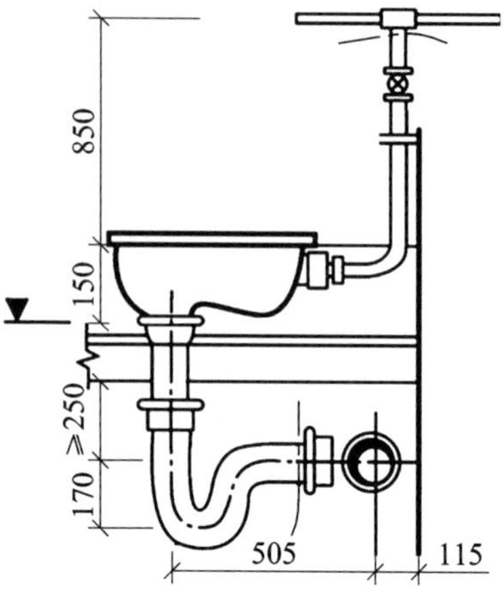

图 3.14　冲洗阀式蹲便器安装示意图

② 小便器

小便器一般设置在公共建筑男卫生间。小便器按安装形式和形状分为挂斗式小便器和立式小便器；按冲洗方式分为普通冲洗小便器和自动冲洗小便器；按联数分为一联小便器、二联小便器和三联小便器。挂斗式小便器安装示意图如图 3.15 所示，立式小便器安装示意图如图 3.16 所示，高水箱三联挂斗小便器安装示意图如图 3.17 所示。

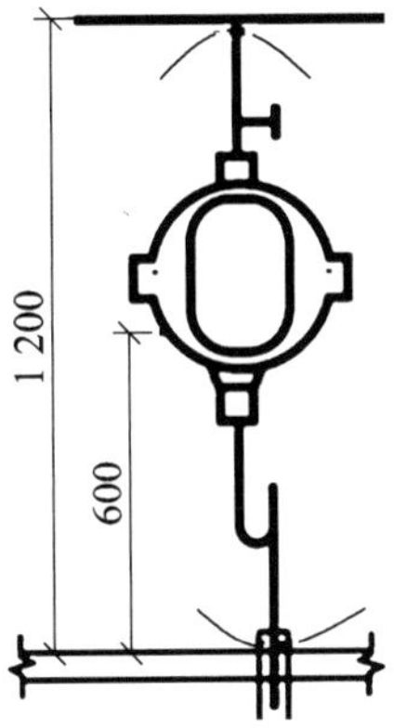

图 3.15　挂斗式小便器安装示意图

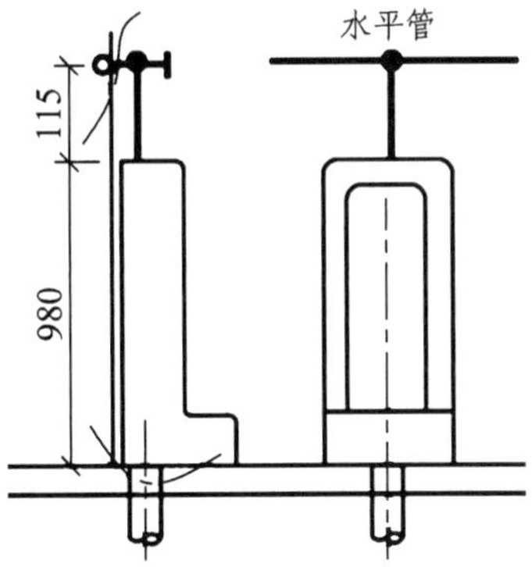

图 3.16　立式小便器安装示意图

③ 小便槽

目前，在公共场所男卫生间仍设置有小便槽。小便槽冲洗时，水流从给水管流入多孔冲洗管中，由多孔管喷细股水流冲洗小便槽。排水一般经槽底的专门排水栓或地漏排入排水管道中。小便槽安装示意图如图 3.18 所示。

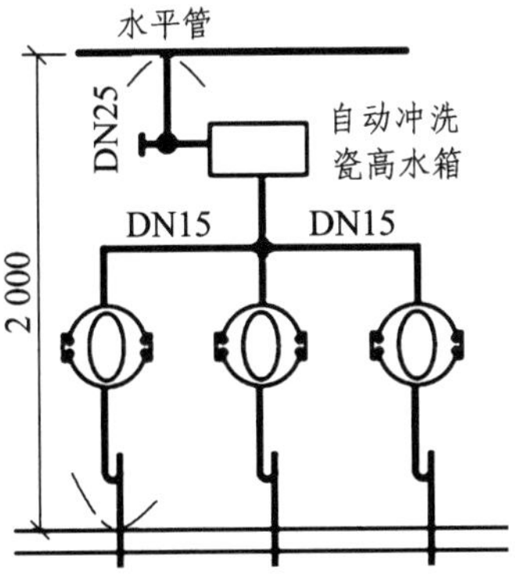

图 3.17　高水箱三联挂斗小便器安装示意图

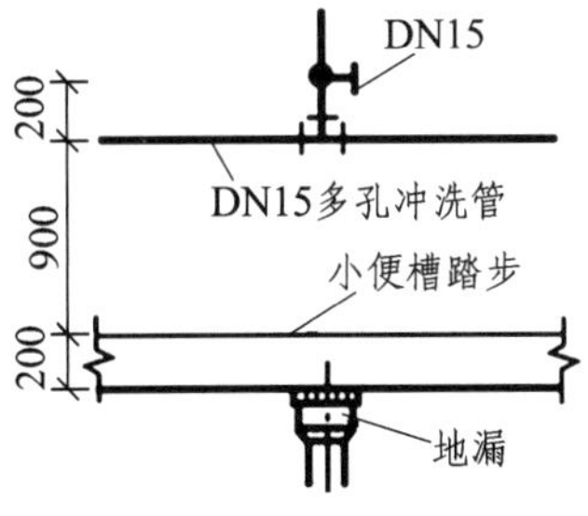

图 3.18　小便槽安装示意图

（4）排水设施

① 地漏

在厕所、厨房、浴室、洗衣房内，以及其他需要从地面上排除污水的房间内，均需设置地漏。地漏在排水口处盖有箅子，用以阻止杂物落入管道内，自带水封，可以直接与下水管道相连接。按材质可以分为铜地漏、不锈钢地漏、塑料地漏。

② 排水栓

为了防止污物堵塞排水管道，在洗脸盆、浴盆、污水池、洗涤盆等卫生器具与存水弯之间设置排水栓。

（5）水箱

水箱按照其形状可分为矩形水箱、圆形水箱；按照其用途不同可分为膨胀水箱、屋顶水箱、大便槽自动冲洗水箱、小便槽自动冲洗水箱等。

（四）室内给排水系统安装

1. 管道连接

（1）螺纹连接

螺纹连接也称丝扣连接，适用于 DN≤100 镀锌钢管及较小管径、较低压力的焊管的连接，以及带螺纹的阀门和设备接管的连接。

（2）焊接

采用氧乙炔焊或电弧焊是管道安装中使用广泛的一种连接方法。常用于 DN＞32 的焊接钢管、无缝钢管、铜管的连接。

（3）法兰连接

法兰连接是指通过连接法兰、紧固螺栓和螺母，压紧两法兰中间的垫片而使管道连接的方法。常用于 DN≥100 镀锌钢管、无缝钢管、给水铸铁管、PVC-U 管和钢塑复合管的连接。

（4）承插连接

铸铁管一般采用承插连接，其连接密封口有青铅接口、膨胀水泥接口、石棉水泥接口、胶圈接口等。塑料管一般使用承插粘接。

（5）热熔连接

将两根热熔管道的配合面紧贴在加热工具上加热其平整的端面直到熔融，移走加热工具后，将两个熔融的端面紧靠起，在压力的作用下保持接头冷却，使之成为一个整体的连接方式，即为热熔连接。其适用于 PP-R、PB、PE 等塑料管的连接。

（6）卡箍连接

卡箍连接又称为沟槽连接，在管端部分压一凹槽，接口部分外套橡胶密封圈，外用卡箍固定并对橡胶密封圈施加一定压力的连接方式。一般用于输送纯净水的不锈钢管、输送消防水的钢管等。

除以上连接方式外，还有柔性连接、电熔连接、卡套式连接等。

2. 给水管道布置及敷设

室内给水管道常用管材为：塑料管、镀锌钢管、给水铸铁管。安装时应注意：

（1）孔洞预留。管道穿过建筑物基础、墙、楼板的孔洞和暗敷管道的墙槽，应配合土建预留。

（2）套管制作安装。钢管穿楼板应做套管，套管直径应比管道管径大两号，套管顶部应高出地面 20 mm，套管底部与楼板底面相平，套管与管道间应用石棉绳或沥青油填实。

（3）管道支、吊架安装。管道安装时，在水平管路上可装设活动支架；在垂直管路上可设导向支架；在管路上不允许有任何位移的地方，应设置固定支架。

（4）管道安装时当管道交叉发生矛盾时，应采用以下原则：小管让大管、无压管让有压管、低压管让高压管、一般管让高温管或低温管、辅助管让物料管、支管让主管。

（5）冲洗。交付使用前须用水冲洗，冲洗水流速大于或等于 1.5 m/s。

（6）试压。管道安装完毕后应按设计要求做水压试验。如果设计无规定，则按照规范进行试压：金属与复合管给水系统在试验压力下，10 min 内压力降不大于 0.02 MPa，在工作压力下做外观检查，应不渗不漏；塑料给水系统应在试验压力下稳压 1 h，压力降不大于 0.05 MPa，然后在工作压力的 1.15 倍下稳压 2 h，压力降不得超过 0.03 MPa，同时管道表面不渗不漏。

3. 排水管道布置及敷设

室内排水管道常用管材为：排水塑料管、排水铸铁管等。

（1）水封设置。器具排水支管上应设有水封装置，以防止排水管道中的有害气体进入室内，水封有 S 形、P 形存水弯及水封盒等。

（2）排水横管安装。排水横管一般用间距 1 ~ 1.5 m 的吊环悬吊在顶棚上，底层的横管应埋地敷设；排水横管不宜过长，以防造成虹吸作用对生卫器具水封破坏。排水横管应有一定的坡度，并要尽量少拐弯以减少阻塞及清扫口的数量。

（3）排水立管安装。排水立管一般在墙角处明装，高层建筑物的排水立管可暗装在管槽或管井中；排水立管一般不允许转弯，当上下层位置错开时，宜用乙字弯或两个 45°弯头连接；立管的固定常采用管卡，管卡间距不得超过 3 m，但每层至少应设 1 个，托在承口的下面。排水管中心距墙面距离根据管径大小为 100 ~ 150 mm。

（4）通气管安装。通气管应高出屋面不得小于 0.3 m，并大于最大积雪厚度；对上人屋面，通气管则应高出屋面 2 m，并应考虑设防雷装置；排气管出口应装网罩或风帽，以防杂物落入。

（5）防腐。排水铸铁管和钢管刷防锈漆两道、银粉面漆（或设计指定的面漆）两道（管道有绝热层时，不刷面漆）。

（6）隐蔽或埋地的排水管道在隐蔽前必须做灌水试验，其灌水高度应不低于底层卫生器具的上边缘或底层地面高度。灌水方法：满水 15 min 水面下降后，再灌满观察 5 min，液面不下降，检查管道及接口无渗漏为合格。

任务二 给排水工程的施工图识读

（一）给排水工程常用图例

给排水工程常用图例见表 3.3。

表 3.3　给排水工程常用图例

名称	图例	说明	名称	图例	说明
管道		用于一张图上，只有一种管道	室内单出口消火栓	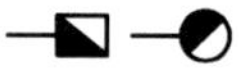	左为平面 右为系统
	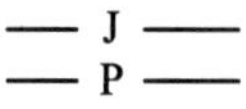	用汉语拼音字头表示管道类别	室内双出口消火栓	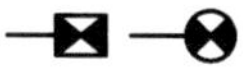	左为平面 右为系统
	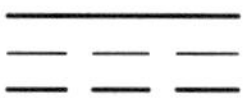	用线型区分管道类别	自动喷淋头		左为平面 右为系统
交叉管		管道交叉不连接，在下方和后方的管道应断开	淋浴喷头		
管道连接	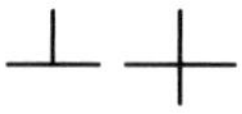	左为三通 右为四通	水表		
管道立管	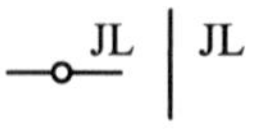	J：管道类别 L：立管	立式洗脸盆		
管道固定架	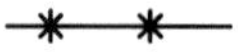		浴盆	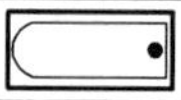	
多孔管			污水池		
存水弯			盥洗槽		
检查口			小便槽	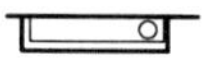	
清扫口		左为平面 右为系统	小便器		
通气帽		左为成品 右为铅丝球	大便器		左为蹲式 右为坐式
圆形地漏		左为平面 右为系统	延时自闭阀		
截止阀	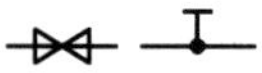	左为 DN≥50 右为 DN<50	柔性防水套管	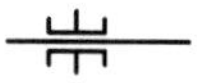	
闸阀			可曲挠接头		
止回阀			阀门井 检查井	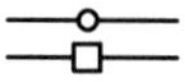	
放水龙头	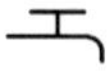		水表井		

（二）给排水工程施工图组成

给排水施工图可分为室外管道及附属设备图、室内管道及卫生设备图和水处理工艺设备图三类。

室内给排水施工图主要由以下内容组成：

（1）图纸目录。设计人员把某个给排水工程的所有图纸按一定的图名和顺序归纳编排成一个目录，以方便使用者查找和管理。通过图纸目录我们可以知道设计单位、工程名称、地点、图纸数量、图纸名称及编号、所采用的标准图集号等。

（2）设计及施工说明。凡在图样上无法表示出来而施工人员又必须知道的一些技术和质量方面的要求，一般都用文字形式加以说明。内容一般包括：

① 工程概况：主要说明建筑面积、层高、楼层分布情况、设计范围等。

② 设计依据：包括甲方提供的基本资料、国家标准规范、施工现场条件等。

③ 给排水系统设计：主要说明用水量设计，水源进出方式，给排水系统划分，水箱设置情况等。

④ 管道敷设：内容包括给排水管道所采用的管材、附件及连接方式，支吊架安装要求，管道的防腐与保温要求，管道上的阀门类型及连接方式，套管安装要求等。

⑤ 施工质量及验收标准：说明给排水管道隐蔽验收，试压方式及灌水检验要求等。

⑥ 其他：其他未说明的内容，以及所采用的图例等。

（3）主要设备及材料列表。本设计图中所采用的主要设备及材料的编号、规格、数量等内容。

（4）总平面图。表示了该建筑物外管网的平面布置情况，表明该给水系统引入管的位置和该排水系统中排出管的位置。

（5）室内给排水平面图。室内给排水平面图是施工图的主要部分，一般包括给排水底层平面图、标准层平面图及顶层平面图，常用 1∶100 和 1∶50 的比列画出。各层平面图所表达的内容为本楼层内给排水管道、卫生洁具及用水设备等的平面位置，管道接头零件、支吊架的位置在图上没有表示，需要查看设计说明。如果设计说明中未包括，则要查找国家有关的施工及验收规范去执行。

（6）给排水系统图。给排水系统图是管道系统的轴测投影图，是管道施工图中的重要图样。在给排水系统图上，管道主管、进出户管子的编号与平面图上相对应，在立体空间中反映管路、设备及器具相互关系系统的全貌图形。图中表明了管道高程、管径大小，阀门的位置、高程、数量，卫生器具的位置、数量等内容。

（7）大样图。阀门井、设备基础、集水坑等安装图，在平面图上或系统图上表示不清楚，也无法用文字说明的情况下，设计人员会将局部部位放大比例绘出，以方便施工人员按图施工。

（8）标准图。这部分图纸在施工图中不存在，只在图纸目录中提供了标准图号，需要查阅通用标准图集。一般用于通用设备和卫生洁具的安装。

（9）非标准图。非标准图是指具有特殊要求的卫生器具及附件，不能采用标准图时，独立设计的加工或安装图。

给排水工程施工图的具体组成，由设计者根据实际需要决定，不一定每套给排水施工图都必须包括以上 8 个部分的内容。

（三）给排水工程施工图表示

1. 图纸比例

根据《给水排水制图标准》（GB/T 50106—2010），建筑给排水平面图和轴测图图纸比例宜与建筑专业一致，建筑给排水平面图图纸比例一般为 1∶200，1∶150，1∶100，建筑给排水轴测图图纸比例一般为 1∶150，1∶100，1∶50。在建筑给排水轴测图中，如局部表示困难时，可不按比例绘制。水处理系统工艺图和建筑给排水管道展开系统图可不按比例绘制。

2. 管道在平面图上的表示

某一层楼的给排水、采暖管道的平面图，一般要把该楼层地面以上和楼板以下的所有管道都表示在该层建筑平面图上；对于底层，还要把地沟内的管道表示出来。平面图中，给水管道一般用粗实线表示，排水管道用粗虚线表示，给排水设备、零（附）件的轮廓线（可见）用中实线表示，不可见的用中虚线表示。

各种位置和走向的水暖管道在平面图上的表示方法：水平管、倾斜管用单线条水平投影表示；不同直径的管道，以同样线宽的线条表示；当同一平面位置布置有几根不同高度的管道时，可画成平行排列；垂直管道在图上用圆圈表示；管道向上或向下拐弯时在平面图上的表示如图 3.19 所示。

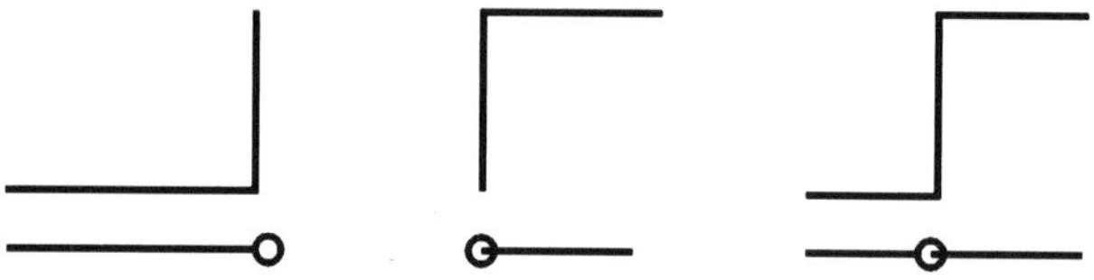

图 3.19　管道向上或向下拐弯时在平面图上的表示

3. 管道在系统图上的表示

室内管道系统图主要是反映管道在室内空间的走向和高程位置。一般左右方向用水平线表示；上下方向用竖线表示；前后方向用 45°斜线表示。

4. 管道高程的表示

管道的高程符号一般标注在管道的起点或终点，高程的数字对于给水管道、采暖管道是指管道中心处的位置相对于 ± 0.000 的高度；对于排水管道通常是指管子内底的相对高程。高程的单位是“m”。管道标高标注示意图见图 3.20。

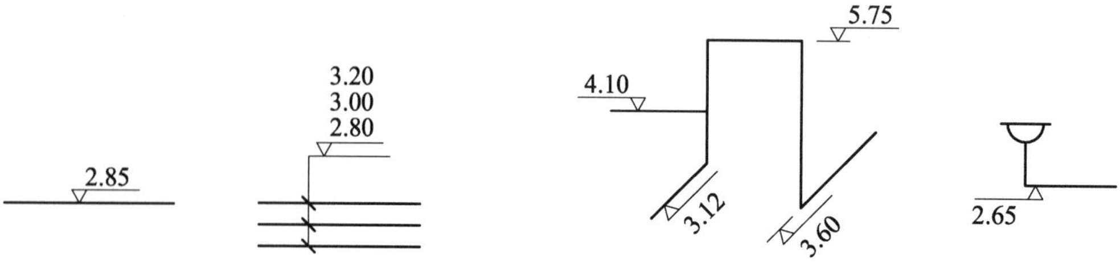

（a）平面图上管道标高标注　　（b）轴测图上管道标高标注

图 3.20　管道标高标注

5. 管道坡度的表示

管道的坡度符号可标注在管子的上方或下方，其箭头所指的一端是管子较低一端，如 $i = 0.005$ 表明管道的坡度为 5‰。

6. 管道直径的表示

管道直径一般用公称直径标注，一段管子的直径一般标注在该段管子的两端，而中间不再标注，如图 3.21 所示。多根管道时，管径标注如图 3.22 所示。

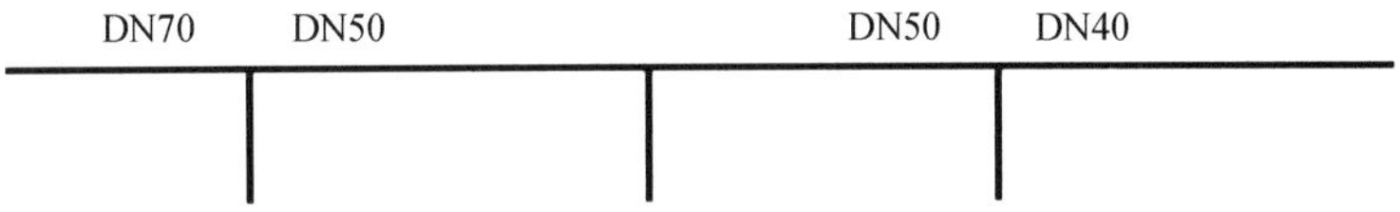

图 3.21　变径管道管径的表示

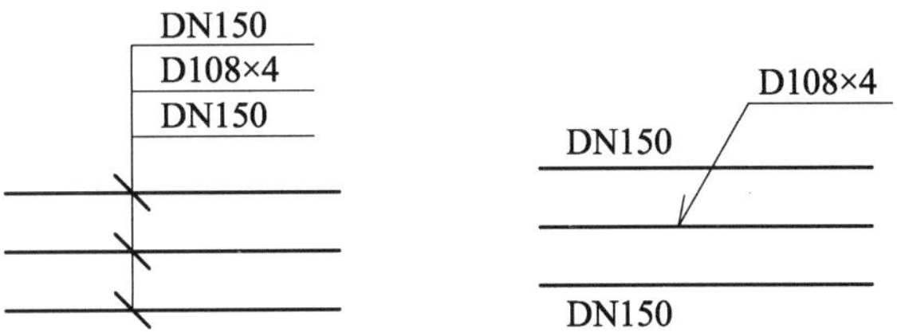

图 3.22　多根管道管径的表示

7. 管道编号

当系统管道超过 1 根时，有必要对给水管道或排水管道进行编号，如图 3.23 所示。

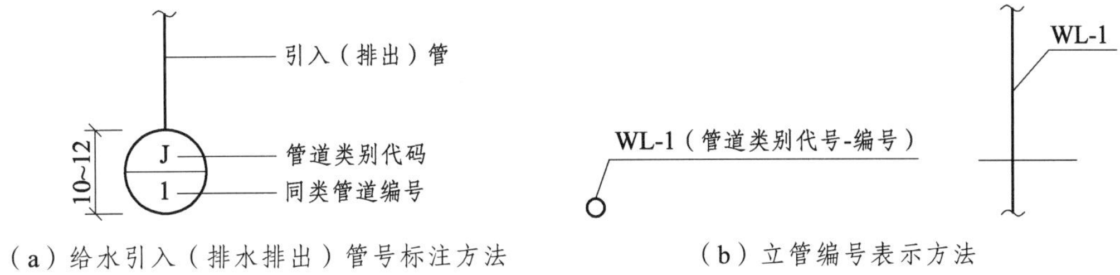

图 3.23　管道编号表示方法

（四）给排水工程施工图识读

1. 给排水工程施工图识读的步骤

（1）查看设计及施工说明，了解说明内容，特别是给排水系统划分情况；同时，根据说明要求，查明及收集所采用的各种标准图集及相关施工及验收规范。

（2）以系统图为线索，按照管道类别（如给水、热水、排水、消防等）分类阅读。

（3）将平面图和系统图对照起来看。给水系统顺着水流进水方向，经干管、横管、立管、支管到用水设备的顺序进行识读；排水系统顺着水流排水方向，经卫生器具、器具排水管、横管、立管、排出管到室外检查井的顺序识读。

（4）阅读大样图和标准图。识读大样图时重点掌握其所包括的设备、各部分的起止范围。

识读图纸的顺序，没有统一的规定，可根据需要自行掌握。为了更好地利用图纸指导施工，有时一张图纸要反复看很多遍，并且还要配合识读有关施工质量验收规范、质量评定标准以及全国通用给排水标准图集，详细了解安装技术及安装方法。

2. 识读给排水施工平面图时应重点掌握的内容

（1）明确卫生器具、用水设备和升压设备的类型、数量、安装位置、接管方式和定位尺寸。结合详图和技术资料，弄清楚这些器具和设备的构造、接管方式和尺寸。对常用的卫生器具和设备的构造和安装尺寸应做到心中有数，以便准确无误地计算工程量。

（2）明确给水引入管和污水排出管的平面走向、位置，与室外给排水管网的连接形式、管径、坡度等。给水引入管和污水排出管通常都标注有系统编号，识图时应有效使用。

（3）明确给排水干管、立管、横管、支管的平面位置、走向、管径及立管编号。

（4）明确水表、消火栓等的型号、安装方式及前后的阀门设置。

（5）对于室内排水管道，还要注意清通设备的布置情况。

（6）对于雨水管道，雨水斗的型号、数量及布置情况，与天沟的连接方式也要注意。

3. 识读给排水系统图时应重点掌握的内容

（1）明确各部分给水管道的空间走向、高程、管道直径及其变化情况，阀门的设置位置、规格和数量。

（2）明确各部分排水管道的空间走向、管路分支情况、管道直径及其变化情况，弄清横管的坡度、管道各部分的高程、存水弯的形式、清通设施的设置情况。

（3）明确给排水管道的支吊架数量及规格。由于给排水施工图上不表示管道支吊架，而由施工人员按照规范确定，因此，应在识读图纸时确定这部分内容。

（五）给排水工程施工图识读举例

【例 3.1】 某室内给排水安装工程，如图 3.24 所示。给水管道为 PPR 管热熔连接，排水管道为承插塑料排水管粘接，穿墙套管为塑料套管，室内安装直冲式手压阀蹲式大便器和瓷洗手盆，墙厚 240 mm。现已知：蹲便器给水管管径 DN20，排水管管径 DN100；洗脸盆给水管管径 DN15，排水管管径 DN50；地漏排水管管径 DN50。试阅读下图，并在平面图中指出 DN15 和 DN20 的 PPR 管位置，DN100 排水管的位置。

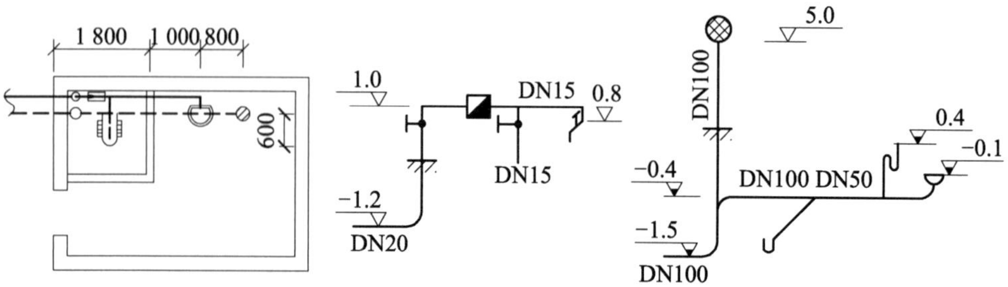

图 3.24　某室内给排水平面图、系统图

解：

（1）首先找出平面图中的两个卫生器具，蹲便器和洗脸盆。另外排水处，还有一地漏。

（2）对比平面图和系统图，埋在地下 1.2 m 处的 DN20 给水管道从墙外进入室内，然后在墙边向上穿出地面，到达地面上 1.0 m 高处，沿墙通过三通 ，将水送至蹲便器（DN20），管径变为 DN15，将水送至洗脸盆。

（3）排水管道，顺着水流方向，收集来自地漏（DN50）、洗脸盆（DN50）和蹲便器（DN100）的污水，通过埋入地下 0.4 m 的排水横管，进入排水立管，后排至埋深为地下 1.5 m 的排水干管。另外，通气帽离地面 5 m。

任务三　给排水工程清单项目设置及工程量计算

（一）管道界限的划分

1. 给水管道界限划分

以建筑物外墙皮 1.5 m 为界，入口处设阀门者以阀门为界。与市政给水管道的界限应以水表井为界；无水表井的，应以与市政给水管道碰头点为界，如图 3.25 所示。

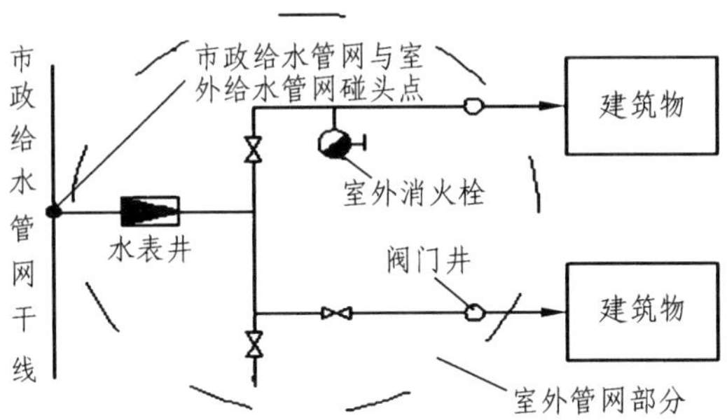

图 3.25　给水管道界限

2. 排水管道界限划分

应以出户第一个排水检查井为界。室外排水管道与市政排水界限应以与市政管道碰头井为界，如图 3.26 所示。

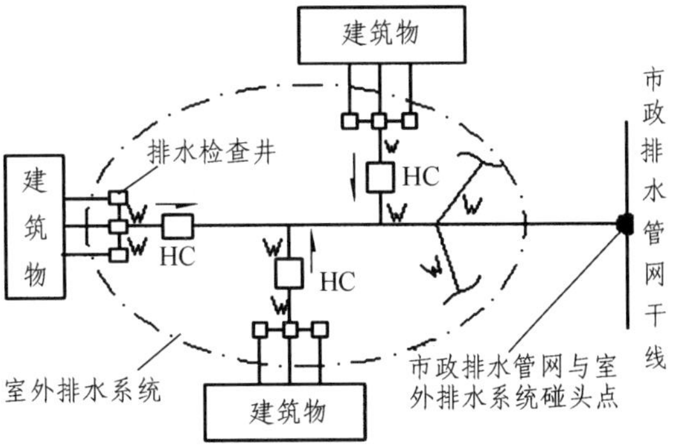

图 3.26　排水管道界限

（二）给排水、采暖、燃气管道

1. 给排水、采暖、燃气管道清单项目列项

给排水、采暖、燃气管道，工程量清单项目设置、项目特征描述的内容、计量单位及工程量计算，应按《通用安装工程工程量计算规范》（GB 50856—2013）中表 K.1 规定执行。常用项目见表 3.4。

表 3.4　给排水、采暖、燃气管道（编码：031001）

项目编码	项目名称	项目特征	计量单位	工程量计算规则	工作内容
031001001	镀锌钢管	1. 安装部位 2. 介质 3. 规格、压力等级 4. 连接形式 5. 压力试验及吹、洗设计要求 6. 警示带形式	m	按设计图示管道中心线以长度计算	1. 管道安装 2. 管件制作、安装 3. 压力试验 4. 吹扫、冲洗 5. 警示带铺设
031001002	钢管				
031001003	不锈钢管				
031001004	铜管				
031001005	铸铁管	1. 安装部位 2. 介质 3. 材质、规格 4. 连接形式 5. 阻火圈设计要求 6. 压力试验及吹、洗设计要求 7. 警示带形式			1. 管道安装 2. 管件安装 3. 压力试验 4. 吹扫、冲洗 5. 警示带铺设
031001006	塑料管	1. 安装部位 2. 介质 3. 材质、规格 4. 连接形式 5. 阻火圈设计要求 6. 压力试验及吹、洗设计要求 7. 警示带形式			1. 管道安装 2. 管件安装 3. 塑料卡固定 4. 阻火圈安装 5. 压力试验 6. 吹扫、冲洗 7. 警示带铺设
031001007	复合管	1. 安装部位 2. 介质 3. 材质、规格 4. 连接形式 5. 压力试验及吹、洗设计要求 6. 警示带形式			1. 管道安装 2. 管件安装 3. 塑料卡固定 4. 压力试验 5. 吹扫、冲洗 6. 警示带铺设
031001011	室外管道碰头	1. 介质 2. 碰头形式 3. 材质、规格 4. 连接形式 5. 防腐、绝热设计要求	处	按设计图示以处计算	1. 挖填工作坑或暖气沟拆除及修复 2. 碰头 3. 接口处防腐 4. 接口处绝热及保护层

2. 给排水、采暖、燃气管道项目特征描述及工程量计算说明

招标人或其代理机构，在给排水、采暖、燃气管道工程量清单时，其项目特征应按

GB 50856—2013 中表 K.1 中规定的项目特征，结合拟建工程项目的实际进行准确和全面的描述。

（1）安装部位，是指安装位置是室内还是室外，必要时还应注明室内是明设还是暗敷，室外是架空还是埋地或是地沟内敷设。

（2）输送介质，指管道用途种类，如给水、排水、雨水、中水、燃气、空调水、热媒体等。

（3）材质，指不同类别材质的管材以及同类别材质化学成分（或钢号）有差别的管材，如钢管是焊接管还是无缝管，铸铁管是灰口铸铁还是球墨铸铁，塑料管是 PP-R、PE 还是 PVC、UPVC。有些编码项目名称中已标明其材质种类，不会产生理解歧义的则不必另行标明，如镀锌钢管、承插水泥管、承插陶土管等。

（4）型号、规格，指各种管道的公称直径或外径、壁厚等，应按国家相关标准及设计规范规定的标注方法予以标注。

（5）连接方式，指各种管道不同的接口形式，如螺纹连接、焊接（焊条电弧焊、氧乙炔焊）、承插、卡套、热（电）熔、黏接等。

（6）方形补偿器制作安装应包含在管道安装综合单价中。

（7）排水管道安装包括立管检查口、透气帽。

（8）室外管道碰头：

① 适用于新建或扩建工程热源、水源、气源管道与原（旧）有管道碰头。

② 室外管道碰头包括挖工作坑、土方回填或暖气沟局部拆除及修复。

③ 带介质管道碰头包括开关闸、临时放水管线铺设等费用。

④ 热原管道碰头处包括供、回水两个接口。

⑤ 碰头形式指带介质碰头和不带介质碰头。

（9）管道工程量计算不扣除阀门、管件（包括减压器、疏水器、水表、伸缩器等组成安装）及各种井类所占的长度；方形补偿器以其所占长度按管道安装工程量计算。

（10）压力试验按设计要求描述试验方法，如水压试验、气压试验、泄漏性试验、闭水试验、通球试验、真空试验等。

（11）吹、洗设计要求描述吹扫、冲洗方法、如水冲洗、消毒冲洗、空气吹扫等。

3. 给排水、采暖、燃气管道清单工程量计算

（1）给排水管道计算，一般先以管道系统单元计算，接着小系统，后相加为大系统（即片区），最后获得整个建筑给排水管道的工程量。

（2）对于一个小的给排水系统，根据水流的方向进行计算。如，给水管系统安装工程量的计算，从引入管（或分界点、起始点）开始，根据水流方向经水平干管，再到各条立管、横管、支管，最后到用水点，均以管中心长度进行计算。

（3）在计算管道长度时，应将各种管材的管道按埋地、走地沟、明装等安装形式分开计算，以方便进行管道刷油防腐、挖土方等项目的工程量计算。

（4）在计算管道长度时，一般分为两个方向进行计算：水平方向管道的长度，以管道平面图的建筑物轴线尺寸和设备位置尺寸为参考计算，或者用比例尺在平面图上量取；竖向（即立管）长度可以在系统图上用标高差计算，但不能在系统图上用比例尺量取。

（5）在计算各种规格管道的长度时，按照水流的方向，一般情况下，标注管道管径位置的前一个管道三通处为管道的变径点，即前一个规格管道长度计算的结束点，该规格管道长度计算的起始点。如图 3.24 中，给水管从 DN20 变径至 DN15 的变径位置，是从水表至洗脸盆间的三通处。

（6）给排水管道接至用水器具时，给排水管与成套卫生器具的边界点要明确。如果图纸上有说明，应按说明处理。如果没有说明，应按照本书 3.1.3 中卫生器具图 3.8 ~ 3.18 中的点画线位置确定。一般来讲，给水管计算至水平管与配水支管的交接处，排水管计算至楼地面标高处。实际工程中，洗脸盆、洗涤盆等器具的排水部分根据需要高出楼面 100 ~ 200 mm。

（7）由于排水管标高均为管内底标高，计算立管长度时注意转换为中心标高。

（8）给排水立管的定位，在图纸上一般都不会标注。施工中通常考虑最大限度靠近墙柱处理，但要保证支管的安装及后期维护时需要的操作空间，这个尺寸并不一定是唯一值。根据管径大小，给水立管与墙面尺寸为 40 ~ 150 mm，塑料排水管与墙面尺寸为 50 ~ 150 mm，铸铁排水管与墙面尺寸为 100 ~ 200 mm。

（三）给排水管道工程量计算举例

【例 3.2】 图 3.27 为某卫生间给水系统部分管道，管道材质为 PP-R 塑料管，热熔连接。根据图示尺寸（单位：m），试计算该部分管道的工程量。

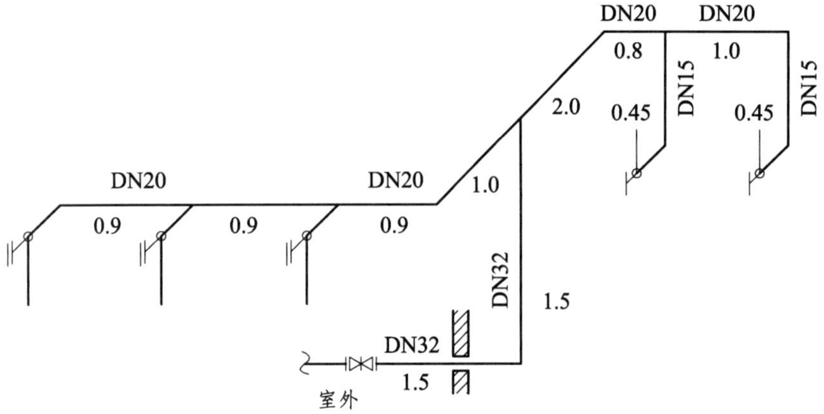

图 3.27　某卫生间给水系统部分管道图

解： 给水管道工程量计算如下

DN32：（1.5 + 1.5）m = 3.0 m

DN20：（1.0 + 0.9 + 0.9 + 0.9 + 2.0 + 0.8 + 1.0）m = 7.5 m

DN15：（0.45 + 0.45）m = 0.9 m

【例 3.3】 以图 3.24 为例，蹲便器存水弯与排水支管交接处距排水横支管中心线 0.6 m，第一个排水检查井距墙外皮 2.5 m，试计算给水 PPR 管 DN15、DN20 和排水 UPVC 管 DN50、DN100 的清单工程量。

解：（1）给水管清单工程量计算。

① PPR 管 DN20：1.5（室内外界限：距外墙皮 1.5 m 处）+ 0.9（外墙轴线至蹲便器水平距离）+ [1.0 –（ – 1.2）]（立管标高差） = 4.6 m

② PPR 管 DN15：（0.9 + 1.0）（蹲便器至洗脸盆水平距离）+（1.0 – 0.8）（洗脸盆送水分支管竖向高差）= 2.1 m

（2）排水管清单工程量计算。

① UPVC 管 DN50：

地　漏：0.3（地漏竖向至排水横支管高差）+ 0.8（地漏至洗脸盆水平距离）= 1.1 m

洗手盆：0.4（露出地面部分）+ 0.4（竖向至排水横支管高差）= 0.8 m

水平方向：1 + 0.9 = 1.9 m（洗脸盆至蹲便器）

小　计：1.1 + 0.8 + 1.9 = 3.8 m

② UPVC 管 DN100：

蹲 便 器：0.6（蹲便器存水弯与排水支管交接处距排水横支管中心线）+ 0.4（蹲便器竖向至排水横支管高差）= 1 m

水平方向：0.9（蹲便器至外墙轴线水平距离）+ 2.5（第一个排水检查井距墙外皮）= 3.4 m

竖直方向：5 –（–1.5）= 6.5 m

小　计：1 + 3.4 + 6.5 = 10.9 m

说明：计算中未考虑管底标高造成的长度影响。

（四）支架及其他

1. 支架及其他清单项目列项

支架及其他，工程量清单项目设置、项目特征描述的内容、计量单位及工程量计算，应按《通用安装工程工程量计算规范》（GB 50856—2013）中表 K.2 规定执行。常用项目见表 3.5。

表 3.5　支架及其他（编码：031002）

项目编码	项目名称	项目特征	计量单位	工程量计算规则	工作内容
031002001	管道支架	1. 材质 2. 管架形式	1. kg 2. 套	以 kg 计算，按设计图示质量计算 以套计算，按设计图示数量计算	1. 制作 2. 安装
031002002	设备支架	1. 材质 2. 形式	1. kg 2. 套	以 kg 计算，按设计图示质量计算 以套计算，按设计图示数量计算	1. 制作 2. 安装
031002003	套管	1. 名称、类型 2. 材质 3. 规格 4. 填料材质	个	按设计图示数量计算	1. 制作 2. 安装 3. 除锈、刷油

2. 支架及其他项目特征描述及工程计算说明

（1）单件支架质量 100 kg 以上的管道支吊架执行设备支吊架制作安装。

（2）成品支架安装执行相应管道支架或设备支架项目，不再计取制作费，支架本身价值含在综合单价中。

（3）套管制作安装，适用于穿基础、墙、楼板等部位的防水套管、填料套管、无填料套管及防火套管等，应分别列项。

3. 支架及其他清单工程量计算

（1）管道支架

管道支吊架的工程量，根据相关施工规范，确定管道支吊架的间距和套数。

（2）套管

套管包括穿墙、穿基础、穿楼板等套管，根据相关施工规范和施工图纸，数出对应套管的数量。

（五）管道附件

管道附件，工程量清单项目设置、项目特征描述的内容、计量单位及工程量计算，应按《通用安装工程工程量计算规范》（GB 50856—2013）中表 K.3 规定执行。常用项目见表 3.6。

表 3.6　管道附件（编码：031003）

<table>
<tr><th>项目编码</th><th>项目名称</th><th>项目特征</th><th>计量单位</th><th>工程量计算规则</th><th>工作内容</th></tr>
<tr><td>031003001</td><td>螺纹阀门</td><td>1. 类型
2. 材质
3. 规格、压力等级
4. 连接形式
5. 焊接方法</td><td>个</td><td rowspan="8">按设计图示数量计算</td><td rowspan="3">1. 安装
2. 电气接线
3. 调试</td></tr>
<tr><td>031003002</td><td>螺纹法兰阀门</td><td>1. 类型
2. 材质
3. 规格、压力等级
4. 连接形式
5. 焊接方法</td><td>个</td></tr>
<tr><td>031003003</td><td>焊接法兰阀门</td><td>1. 类型
2. 材质
3. 规格、压力等级
4. 连接形式
5. 焊接方法</td><td>个</td></tr>
<tr><td>031003005</td><td>塑料阀门</td><td>1. 规格
2. 连接形式</td><td>个</td><td>1. 安装
2. 调试</td></tr>
<tr><td>031003008</td><td>除污器（过滤器）</td><td>1. 材质
2. 规格、压力等级
3. 连接形式</td><td>个</td><td>安装</td></tr>
<tr><td>031003010</td><td>软接头（软管）</td><td>1. 材质
2. 规格
3. 连接形式</td><td>个（组）</td><td>安装</td></tr>
<tr><td>031003012</td><td>倒流防止器</td><td>1. 材质
2. 型号、规格
3. 连接形式</td><td>套</td><td>安装</td></tr>
<tr><td>031003013</td><td>水表</td><td>1. 安装部位（室内外）
2. 型号、规格
3. 连接形式
4. 附件配置</td><td>组（个）</td><td>组装</td></tr>
</table>

（六）卫生器具制作安装

卫生器具制作安装，工程量清单项目设置、项目特征描述的内容、计量单位及工程量计算，应按《通用安装工程工程量计算规范》（GB 50856—2013）中表 K.4 规定执行。常用项目见表 3.7。

表 3.7 卫生器具制作安装（编码：031004）

项目编码	项目名称	项目特征	计量单位	工程量计算规则	工作内容
031004001	浴缸	1. 材质 2. 规格、类型 3. 组装形式 4. 附件名称、数量	组	按设计图示数量计算	1. 器具安装 2. 附件安装
031004003	洗脸盆	1. 材质 2. 规格、类型 3. 组装形式 4. 附件名称、数量	组		
031004004	洗涤盆	1. 材质 2. 规格、类型 3. 组装形式 4. 附件名称、数量	组		
031004006	大便器	1. 材质 2. 规格、类型 3. 组装形式 4. 附件名称、数量	组		
031004007	小便器	1. 材质 2. 规格、类型 3. 组装形式 4. 附件名称、数量	组		
031004010	淋浴器	1. 材质、规格 2. 组装形式 3. 附件名称、数量	套		1. 器具安装 2. 附件安装
031004014	给、排水附（配）件	1. 材质 2. 型号、规格 3. 安装方式	个（组）		安装
031004015	小便槽冲洗管制作安装	1. 材质 2. 规格	m	按设计图示长度计算	1. 制作 2. 安装

需要注意以下几点：

（1）成品卫生器具项目中的附件安装，主要是指给水附件包括消遣、阀门、喷头等，排水配件包括存水弯、排水栓、下水口等以及配备的连接管。

（2）给、排水附（配）件是指独立安装的水嘴、地漏、地面扫除口等。

（3）当表中项目名称所列共性特征对某一拟建工程的分项项目不必要时，则可略去，不用描述，例如洗脸盆、洗涤盆、化验盆等分项项目中的“开关”，如不是肘式或脚踏开关，则不必要进行描述。

（七）采暖、给排水设备

采暖、给排水设备，工程量清单项目设置、项目特征描述的内容、计量单位及工程量计算，应按《通用安装工程工程量计算规范》（GB 50856—2013）中表 K.6 规定执行。常用项目见表 3.8。

表 3.8　采暖、给排水设备（编码：031006）

<table>
<tr><th>项目编码</th><th>项目名称</th><th>项目特征</th><th>计量单位</th><th>工程量计算规则</th><th>工作内容</th></tr>
<tr><td>031006001</td><td>变频给水设备</td><td rowspan="2">1. 设备名称
2. 型号、规格
3. 水泵主要技术参数
4. 附件名称、规格、数量
5. 减震装置形式</td><td rowspan="2">套</td><td rowspan="4">按设计图示数量计算</td><td rowspan="2">1. 设备安装
2. 附件安装
3. 调试
4. 减震装置制作、安装</td></tr>
<tr><td>031006002</td><td>稳压给水设备</td></tr>
<tr><td>031006006</td><td>地源（水源、气源）热泵机组</td><td>1. 型号、规格
2. 安装方式
3. 减震装置形式</td><td>组</td><td>1. 安装
2. 减震装置制作、安装</td></tr>
<tr><td>031006015</td><td>水箱制作安装</td><td>1. 材质、类型
2. 型号、规格</td><td>台</td><td>1. 制作
2. 安装</td></tr>
</table>

（八）采暖、空调水工程系统调试

采暖、空调水工程系统调试，工程量清单项目设置、项目特征描述的内容、计量单位及工程量计算，应按《通用安装工程工程量计算规范》（GB 50856—2013）中表 K.9 规定执行。主要项目见表 3.9。

表 3.9　采暖、给排水设备（编码：031009）

<table>
<tr><th>项目编码</th><th>项目名称</th><th>项目特征</th><th>计量单位</th><th>工程量计算规则</th><th>工作内容</th></tr>
<tr><td>031009001</td><td>采暖工程系统调试</td><td>1. 系统形式
2. 采暖（空调水）管道工程量</td><td>系统</td><td>按采暖工程系统数量计算</td><td rowspan="2">系统调试</td></tr>
<tr><td>031009002</td><td>空调水工程系统调试</td><td>1. 系统形式
2. 采暖（空调水）管道工程量</td><td>系统</td><td>按空调水工程系统计算</td></tr>
</table>

（九）给排水工程量清单列项练习

【练习 3.1】 根据任务 3 的清单项目及特征等，试列出图 3.24 中室内给排水工程的清单项目，并计算整理工程量，填入表 3.10 中。

表 3.10　分部分项工程和单价措施项目清单与计价表

工程名称：　　　　　　　　　　　　标段：　　　　　　　　　　　　第　　页共　　页

序号	项目编号	项目名称	项目特征描述	计量单位	工程量	金额/元			
						综合单价	合　价	其中：	
								定额人工费	定额机械费
1									
2									
3									
4									
5									
6									
7									
8									
本页小计									
合　计									

任务四　给排水工程综合单价计算及招标控制价编制

（一）给排水工程常用项目综合单价计算

前面课程中，已经对综合单价的定义、表格及计算方法进行了介绍，在本节内容中，将应用前面学习过的知识计算给排水工程中较为常用的项目的综合单价。

【例 3.4】　以图 3.24 的给排水工程为例，计算热熔连接的 DN20　PPR 管的综合单价。其中，DN20　PPR 管 20 元/m，DN20　PPR 管件 10 元/个。

解：

（1）查询及选择组价定额。

根据前面的【练习 3.1】可知，热熔连接的 PPR 管 DN20，其项目编码为 031001006001。根据该项目的项目名称及特征，确定该项目需要使用的定额项目为“CK0507　给排水、采暖、燃气管道室内塑料给水管（热熔连接）公称直径≤20”。该定额内容见表 3.11。

表 3.11　定额项目 CK0507 数据

工作内容：切管、组队、预热、熔接，管道及管件安装，水压试验及水冲洗。

定额编号	项目名称	单位	综合基价/元	其中					未计价材料		
				人工费	材料费	机械费	管理费	利润	名　称	单位	数量
CK0507	公称外径（mm 以内）20 mm	10 m	145.74	117.24	0.61	0.95	8.27	18.67	塑料给水管 室内塑料给水管热熔管件	m 个	10.160 15.200

注意：在计算清单项目综合单价时，需要分析工程量清单项目的工程特征及工作内容，确定需要的组价定额项目。此时需要注意将本项目包含的工作内容所需要的项目都包括在内，有些项目会包含两项或两项以上定额项目。当然，企业也可以根据本企业的企业定额编制综合单价，或在《计价定额》的基础上进行适当的调整。

（2）应用综合单价分析表计算该项目的综合单价，见表 3.12。

表 3.12　项目 031001006001 的综合单价计算过程

工程名称：某室内给排水工程　　　　标段：　　　　第 1 页共 1 页

项目编码	031001006001	项目名称	室内塑料给水管 DN20（热熔连接）	计量单位	m	工程量	4.72						
清单综合单价组成明细													
定额编号	定额名称	定额单位	数量	单价					合价				
				人工费	材料费	机械费	管理费	利润	人工费	材料费	机械费	管理费	利润
CK0355	室内塑料给水管 DN20（热熔连接）公称直径≤20 mm	10 m	0.1	117.24	0.61	0.95	8.27	18.67	11.724	0.061	0.095	0.827	1.867
人工单价		小　计							11.724	0.061	0.095	0.827	1.867
90 元/工日		未计价材料费							35.52				
清单项目综合单价									50.09				

材料费明细	主要材料名称、规格、型号	单位	数量	单价/元	合价/元	暂估单价/元	暂估合价/元
	PPR 给水管 DN20	m	10.16×0.1＝1.016	20	20.32		
	PPR 给水管件 DN20	个	15.2×0.1＝1.52	10	15.2		
	其他材料费						
	材料费小计			—	35.52	—	

注：1. 如不使用省级或行业建设主管部门发布的计价依据，可不填定额项目、编号等。
2. 招标文件提供了暂估单价的材料，按暂估的单价填入表内“暂估单价”栏及“暂估合价”栏。

填表时要注意：

①“清单综合单价组成明细”中的“数量”应为：清单计量单位（m）÷定额单位（10 m）=0.1。

②“清单组合单价组成明细”中的“合价”为：合价 = 数量 × 各项目的单价。

③“材料费明细”中的“主要材料名称、规格、型号”为“计价定额”中的“未计价材料”（PPR 给水管 DN20 和 PPR 给水管件 DN20 ），“主要材料名称、规格、型号”中的数量 = “计价定额”中“未计价材料”的“数量”×“清单综合单价组成明细”中的“数量”，如 PPR 给水管 DN20 的数量 = “计价定额”中“未计价材料”的“数量”（10.160）×“清单综合单价组成明细”中的“数量”（0.1）。

④ 未计价材料费 = “材料费明细”中项目（PPR 给水管 DN20 和 PPR 给水管件 DN20）的“合价”之和 = 20.32 + 15.2 = 35.52。

⑤ 清单项目综合单价 = 11.724 + 0.061 + 0.095 + 0.827 + 1.867 + 35.52 = 50.09 元/m。

注意：综合单价在使用定额组价时，分部分项工程量清单综合单价计算表内的“工程数量”和“单位”按“计价定额”规定。这里的“工程数量”是指施工时采取措施后的预算量，也就是按预算定额计算规则得到的预算工程量，预算量不一定是工程量清单给出的“实物工程量”，“单位”也不一定与工程量清单“计量单位”相同。

【练习 3.2】 以图 3.24 中的给排水工程为算例，该项目中水表节点包括一个水表和一个螺纹阀门。试计算螺纹水表 DN20 的综合单价，填入表 3.13。已知，DN20 螺纹水表 60 元/个，DN20 螺纹阀门 50 元/个。

表 3.13 “DN20 螺纹水表”的综合单价计算过程

工程名称：某室内给排水工程　　　　标段：　　　　第 1 页共 1 页

<table>
<tr><td colspan="2">项目编码</td><td colspan="2"></td><td colspan="2">项目名称</td><td colspan="3"></td><td>计量单位</td><td></td><td>工程量</td><td colspan="2"></td></tr>
<tr><td colspan="14">清单综合单价组成明细</td></tr>
<tr><td rowspan="2">定额编号</td><td rowspan="2">定额名称</td><td rowspan="2">定额单位</td><td rowspan="2">数量</td><td colspan="5">单　价</td><td colspan="5">合　价</td></tr>
<tr><td>人工费</td><td>材料费</td><td>机械费</td><td>管理费</td><td>利润</td><td>人工费</td><td>材料费</td><td>机械费</td><td>管理费</td><td>利润</td></tr>
<tr><td></td><td></td><td></td><td></td><td></td><td></td><td></td><td></td><td></td><td></td><td></td><td></td><td></td><td></td></tr>
<tr><td></td><td></td><td></td><td></td><td></td><td></td><td></td><td></td><td></td><td></td><td></td><td></td><td></td><td></td></tr>
<tr><td colspan="2">人工单价</td><td colspan="7">小　计</td><td></td><td></td><td></td><td></td><td></td></tr>
<tr><td colspan="2">90 元/工日</td><td colspan="7">未计价材料费</td><td colspan="5"></td></tr>
<tr><td colspan="9">清单项目综合单价</td><td colspan="5"></td></tr>
<tr><td rowspan="5">材料费明细</td><td colspan="4">主要材料名称、规格、型号</td><td>单位</td><td colspan="3">数量</td><td>单价/元</td><td>合价/元</td><td>暂估单价/元</td><td colspan="2">暂估合价/元</td></tr>
<tr><td colspan="4"></td><td></td><td colspan="3"></td><td></td><td></td><td></td><td colspan="2"></td></tr>
<tr><td colspan="4"></td><td></td><td colspan="3"></td><td></td><td></td><td></td><td colspan="2"></td></tr>
<tr><td colspan="8">其他材料费</td><td></td><td></td><td></td><td colspan="2"></td></tr>
<tr><td colspan="8">材料费小计</td><td>—</td><td></td><td>—</td><td colspan="2"></td></tr>
</table>

注：1. 如不使用省级或行业建设主管部门发布的计价依据，可不填定额项目、编号等。

2. 招标文件提供了暂估单价的材料，按暂估的单价填入表内“暂估单价”栏及“暂估合价”栏。

需要说明的是：在计算综合单价时，除了组价定额外，根据项目特征和内容，有可能还会需要附加费用，如高层建筑增加费、超高施工增加费、安装与生产同时增加的费用等；除此之外，还有《计价定额》说明中需要调整的定额系数，如设置在管道间、管廊内管道施工增加的费用等；实际项目中如涉及上述内容，可根据《计价定额》内容进行计算，本节例题和练习未考虑此部分内容。

（二）给排水工程分部分项工程费用计算

【例 3.5】 试采用【例 3.4】中“室内 DN20 PPR 管热熔连接”的综合单价，计算图 3.24 中的“DN20 PPR 管热熔连接”项目的分部分项工程费，并填入表 3.14。

解：

（1）根据计算公式计算对应项目的分部分项工程费。

依据公式

分部分项合价 = 分部分项项目的工程量 × 分部分项工程项目的综合单价

计算项目 031001006001 的分部分项工程费过程见表 3.14。

（2）根据计算公式计算对应项目的定额人工费。

依据公式

定额人工费 = 分部分项项目的工程量 × 分部分项工程项目综合单价中的定额人工费

定额机械费 = 分部分项项目的工程量 × 分部分项工程项目综合单价中的定额机械费

计算项目 031001006001 的定额人工费和定额机械费过程见表 3.14。

（3）分部分项项目汇总

通过项目求和，将分部分项的合计部分内容填写完整。

表 3.14　分部分项工程项目清单与计价表

工程名称：　　　　　　　　　　　　标段：　　　　　　　　　　　　第　页共　页

序号	项目编码	项目名称	项目特征描述	计量单位	工程量	金额/元			
						综合单价	合价	其中：定额人工费	其中：定额机械费
1	031001006001	塑料给水管	1. 安装部位：室内 2. 介质：给水 3. 材质、规格：PPR DN20 4. 连接形式：热熔连接 5. 阻火圈设计要求：符合规范 6. 压力试验及吹、洗设计要求：水压试验 7. 警示带形式：符合规范	m	4.72	50.09	4.72×50.09＝236.42	11.724×4.72＝55.34	0.095×4.72＝0.45

续表

序号	项目编码	项目名称	项目特征描述	计量单位	工程量	金额/元			
						综合单价	合 价	其中：	
								定额人工费	定额机械费
2									
3									
合 计									

【练习 3.3】 试采用【练习 3.2】中室内螺纹水表 DN20 的综合单价，计算图 3.24 中的螺纹水表 DN20 项目的分部分项工程费，并填入表 3.14。

（三）给排水工程措施费用计算

措施费用包括单价措施项目费和总价措施项目费。现以【例 3.6】和【例 3.7】为例说明措施项目费的计算过程。

【例 3.6】 成都市区某住宅楼，需安装给排水工程，现已知：该给排水工程的分部分项工程费为 10 万元，其中定额人工费为 2 万元。

问题：试根据《建设工程工程量清单计价规范》（GB 50500—2013）、《通用安装工程工程量计算规范》（GB 50856—2013）和《四川省建设工程工程量清单计价定额 通用安装工程》（2020 版）的相关规定，计算该项目的脚手架搭拆费。

解：

（1）确定脚手架搭拆费计取方法。

查阅《四川省建设工程工程量清单计价定额 通用安装工程》（2020 版）中《K 给排水、采暖、燃气工程》的分册说明，可知：脚手架搭拆费按定额人工费的 5%计算，其中人工工资占 35%。

（2）按照分册说明内容进行计算。

脚手架搭拆费：给排水工程的定额人工费 × 5% = 20 000 × 5% = 1 000 元

其中，人工工资：1 000 × 35% = 350 元

【例 3.7】 成都市区某办公楼，需安装给排水工程，现已知：该给排水工程的分部分项工程费和单价措施费总计 17 万元；其中：定额人工费为 1.8 万元，定额机械费为 0.2 万元；总价措施项目见表 3.15。

问题：按照 GB 50500—2013、GB 50856—2013 和《四川省建设工程工程量清单计价定额 通用安装工程》(2020 版)的相关规定，计算该项目采用一般计税法编制招标控制价时的总价措施项目费，并将数据填入表格。

表 3.15 总价措施项目清单与计价表

序号	项目编码	项目名称	计算基数	费率/%	金额/元
1	031302001001	安全文明施工			
其中	①	环境保护			
	②	文明施工			
	③	安全施工			
	④	临时设施			
2	031302002001	夜间施工增加			
3	031302004001	二次搬运			
4	031302005001	冬雨季施工增加			
5	031302008001	工程定位复测费			
合计					

解：

(1) 填写总价措施各项目费的计算基数。

根据《四川省建设工程工程量清单计价定额》(2020 版)措施费用计取方法，总价措施费的计算基数为“定额人工费 + 定额机械费”，在本题中，定额人工费与定额机械费之和为 2 万，将数字写入计算基数位置。

(2) 填写费率。

① 安全文明施工费率

建设工程安全文明施工费为不可竞争费用。在编制设计概算、施工图预算、招标控制价时应足额计取，即安全文明施工费费率按基本费费率加现场评价费最高费率计列。

环境保护费费率 = 环境保护基本费费率 × 2

文明施工费费率 = 文明施工基本费费率 × 2

安全施工费费率 = 安全施工基本费费率 × 2

临时设施费费率 = 临时设施基本费费率 × 2

本题目在成都市区，为单独的安装工程，且计算的是招标控制价时的总价措施费，因此，安全文明施工费选择对应的安全文明施工费率，然后取两倍计算。

说明：招标人应在公布的招标文件工程量清单和招标控制价(综合单价分析表除外)中，明确各单位工程的“环境保护费”、“文明施工费”、“安全施工费”、“临时设施费”金额，并要求投标人按此金额填报，投标人在投标报价时应按招标人给定的金额填报，否则视为对招标文件不作实质性响应，其投标文件将被否决。

② 其他总价措施项目费率

编制招标控制价时，根据《四川省建设工程工程量清单计价定额》(2020 版)，将费率填入表 3.16。

说明：编制投标报价时，投标人应按照招标人在总价措施项目清单中列出的项目和计算基础，结合企业自身情况并计算措施项目费。

（3）计算金额并汇总。

计算基数乘以费率，得出金额，并汇总数据填入表格。

表 3.16　总价措施项目清单与计价表

序号	项目编码	项目名称	计算基数	费率/%	金额/元
1	031302001001	安全文明施工	定额 （人工＋机械费）		
其中	①	环境保护	20 000	0.55×2	220
	②	文明施工	20 000	1.25×2	500
	③	安全施工	20 000	1.95×2	780
	④	临时设施	20 000	3.2×2	1 280
2	031302002001	夜间施工增加	20 000	0.48	96
3	031302004001	二次搬运	20 000	0.23	46
4	031302005001	冬雨季施工增加	20 000	0.36	72
5	031302008001	工程定位复测费	20 000	0.09	18
合计					3 012

【练习 3.4】　成都市区某综合楼，需安装给排水工程，现已知：该给排水工程的分部分项工程费和单价措施费共计 50 万元；其中定额人工费为 9 万元，定额机械费为 1 万元；总价措施项目见表 3.17。

问题：按照 GB 50500—2013、GB 50856—2013 和《四川省建设工程工程量清单计价定额》（2020 版）的相关规定，计算该项目采用一般计税法编制招标控制价时的总价措施项目费，并将数据填入表 3.17。

表 3.17　总价措施项目清单与计价表

序号	项目编码	项目名称	计算基数	费率/%	金额/元
1	031302001001	安全文明施工	定额 （人工＋机械费）		
其中	①	环境保护			
	②	文明施工			
	③	安全施工			
	④	临时设施			
2	031302002001	夜间施工增加			
3	031302004001	二次搬运			
4	031302005001	冬雨季施工增加			
5	031302008001	工程定位复测费			
合计					

（四）给排水工程规费及税金计算

【例 3.8】 以【例 3.7】工程为例，除原有已知条件外，现已知：其他项目费为 2 万元，按实计算费用、创优质工程奖补偿奖励费、按规定不计税的工程设备金额、除税甲供材料（设备）设备费均为 0 元。

问题：按照 GB 50500—2013、GB 50856—2013 和《四川省建设工程工程量清单计价定额》（2020 版）的相关规定，计算该项目采用一般计税法编制招标控制价时的规费、税金，并填入规费、税金计价表（表 3.18）。

表 3.18　规费、税金项目计价表

序号	项目名称	计算基数	计算费率/%	金额/元
1	规费			
2	销项增值税			
3	附加税			
合　计				

解：

（1）规费的计算。

规费应按规定标准计算，不得作为竞争性费用。

① 计算基数。

在安装工程中，规费的计算基数均为“分部分项工程量清单项目定额人工费 + 单价措施项目定额人工费”，定额人工费应按照工程量清单的项目特征等内容套用定额项目确定，对定额项目中定额人工费的调整必须按照定额的规定进行调整，凡定额未作调整规定的，定额人工费一律不得调整。

在本题中，“分部分项工程量清单项目定额人工费 + 单价措施项目定额人工费”为 1.8 万，将数字写入对应位置。

② 规费费率

《四川省建设工程工程量清单计价定额》（2020 版）中，规定有规费费率的范围，编制招标控制价时，规费标准有幅度的，按上限计列。本题采用上限计算。

编制投标报价时，规费按投标人持有的《四川省施工企业工程规费计取标准》证书中核定标准计取，不得纳入投标竞争的范围。投标人未持有《四川省施工企业工程规费计取标准》证书，规费标准有幅度的，按规费标准下限计取。

③ 规费计算

采用计算基数与对应计算费率相乘，得出对应金额。

（2）税金的计算。

税金应按规定标准计算，不得作为竞争性费用。

① 计算基数

销项增值税的计算基数为“分部分项工程费 + 措施项目费 + 其他项目费 + 规费 + 按实计算费用 + 创优质工程奖补偿奖励费 − 按规定不计税的工程设备金额 − 除税甲供材料（设备）费”，各项费用数值如下：

分部分项工程费和单价措施费：170 000 元

总价措施费：3 012 元

其他项目费：20 000 元

按实计算费用、创优质工程奖补偿奖励费、按规定不计税的工程设备金额、除税甲供材料（设备）费：0 元

销项增值税的计算基数 = 170 000 + 3 012 + 20 000 + 0 − 0 − 0 = 193 012 元

② 销项增值税计算

采用一般计税法时，销项增值税的税率为 9%。采用计算基数与对应计算税率相乘，得出对应金额。

③ 附加税计算

因本工程地处成都市市区，附加税的税率取 0.313%。采用计算基数与对应计算税率相乘，得出对应金额。

具体见表 3.19。

表 3.19　规费、税金项目计价表

序号	项目名称	计算基数	计算费率/%	金额/元
1	规费	18 000	9.34	1 681.20
2	销项增值税	193 012	9	17 371.08
3	附加税	193 012	0.313	604.13
合　计				19 656.41

【练习 3.5】　以【练习 3.4】工程为基础，除原有已知条件外，现已知：其他项目费为 5 万元，创优质工程奖补偿奖励费为 5 000 元，按实计算费用、按规定不计税的工程设备金额、除税甲供材料（设备）设备费均为 0 元。

问题：按照 GB 50500—2013、GB 50856—2013 和《四川省建设工程工程量清单计价定额》（2020 版）的相关规定，计算该项目采用一般计税法编制招标控制价时的规费、税金，并将数据填入表 3.20。

表 3.20　规费、税金项目计价表

序号	项目名称	计算基数	计算费率/%	金额/元
1	规费			
2	销项增值税			
3	附加税			
合　计				

（五）给排水工程招标控制价汇总

本节采用招标控制价作为报价汇总的练习题，大家只需将之前对应算出的数据填入表格，并进行汇总计算。

【例 3.9】 以【例 3.7】和【例 3.8】数据为基础，试计算成都市区某办公楼给排水工程的招标控制价。填入汇总表 3.21 中。

表 3.21 单位工程招标控制价汇总表

序 号	汇总内容	金额/元
1	分部分项及单价措施项目	170 000
2	总价措施项目	3 012
2.1	其中：安全文明施工费	2 780
3	其他项目	20 000
4	规费	1 681.20
5	创优质工程奖补偿奖励费	0
6	税前工程造价（6＝1＋2＋3＋4＋5）	194 693.20
7	销项增值税额	17 371.08
8	附加税	604.13
招标控制价合计＝6＋7＋8		212 668.41

【练习 3.6】 以【练习 3.4】和【练习 3.5】数据为基础，试计算成都市区某综合楼给排水工程的招标控制价。填入汇总表 3.22 中。

表 3.22 单位工程招标控制价汇总表

序 号	汇总内容	金额/元
1	分部分项及单价措施项目	
2	总价措施项目	
2.1	其中：安全文明施工费	
3	其他项目	
4	规费	
5	创优质工程奖补偿奖励费	
6	税前工程造价（6＝1＋2＋3＋4＋5）	
7	销项增值税额	
8	附加税	
招标控制价合计＝6＋7＋8		

任务五 某住宅楼给排水工程量清单及清单计价编制

（一）项目内容

某住宅楼给排水工程。

1. 设计及施工说明

（1）工程概况：四川省成都市××区××住宅楼，共5层，由3个布局完全相同的单元组成，每单元一梯两户。因对称布置，所以只画出了1/2单元的平面图和系统图。图中标注尺寸标高以“m”计，其余均以“mm”计。底层卧室地坪为±0.00 m，室外地面为－0.60 m。

（2）管材及接口形式：给水干管采用钢塑复合管，热熔卡压式连接；入户支管采用给水PPR塑料管，热熔连接。排水管地上部分采用普通UPVC管，粘接连接。埋地部分采用加厚UPVC管，粘接连接。

（3）卫生器具：卫生器具安装均参照《全国通用给水排水标准图集》的要求，选用节水型。洗脸盆龙头为普通冷水嘴；洗涤盆水龙头为冷水单嘴；浴盆采用1 200 mm×650 mm的铸铁搪瓷浴盆，采用冷热水带喷头式（暂不考虑热水供应），坐便器采用低水箱坐便器。给水总管下部安装一个J41T-1.6型螺纹截止阀，房间内水表为螺纹连接旋翼式水表。

（4）试验：施工完毕，给水系统进行静水压力试验，试验压力为0.9 MPa，排水系统安装完毕进行灌水试验，施工完毕再进行通水、通球试验。排水管道横管严格按坡度施工，图中未注明坡度者依管径大小分别为：DN75 mm，$i=0.025$；DN100，$i=0.02$。

（5）其他：给排水进出户管道穿基础外墙应设置刚性防水套管，给水干、立管楼板处设置一般钢套管，给水穿室内隔墙设塑料套管。第一个排水检查井距建筑②轴外墙皮2.5 m。

（6）未尽事宜，按现行施工及验收规范的有关内容执行。

2. 施工图纸

给排水平面图及系统图见图3.28～图3.30。

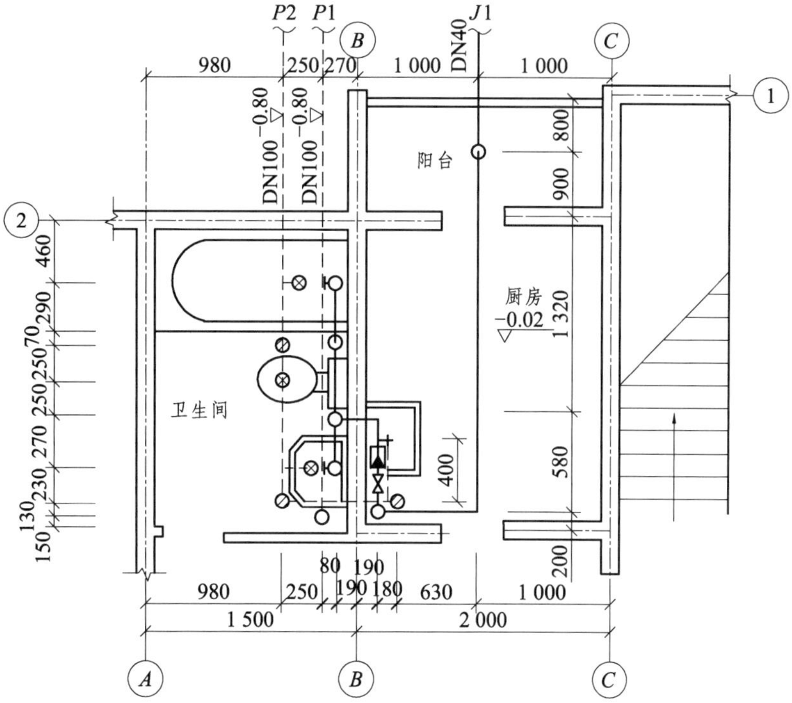

（a）底层平面图

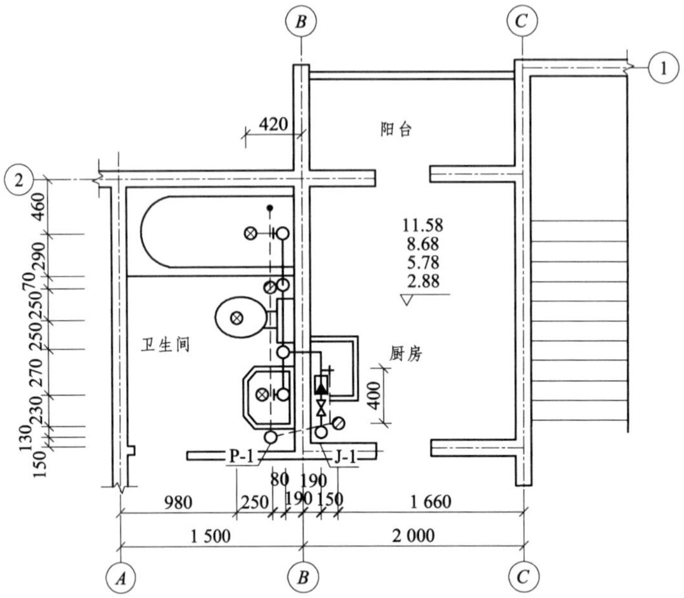

（b）2～5层平面图

图 3.28 给排水平面图

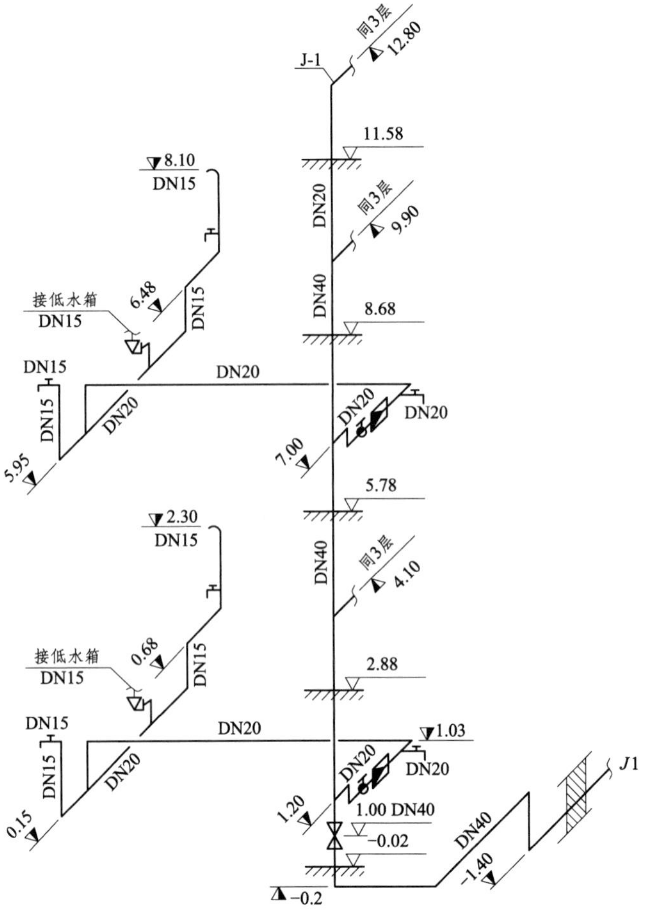

图 3.29 给水系统图

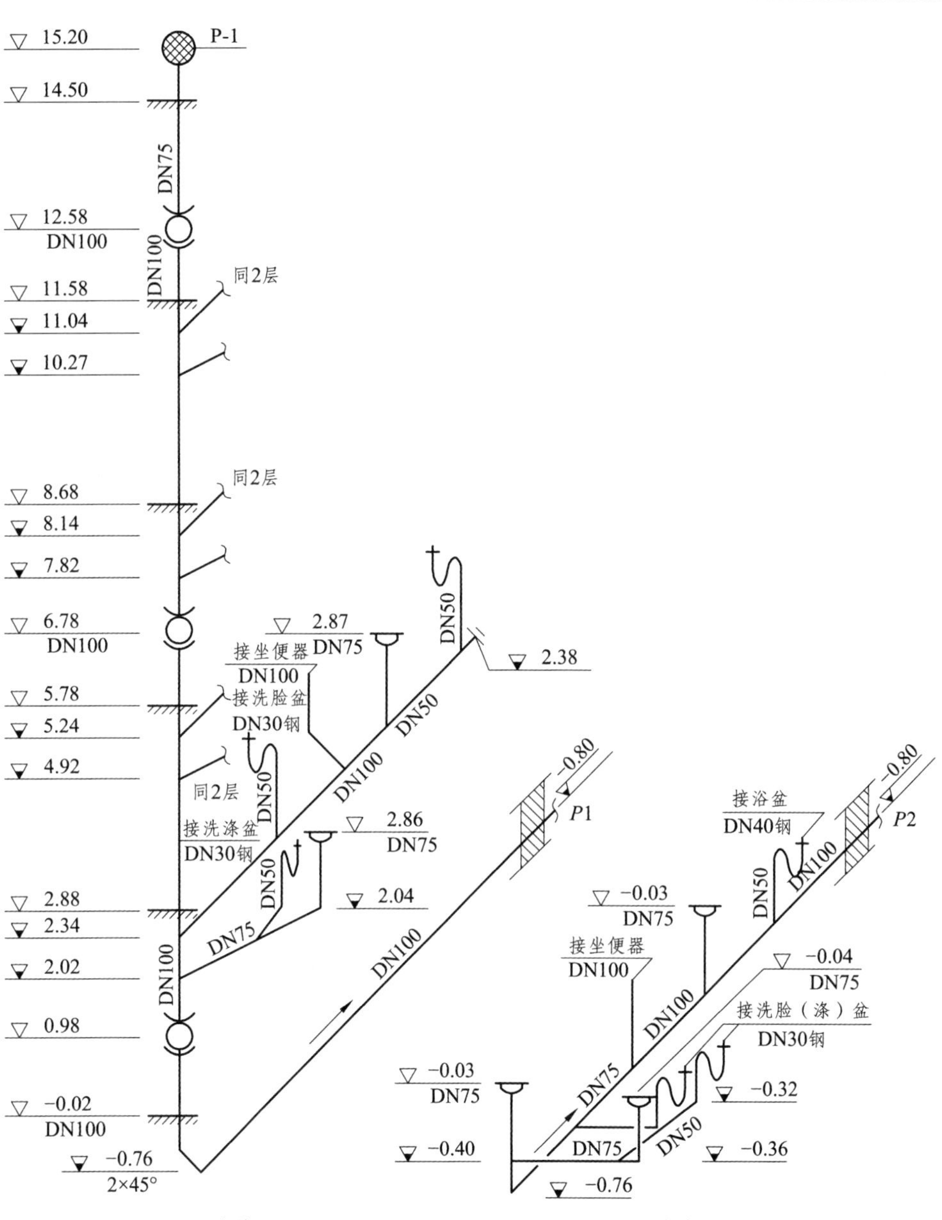

图 3.30　排水系统图

3. 工作任务

（1）针对上述住宅楼给排水工程，根据给排水工程施工图识读的步骤，识读图 3.28 ~ 图 3.30。

（2）现假设你在具有编制能力的招标方或受招标方委托、具有相应资质的工程造价咨询方工作，编制本项目的给排水工程量清单。

（3）现假设你在具有编制能力的招标方或受招标方委托、具有相应资质的工程造价咨询方工作，试采用 2020 年《四川省建设工程工程量清单计价定额　通用安装工程》及市场造价信息，编制本项目的招标控制价。

（二）某住宅楼给排水工程图纸识读

针对上述住宅楼给排水工程，根据给排水工程施工图识读的步骤，识读图 3.28 ~ 图 3.30。识读过程如下：

（1）首先查看设计及施工说明。根据设计及施工说明，了解到本项目共有 5 层，每层共有 3 单元，每单元有 2 户居民，共 30 户居民；现图纸绘出的是 1/2 单元，是项目的 1/6；管材及连接方面，给水干管采用钢塑复合管，热熔卡压式连接；入户支管采用给水 PPR 塑料管，热熔连接。排水管地上部分采用普通 UPVC 管，粘接连接。埋地部分采用加厚 UPVC 管，粘接连接。卫生器具安装均参照《全国通用给水排水标准图集》的要求；管道安装完成需做试压试验及灌水试验等；另注意管道安装时，套管安装的位置。如有图纸中不明确的地方，还需要查阅相关标准规范。

（2）然后，以系统图为线索，按照管道类别分类阅读。本项目系统图中包括给水系统图和排水系统图，排水系统图中又包括 P1 系统图和 P2 系统图。表明本项目范围是给水及排水工程，且每 1/2 单元有一根引入管，两根排出管。

（3）将平面图和系统图对照起来看。

① 给水系统。

根据给水系统图和平面图，顺着水流进水方向，经干管、横管、立管、支管到用水设备的顺序进行识读。

a. 给水系统图中，引入管 J1，管径 DN40，起始处管中心高程为 – 1.40 m。

b. 对照底层平面图，引入管 J1 从 B、C 轴间进入室内阳台，在离外墙 0.8 m 的地方抬高。

c. 对照给水系统图，引入管 J1 高程变为 – 0.20 m。

d. 给水系统图与底层平面图对应，引入管 J1 高程变为 – 0.20 m 后，进入厨房；在厨房中，管道走到厨房南面这道墙后，向 B 轴方向拐弯直走，后在 B 轴墙附近拐上地面，进入立管部分。

e. 结合设计及施工说明，给水总管在立管离地 1.0 m 高处装有一个 J41T-1.6 型螺纹截止阀。

f. 根据给水系统图，水流在经过立管阀门后，在离地 1.2 m 高处，流入第一层用户；而后，立管分别进入第二层、第三层、第四层，最后拐入第五层；并且，在第四层分支处，立管管径变为 DN20。

g. 根据给水系统图及设计施工说明，一层支管从 1.2 m 的高程进入房间，后经过水表节点（水表为螺纹连接旋翼式水表），将水送入一层这户人家。

h. 给水系统图与底层平面图结合，水流经过水表节点后，向厨房洗涤盆送水，而后穿过 B 轴所在墙，进入卫生间，向洗脸盆、低水箱坐便器、浴盆送水；需要注意的是，向洗脸盆、低水箱坐便器、浴盆送水的支管高程为 0.15 m，并且这三个卫生器具的接管管径均为 DN15。

i. 楼上各房间给水管安装与第一层管道安装基本相同，在此从略。

② 排水系统。

根据给水系统图和平面图，排水系统水流排水方向，经卫生器具、器具排水管、横管、立管、排出管到室外检查井的顺序识读。

a. P1 系统图中，第二层、第三层、第四层、第五层用户卫生间及厨房的排水管道安装均相同，同第二层。

b. 第二层用户，卫生间洗脸盆、低水箱坐便器、浴盆、地漏的污废水聚集后，经过 DN50 变径为 DN100 排水横支管，排入 DN100 排水立管；厨房洗涤盆与地漏的废水聚集后，经过 DN75 排水横支管，也排入 DN100 排水立管。

c. 第二层、第三层、第四层、第五层用户卫生间及厨房的污废水聚集后，P1 系统经 DN100 排水立管、排出管，排出室外；并且，在每层卫生间排水横支管均有一个塑料清扫口。

d. 第一层用户卫生间及厨房的污废水排出使用的是 P2 系统，管径从 DN75 变径为 DN100，并接合设计说明，考虑其坡度。

（4）识读标准图。本例卫生器具安装采用的均为标准图，需要时直接查阅。

（三）某住宅楼给排水工程量清单编制

现假设你在具有编制能力的招标方或受招标方委托、具有相应资质的工程造价咨询方工作，试编制本项目的给排水工程量清单。

某住宅楼给排水工程工程量清单编制工作过程如下。

1. 收集、整理相关规范及工程资料

（1）《建设工程工程量清单计价规范》（GB 50500—2013）；

（2）《通用安装工程工程量计算规范》（GB 50856—2013）；

（3）国家或省级、行业建设主管部门颁发的计价依据和办法；

（4）建设工程建设文件；

（5）与建设工程项目有关的标准、规范、技术资料；

（6）招标文件及其补充通知、答疑纪要；

（7）施工现场情况、工程特点及常规施工方案；

（8）其他相关资料。

2. 了解工程量清单的编制程序

编制工程量清单时，可按照下列编制程序，依次编制各项表格。

（1）分部分项工程和单价措施项目清单与计价表；

（2）总价措施项目与清单计价表；

（3）其他项目清单与计价汇总表；

（4）发包人提供设备和材料一览表；

（5）规费、税金项目清单与计价表；

（6）单位工程招标控制价/投标报价汇总表；
（7）单项工程招标控制价/投标报价汇总表；
（8）工程项目招标控制价/投标报价汇总表；
（9）总说明；
（10）扉页、封面；
（11）审检签字盖章。

3. 了解分部分项工程量清单编制程序

分部分项工程量清单编制时，应包括项目编码、项目名称、项目特征、计量单位和工程量，并且应该根据《计价规范》规定的项目编码、项目名称、项目特征、计量单位和工程量计算规则进行编制。

分部分项工程量清单的编制，实际上就是清单项目的设置和工程量的计算。首先，参阅设计文件，读取用于描述项目名称的项目特征及工作内容，对照《计价规范》项目名称，结合拟建工程的实际，确定具体的分部分项工程名称；其次，设置十二位阿拉伯数字的项目编码，一至九位应按《计价规范》的规定设置，十至十二位应根据拟建工程的工程量清单项目名称设置，同一招标工程的项目编码不得有重码；再次，按照《计价规范》中规定的项目特征，结合拟建工程项目的实际予以描述分部分项工程量清单的项目特征；接下来，再按《计价规范》中规定的计量单位确定分部分项工程的计量单位；最后，按《计价规范》规定的工程量计算规则，计算工程数量，并将相关内容填入分部分项工程量清单与计价表中。分部分项工程量清单与计价表编制程序如图 3.31 所示。

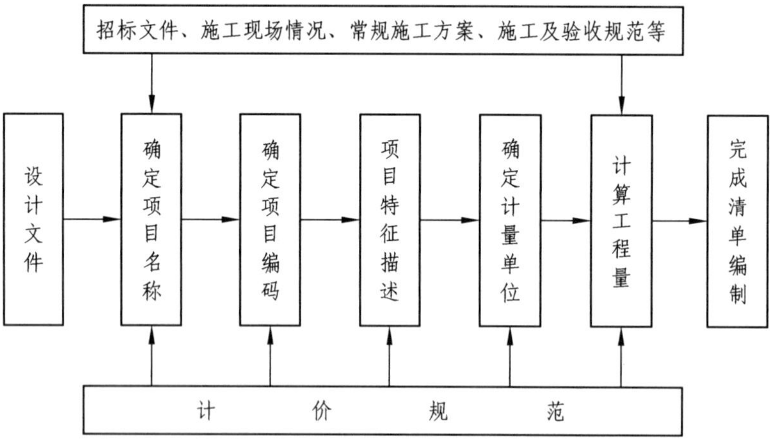

图 3.31　分部分项工程量清单与计价表编制程序

4. 分部分项工程量清单编制

根据规定的项目编码、项目名称、项目特征、计量单位和工程量计算规则，编制给排水工程工程量清单。本住宅给排水工程项目中，共涉及 4 种管材，分别是钢塑复合管、PPR 管、UPVC 管和加厚 UPVC 管。现以给水管为例，介绍工程量清单的编制。

（1）清单项目设置。通过读图 3.28 ~ 图 3.30，根据特征分类，本项目中给水管共有 4 种：室内安装钢塑复合管 DN40、钢塑复合管 DN20、室内安装 PPR 管 DN20 和室内安装 PPR 管 DN15。将这 4 种给水管的项目名称、项目编码、项目特征描述和计量单位按《计价规范》的规定填入分部分项工程量清单与计价表。其中项目编码前九位应按《计价规范》的规定设置，钢塑复合管为 031001007，PPR 管为 031001006，后三位分别排列为 001 ~ 004，见表 3.23。

（2）工程量计算。

① 工程量计算规则：按设计图示管道中心线长度以计算，不扣除阀门、管件（包括减压器、疏水器、水表、伸缩器等组成安装）及附属构筑物所占长度；方形补偿器以其所占长度按管道安装工程量计算。

② 管道长度工程量的量取，采用以下几种方法：

a. 水平尺寸一般在平面图上获得，且尽量采用图上标注的对应尺寸计算，如果图纸是按照比例绘制的，可用比例尺在图上按管线实际位置直接量取。

b. 垂直尺寸一般在系统图上获得，一般为“止点高程 – 起点高程”。

c. 在给排水工程施工图中，给水管道一般标注管中心线高程，排水管道一般标注管底高程。当图示高程为管底高程时，应换算为管中心高程，排水管道因按一定的坡度敷设，所以其两端的高程不同，应按平均后的管中心高程计算（小于 DN50 的管径可以忽略不计）。

③ 本项目给水管工程量计算。

a. 钢塑复合管 DN40

该管段为引入管段。根据给水管道室内外界限的划分原则，以建筑物外墙皮 1.5 m 为界，因此该段管长的计算式为：

水平方向：[1.5（距建筑物外墙皮）+ 0.12（半墙厚）+ 0.8 + 0.9 + 1.32 + 0.58 + 0.63 + 0.18] m = 6.03 m

竖直方向：[9.9（给水立管第四层分支处）–（– 1.4）] m = 11.3 m

小计：（6.03 + 11.3）m = 17.33 m

b. 钢塑复合管 DN20（给水立管）

竖直方向：（12.8 – 9.9）m = 2.9 m

c. 1 层 PPR 管 DN20

[（0.58 + 0.19 × 2 + 0.25）（水平尺寸）+（1.2 – 0.15）（管道高差）] m = 2.26 m

d. 1 层 PPR 管 DN15

[（0.25 + 0.07 + 0.29 + 0.27）（水平尺寸）+（0.68 – 0.15）（竖向尺寸）+（0.98 – 0.68）（接淋浴器干管）+（0.4 – 0.15）（接卫生间洗脸盆）+（0.25 – 0.15）（接低水箱坐便器）] m = 2.06 m

④ 数据汇总，得出：

钢塑复合管 DN40：17.33 m × 2（1 个单元户数）× 3（单元数）= 103.98 m

钢塑复合管 DN20：2.9 m × 2（1 个单元户数）× 3（单元数）= 17.4 m

PPR 管 DN20：2.26 × 5 层 × 2（1 个单元户数）× 3（单元数）= 67.8 m

PPR 管 DN15：2.06 × 5 层 × 2（1 个单元户数）× 3（单元数）= 61.86 m

⑤ 将工程量计算结果填入表 3.23，完成给水管的分部分项工程量清单编制。

表 3.23　分部分项工程量清单与计价表

工程名称：某住宅楼给排水工程　　　　第　页共　页

序号	项目编码	项目名称	项目特征描述	计量单位	工程量	金额/元			
						综合单价	合价	其中	
								定额人工费	暂估价
1	031001007001	钢塑复合管	1. 安装部位：室内 2. 介质：给水 3. 材质、规格：钢塑复合管、DN40 4. 连接形式：卡箍连接 5. 压力试验及吹、洗设计要求：水冲洗及水压试验 6. 警示带形式：符合规范	m	103.98				
2	031001007002	钢塑复合管	1. 安装部位：室内 2. 介质：给水 3. 材质、规格：钢塑复合管、DN20 4. 连接形式：卡箍连接 5. 压力试验及吹、洗设计要求：水冲洗及水压试验 6. 警示带形式：符合规范	m	17.40				
3	031001006003	PPR 管	1. 安装部位：室内 2. 介质：给水 3. 材质、规格：PPR、DN20 4. 连接方式：热熔连接 5. 阻火圈设计要求：符合规范 6. 压力试验及吹、洗设计要求：水冲洗及水压试验 7. 警示带形式：符合规范	m	67.80				
4	031001006004	PPR 管	1. 安装部位：室内 2. 介质：给水 3. 材质、规格：PPR、DN15 4. 连接方式：热熔连接 5. 阻火圈设计要求：符合规范 6. 压力试验及吹、洗设计要求：水冲洗及水压试验 7. 警示带形式：符合规范	m	61.86				
本页小计									
合　计									

⑥ 按上述方法，划分清单项目并计算出该住宅楼给排水工程的所有工程量，工程量计算汇总见表 3.24，分部分项工程量清单与计价表见本节清单实例中表-08。

表 3.24　某住宅楼给排水工程主要项目工程量汇总表

序号	项目名称	单位	数量	计算过程
1	钢塑复合管 DN40	m	103.98	17.33 m×2（1 个单元户数）×3（单元数）= 103.98 m
2	钢塑复合管 DN20	m	17.40	2.90 m×2（1 个单元户数）×3（单元数）= 17.40 m
3	PPR 管 DN20	m	67.80	2.26×5 层×2（1 个单元户数）×3（单元数）= 67.80 m
4	PPR 管 DN15	m	61.86	2.06×5 层×2（1 个单元户数）×3（单元数）= 61.86 m
5	加厚 UPVC 管 DN100	m	57.96	P1 系统：[（0.76 − 0.02 − 0.05（管半径））（排水立管）+（0.13 + 0.23 + 0.27 + 0.25 + 0.25 + 0.07 + 0.29 + 0.46）（水平长度）+ 0.12（半墙厚）+ 2.5（距建筑物外墙皮）]×2（1 个单元户数）×3（单元数）= 31.56 m P2 系统：[（0.78 − 0.05（排水管中心平均标高）− 0.02）（坐便器排水管）+（0.25 + 0.07 + 0.29 + 0.46）（水平长度）+ 0.12（半墙厚）+ 2.5（距建筑物外墙皮）]×2（1 个单元户数）×3（单元数）= 26.40 m
6	加厚 UPVC 管 DN75	m	19.86	P2 系统：{[（0.36 − 0.04 − 0.04（管中心标高））（竖向）+（0.18 + 0.19 + 0.19 + 0.08 + 0.25）（厨房地漏排水管）+（0.76 − 0.04（管半径）− 0.03）（卫生间洗脸盆旁地漏排水管）+ [0.78 − 0.05（排水管中心平均标高）− 0.03]（卫生间浴盆旁地漏排水管）+（0.25 + 0.27 + 0.23）（排水横管）}×2（1 个单元户数）×3（单元数）= 19.86 m
7	加厚 UPVC 管 DN50	m	9.78	P2 系统：{[（0.32 − 0.02 − 0.03）+ 0.40]（厨房洗涤盆排水管）+ [（0.73 − 0.02）+ 0.25]（卫生间洗脸盆排水管）}×2（1 个单元户数）×3（单元数）= 9.78 m
8	UPVC 管 DN100	m	120.00	P1 系统：{（0.25 + 0.25 + 0.27 + 0.23 + 0.13）（排水横管）×4（层数）+ [（2.88 − 2.36 − 0.05）（竖向）+ 0.25（水平）]（坐便器接管）×4（层数）+（12.58 + 0.02）（排水立管）}×2（1 个单元户数）×3（单元数）= 120.00 m
9	UPVC 管 DN75	m	60.12	P1 系统：{[（2.87 − 2.36 − 0.05）×4]（卫生间地漏）+ [（2.86 − 2.04 − 0.04）+（0.08 + 0.19 + 0.19 + 0.15）]×4（厨房间地漏）+（15.2 − 12.58）（排水立管）]×2（1 个单元户数）×3（单元数）（厨房间地漏）= 60.12 m
10	UPVC 管 DN50	m	46.32	P1 系统：{0.25（浴盆）+（2.88 − 2.36 − 0.05）（卫生间洗脸盆）+ [（2.88 − 2.03 − 0.04）+ 0.4]（厨房间洗涤盆）}×4（层数）×2（1 个单元户数）×3（单元数）（厨房间地漏）= 46.32 m
11	螺纹截止阀 DN40	个	6	1×2（1 个单元户数）×3（单元数）= 6 个
12	内螺纹水表 DN20	组	30	每户 1 组，共 30 户

续表

序号	项目名称	单位	数量	计算过程
13	搪瓷浴盆（冷热水带喷头式）	组	30	每户 1 组，共 30 户
14	洗脸盆（普通冷水嘴）	组	30	每户 1 组，共 30 户
15	洗涤盆（单嘴）	组	30	每户 1 组，共 30 户
16	低水箱坐便器	套	30	每户 1 组，共 30 户
17	地漏 DN75	个	66	2 至 5 层每户 2 个，底层每户 3 个，2×4×6+3×6=66 个
18	地面扫除口 DN100	个	24	4×2（1 个单元户数）×3（单元数）=24 个
19	刚性防水套管 DN40	个	6	给水引入管穿基础：1×2（1 个单元户数）×3（单元数）=6 个
20	刚性防水套管 DN100	个	12	排水管穿基础：2×2（1 个单元户数）×3（单元数）=12 个
21	刚性防水套管 DN75	个	6	排水管穿屋面：1×2（1 个单元户数）×3（单元数）=6 个
22	一般钢套管	个	30	给水立管穿楼板：5×2（1 个单元户数）×3（单元数）=30 个
23	塑料套管	个	30	给水管穿室内墙：1×5 层×2（1 个单元户数）×3（单元数）=30 个

5. 编制措施项目清单

本项目根据实际需求，列出了脚手架搭拆费、安全文明施工费、二次搬运费、冬雨季施工等项目，详见本节清单实例表-10 及表-11。

6. 编制其他项目清单

本实例中该项内容均为空白，表格样式见本节清单实例表-12。

7. 编制规费、税金项目清单及汇总表格

8. 编制工程量清单总说明

根据本项目实际情况及清单编制过程，说明本项目的工程概况、发包范围、工程量清单的编制依据及使用材料及设备施工的特殊要求，以及其他需要说明的问题。详见本节清单实例表-01。

9. 编制工程量清单封面及扉页

按照《计价规范》规定，由相关人员签字盖章。

10. 某住宅楼给排水工程招标工程量清单

某住宅楼给排水　　　　工程

招标工程量清单

招　标　人：成都市某房产公司
（单位盖章）

造价咨询人：成都市某咨询公司
（单位盖章）

2022 年 5 月

封-1

某住宅楼给排水　　　　工程

招标工程量清单

招　标　人：成都市某房产公司
（单位盖章）

造价咨询人：成都市某咨询公司
（单位资质专用章）

法定代表人
或其授权人：王某某
（签字或盖章）

法定代表人
或其授权人：李某某
（签字或盖章）

编　制　人：杨某某
（造价人员签字　盖专用章）

复　核　人：宋某
（造价工程师签字　盖专用章）

编制时间：2022 年 5 月 20 日

复核时间：2022 年 5 月 20 日

扉-1

总　说　明

工程名称：某住宅楼给排水

1. 工程概况

本工程为四川省成都市××区××住宅楼，共5层，由3个布局完全相同的单元组成，每单元一梯两户，计划工期30工日。

2. 工程招标和分包范围

施工图所示室内给排水安装工程。

3. 工程量清单编制依据

（1）建设方提供的工程施工图、施工现场情况及相关招标文件

（2）《建设工程工程量清单计价规范》（GB 50500—2013）

（3）《通用安装工程工程量计算规范》（GB 50856—2013）

（4）其他相关文件

4. 工程质量、材料、施工等的特殊要求

本项目所用给排水管等主要材料，应为国内知名厂家生产。

5. 其他需说明的问题

无

分部分项工程量清单与计价表

工程名称：某住宅楼给排水\某住宅楼【给排水工程】　　　　标段：

序号	项目编码	项目名称	项目特征描述	计量单位	工程数量	金额/元			
						综合单价	合价	其中	
								定额人工费	暂估价
1	010101007001	管沟土方	1. 土壤类别：二类土 2. 管外径：114，48 3. 挖沟深度：1.5 m 4. 回填要求：分层夯实	m^3	7.40				
2	031001006002	PPR　DN15	1. 安装部位：室内 2. 介质：给水 3. 材质、规格：PPR、DN15 4. 连接方式：热熔连接 5. 阻火圈设计要求：符合规范 6. 压力试验及吹、洗设计要求：水冲洗及水压试验 7. 警示带形式：符合规范	m	61.86				

续表

序号	项目编码	项目名称	项目特征描述	计量单位	工程数量	金额/元			
						综合单价	合价	其中	
								定额人工费	暂估价
3	031001006003	PPR　DN20	1. 安装部位：室内 2. 介质：给水 3. 材质、规格：PPR、DN20 4. 连接方式：热熔连接 5. 阻火圈设计要求：符合规范 6. 压力试验及吹、洗设计要求：水冲洗及水压试验 7. 警示带形式：符合规范	m	67.80				
4	031001006004	UPVC DN100	1. 安装部位：室内 2. 介质：排水 3. 材质、规格：UPVC、DN100 4. 连接形式：承插粘接 5. 阻火圈设计要求：符合规范 6. 压力试验及吹、洗设计要求：灌水试验 7. 警示带形式：无	m	120.00				
5	031001006005	UPVC DN50	1. 安装部位：室内 2. 介质：排水 3. 材质、规格：UPVC、DN50 4. 连接形式：承插粘接 5. 阻火圈设计要求：符合规范 6. 压力试验及吹、洗设计要求：灌水试验 7. 警示带形式：无	m	46.32				
6	031001006006	UPVC DN75	1. 安装部位：室内 2. 介质：排水 3. 材质、规格：UPVC、DN75 4. 连接形式：承插粘接 5. 阻火圈设计要求：符合规范 6. 压力试验及吹、洗设计要求：灌水试验 7. 警示带形式：无	m	60.12				

续表

序号	项目编码	项目名称	项目特征描述	计量单位	工程数量	金额/元			
						综合单价	合价	其中	
								定额人工费	暂估价
7	031001006007	加厚 UPVC DN100	1. 安装部位：室内 2. 介质：排水 3. 材质、规格：加厚 UPVC、DN100 4. 连接形式：承插粘接 5. 阻火圈设计要求：符合规范 6. 压力试验及吹、洗设计要求：灌水试验 7. 警示带形式：无	m	57.96				
8	031001006008	加厚 UPVC DN50	1. 安装部位：室内 2. 介质：排水 3. 材质、规格：加厚 UPVC、DN75 4. 连接形式：承插粘接 5. 阻火圈设计要求：符合规范 6. 压力试验及吹、洗设计要求：灌水试验 7. 警示带形式：无	m	9.78				
9	031001006009	加厚 UPVC DN75	1. 安装部位：室内 2. 介质：排水 3. 材质、规格：加厚 UPVC、DN75 4. 连接形式：承插粘接 5. 阻火圈设计要求：符合规范 6. 压力试验及吹、洗设计要求：灌水试验 7. 警示带形式：无	m	19.86				
10	031001007010	钢塑复合管 DN20	1. 安装部位：室内 2. 介质：给水 3. 材质、规格：钢塑复合管、DN20 4. 连接形式：卡箍式连接 5. 压力试验及吹、洗设计要求：水冲洗及水压试验 6. 警示带形式：符合规范	m	17.40				

续表

序号	项目编码	项目名称	项目特征描述	计量单位	工程数量	金额/元			
						综合单价	合价	其中	
								定额人工费	暂估价
11	031001007011	钢塑复合管DN40	1. 安装部位：室内 2. 介质：给水 3. 材质、规格：钢塑复合管、DN40 4. 连接形式：卡箍式连接 5. 压力试验及吹、洗设计要求：水冲洗及水压试验 6. 警示带形式：符合规范	m	103.98				
12	031002003012	一般钢套管DN75	1. 名称、类型：一般钢套管 2. 材质：钢 3. 规格：DN75 4. 填料材质：油麻、水泥	个	30				
13	031002003013	刚性防水套管DN100	1. 名称、类型：刚性防水套管 2. 材质：钢 3. 规格：套管内管道管径DN100 4. 填料材质：油麻、水泥	个	12				
14	031002003014	刚性防水套管DN40	1. 名称、类型：刚性防水套管 2. 材质：钢 3. 规格：套管内管道管径DN40 4. 填料材质：油麻、水泥	个	6				
15	031002003015	刚性防水套管DN75	1. 名称、类型：刚性防水套管 2. 材质：钢 3. 规格：套管内管道管径DN75 4. 填料材质：油麻、水泥	个	6				
16	031002003016	塑料套管DN32	1. 名称、类型：套管 2. 材质：塑料 3. 规格：套管外径 DN32 4. 填料材质：油麻、水泥	个	30				
17	031003001017	螺纹阀门DN40	1. 类型：J41T-1.6截止阀 2. 材质：铜芯 3. 规格、压力等级：DN40 4. 连接形式：螺纹 5. 焊接方法：	个	30				

续表

序号	项目编码	项目名称	项目特征描述	计量单位	工程数量	金额/元			
						综合单价	合价	其中	
								定额人工费	暂估价
18	031003013018	水表	1. 安装部位：室内 2. 型号、规格：DN20 3. 连接形式：螺纹 4. 附件配置:1个螺纹闸阀	组	30				
19	031004001019	浴缸	1. 材质：铸铁搪瓷 2. 规格、类型：1200×600 3. 组装形式：成套 4. 附件名称、数量：冷热水带喷头	组	30				
20	031004003020	洗脸盆	1. 材质：陶瓷 2. 规格、类型：700×460 3. 组装形式：成套 4. 附件名称、数量：普通冷水嘴	组	30				
21	031004004021	洗涤盆	1. 材质：不锈钢 2. 规格、类型：780×430 3. 组装形式：成套 4. 附件名称、数量：冷水嘴	组	30				
22	031004006022	大便器	1. 材质：陶瓷 2. 规格、类型：坐式 3. 组装形式：成套 4. 附件名称、数量：水箱及配件	组	30				
23	031004014023	地漏	1. 材质：不锈钢 2. 型号、规格：DN80 3. 安装方式：暗装	个	66				
24	031004014024	清扫口	1. 材质：塑料 2. 型号、规格：DN50 3. 安装方式：粘接	个	24				
合计									

单价措施项目清单与计价表

工程名称：某住宅楼给排水\某住宅楼【给排水工程】　　　　　　　　标段：

序号	项目编码	项目名称	项目特征描述	计量单位	工程量	金额/元		
						综合单价	合价	其中 暂估价
		专业措施项目						
1	031301017001	脚手架搭拆		项	1			
		小计						
合　计								

总价措施项目清单计价表

工程名称：某住宅楼给排水\某住宅楼【给排水工程】　　　　标段：

序号	项目编码	项目名称	计算基础	费率/%	金额/元	调整费率/%	调整后金额/元	备注
1	031302001001	安全文明施工						
	①	环境保护	定额人工费＋定额机械费	1.1				
	②	文明施工	定额人工费＋定额机械费	2.5				
	③	安全施工	定额人工费＋定额机械费	3.9				
	④	临时设施	定额人工费＋定额机械费	6.4				
2	031302002001	夜间施工增加	定额人工费＋定额机械费					
3	031302004001	二次搬运	定额人工费＋定额机械费					
4	031302005001	冬雨季施工增加	定额人工费＋定额机械费					
5	031302008001	工程定位复测费	定额人工费＋定额机械费					
合计								

其他项目清单与计价汇总表

工程名称：某住宅楼给排水\某住宅楼【给排水工程】　　　　标段：

序号	项目名称	金额/元	结算金额/元	备注
1	暂列金额			
2	暂估价			
2.1	材料（工程设备）暂估价/结算价	—		
2.2	专业工程暂估价/结算价			
3	计日工			
4	总承包服务费			
合计				—

规费、税金项目计价表

工程名称：某住宅楼【给排水工程】　　　　标段：　　　　第 1 页　共 1 页

序号	项目名称	计算基础	计算基数	计算费率/%	金额/元
1	规费	分部分项定额人工费＋单价措施项目定额人工费		9.34	
2	销项增值税额	分部分项工程费＋措施项目费＋其他项目费＋规费＋按实计算费用＋创优质工程奖补偿奖励费－按规定不计税的工程设备金额－除税甲供材料（设备）费		9	
3	附加税	分部分项工程费＋措施项目费＋其他项目费＋规费＋按实计算费用＋创优质工程奖补偿奖励费－按规定不计税的工程设备金额－除税甲供材料（设备）费		0.313	
合　计					

编制人（造价人员）：　　　　复核人（造价工程师）：

（四）某住宅楼给排水工程招标控制价编制

现假设你在具有编制能力的招标方或受投标方委托、具有相应资质的工程造价咨询方工作，试采用 2020 年《四川省建设工程工程量清单计价定额　通用安装工程》及市场造价信息，编制本项目的招标控制价。

某住宅楼给排水工程工程量清单计价书编制工作过程如下。

1. 收集、整理相关规范及工程资料

（1）《建设工程工程量清单计价规范》（GB 50500—2013）；
（2）《通用安装工程工程量计算规范》（GB 50856—2013）；
（3）国家或省级、行业建设主管部门颁发的计价办法；
（4）2020 年《四川省建设工程工程量清单计价定额　通用安装工程》；
（5）招标文件、工程量清单及其补充通知、答疑纪要；
（6）建设工程设计文件及相关资料；
（7）施工现场情况、工程特点及拟定的投标施工组织设计或施工方案；
（8）与建设项目相关的标准、规范等技术资料；
（9）市场价格信息或工程造价管理机构发布的工程造价信息；
（10）其他的相关资料。

2. 了解工程量清单计价书的编制程序

编制工程量清单计价书时，可按照下列程序编制。

（1）计算分部分项工程费。

① 复核工程量清单的工程数量。

② 分析计算分部分项工程量清单项目的综合单价。

③ 计算分部分项工程费。

（2）计算措施项目费。

① 确定措施项目。

② 分析措施清单项目单价。

（3）计算其他项目费。

（4）计算规费。

（5）计算税金。

（6）单位工程费汇总。

（7）单项工程费汇总。

（8）建设工程费汇总。

（9）投标总价确定。

3. 计算分部分项工程费

由于分部分项工程费是工程量清单中的工程数量与对应分部分项工程项目的综合单价的乘积，因此若要确定各分部分项工程费，必须首先确定工程量清单中的工程数量与对应分部分项工程项目的综合单价。

（1）复核工程量清单。

为确定工程量清单是否正确，检查清单项目并复核工程量，发现有漏项、重项或误算时，提请甲方进行修正。

（2）计算分部分项工程的综合单价。

参考本项目任务四内容，计算各个项目的综合单价。

（3）计算分部分项工程费。

参考本项目任务四内容，计算分部分项工程费。

$$\text{分部分项工程费}=\sum(\text{分部分项项目的工程数量}\times\text{分部分项工程项目的综合单价})$$

某住宅楼给排水工程分部分项工程费计算结果见本节清单计价实例中表-08。

4. 计算措施项目费

参考本项目任务四内容，计算单价措施费和总价措施费。

5. 完成其余项目费的计算

其他项目费、规费、税金的计算，按照表格要求，以计费基数按照费率计算得出。

6. 某住宅楼给排水工程招标控制价编制

限于篇幅原因，本清单计价书中只列出了具有代表性的部分分部分项工程项目的综合单价分析表。

某住宅楼给排水　　　　　　　　　　　　工程

招标控制价

招　标　人：成都市某房产公司

（单位盖章）

造价咨询人：成都市某咨询公司

（单位盖章）

2022 年 5 月

封-1

某住宅楼给排水　　　　　　　　　　　　工程

招标控制价

招标控制价（小写）：179 902 元

（大写）：壹拾柒万玖仟玖佰零贰元整

招　标　人：	成都市某房产公司 （单位盖章）	造价咨询人：	成都市某咨询公司 （单位资质专用章）
法定代表人 或其授权人：	王某某 （签字或盖章）	法定代表人 或其授权人：	李某某 （签字或盖章）
编　制　人：	杨某某 （造价人员签字　盖专用章）	复　核　人：	宋某 （造价工程师签字　盖专用章）
编 制 时 间：	2022 年 5 月 20 日	复 核 时 间：	2022 年 5 月 20 日

扉-2

总　说　明

工程名称：某住宅楼给排水

1. 工程概况

本工程为四川省成都市××区××住宅楼，共5层，由3个布局完全相同的单元组成，每单元一梯两户，计划工期30工日。

2. 工程招标和分包范围

施工图所示室内给排水安装工程。

3. 工程量清单编制依据

（1）建设方提供的工程施工图、施工现场情况及相关招标文件

（2）《建设工程工程量清单计价规范》（GB 50500—2013）

（3）《通用安装工程工程量计算规范》（GB 50856—2013）

（4）2020年《四川省建设工程工程量清单计价定额　通用安装工程》

4. 工程质量、材料、施工等的特殊要求

本项目所用给排水管等主要材料，应为国内知名厂家生产。

5. 其他需说明的问题

本项目报价时人工费在定额基础上未调整。

建设项目招标控制价汇总表

工程名称：某住宅楼

序号	单项工程名称	金额/元	其中：（元）		
			暂估价	安全文明施工费	规费
1	某住宅楼	179 901.85		3 705.78	2 424.17
合　计		179 902		3 705.78	2 424.17

单项工程招标控制价汇总表

工程名称：某住宅楼

序号	单项工程名称	金额/元	其中：（元）		
			暂估价	安全文明施工费	规费
1	某住宅楼	179 901.85		3 705.78	2 424.17
合　计		179 902		3 705.78	2 424.17

单位工程招标控制价汇总表

工程名称：某住宅楼【给排水工程】　　　　　　　标段：

序号	汇总内容	金　额/元	其中：暂估价/元
1	分部分项及单价措施项目	158 135.77	
2	总价措施项目	4 015.04	—
2.1	其中：安全文明施工费	3 705.78	—
3	其他项目	0	—
3.1	其中：暂列金额		—
3.2	其中：专业工程暂估价		—
3.3	其中：计日工		—
3.4	其中：总承包服务费		—
4	规费	2 424.17	—
5	创优质工程奖补偿奖励费		—
6	税前工程造价	164 574.98	—
6.1	其中：甲供材料（设备）费		—
7	销项增值税额	14 811.75	—
8	附加税	515.12	
招标控制价总价合计＝分部分项及单价措施项目＋总价措施项目＋其他项目＋规费＋创优质工程奖补偿奖励费＋销项税额＋附加税		179 901.85	

分部分项工程量清单与计价表

工程名称：某住宅楼【给排水工程】　　　　　　　标段：

序号	项目编码	项目名称	项目特征描述	计量单位	工程数量	金额/元			
						综合单价	合价	其中	
								定额人工费	暂估价
1	010101007001	管沟土方	1. 土壤类别：二类土 2. 管外径：114，48 3. 挖沟深度：1.5 m 4. 回填要求：分层夯实	m^3	7.40	39.19	290.01	250.42	
2	031001006002	PPR DN15	1. 安装部位：室内 2. 介质：给水 3. 材质、规格：PPR、DN15 4. 连接方式：热熔连接 5. 阻火圈设计要求：符合规范 6. 压力试验及吹、洗设计要求：水冲洗及水压试验 7. 警示带形式：符合规范	m	61.86	25.23	1 560.73	725.00	

续表

序号	项目编码	项目名称	项目特征描述	计量单位	工程数量	金额/元			
						综合单价	合价	其中	
								定额人工费	暂估价
3	031001006003	PPR DN20	1. 安装部位：室内 2. 介质：给水 3. 材质、规格：PPR、DN20 4. 连接方式：热熔连接 5. 阻火圈设计要求：符合规范 6. 压力试验及吹、洗设计要求：水冲洗及水压试验 7. 警示带形式：符合规范	m	67.80	32.47	2 201.47	882.76	
4	031001006004	UPVC DN100	1. 安装部位：室内 2. 介质：排水 3. 材质、规格：UPVC、DN100 4. 连接形式：承插粘接 5. 阻火圈设计要求：符合规范 6. 压力试验及吹、洗设计要求：灌水试验 7. 警示带形式：无	m	120.00	37.87	4 544.40	2 514.00	
5	031001006005	UPVC DN50	1. 安装部位：室内 2. 介质：排水 3. 材质、规格：UPVC、DN50 4. 连接形式：承插粘接 5. 阻火圈设计要求：符合规范 6. 压力试验及吹、洗设计要求：灌水试验 7. 警示带形式：无	m	46.32	26.10	1 208.95	661.45	
6	031001006006	UPVC DN75	1. 安装部位：室内 2. 介质：排水 3. 材质、规格：UPVC、DN75 4. 连接形式：承插粘接 5. 阻火圈设计要求：符合规范 6. 压力试验及吹、洗设计要求：灌水试验 7. 警示带形式：无	m	60.12	32.14	1 932.26	1 042.48	
7	031001006007	加厚 UPVC DN100	1. 安装部位：室内 2. 介质：排水 3. 材质、规格：加厚 UPVC、DN100 4. 连接形式：承插粘接 5. 阻火圈设计要求：符合规范 6. 压力试验及吹、洗设计要求：灌水试验 7. 警示带形式：无	m	57.96	40.21	2 330.57	1 214.26	

续表

序号	项目编码	项目名称	项目特征描述	计量单位	工程数量	金额/元			
						综合单价	合价	其中	
								定额人工费	暂估价
8	031001006008	加厚UPVC DN50	1. 安装部位：室内 2. 介质：排水 3. 材质、规格：加厚UPVC、DN75 4. 连接形式：承插粘接 5. 阻火圈设计要求：符合规范 6. 压力试验及吹、洗设计要求：灌水试验 7. 警示带形式：无	m	9.78	28.88	282.45	139.66	
9	031001006009	加厚UPVC DN75	1. 安装部位：室内 2. 介质：排水 3. 材质、规格：加厚UPVC、DN75 4. 连接形式：承插粘接 5. 阻火圈设计要求：符合规范 6. 压力试验及吹、洗设计要求：灌水试验 7. 警示带形式：无	m	19.86	34.77	690.53	344.37	
10	031001007010	钢塑复合管DN20	1. 安装部位：室内 2. 介质：给水 3. 材质、规格：钢塑复合管、DN20 4. 连接形式：卡箍式连接 5. 压力试验及吹、洗设计要求：水冲洗及水压试验 6. 警示带形式：符合规范	m	17.40	31.92	555.41	156.77	
11	031001007011	钢塑复合管DN40	1. 安装部位：室内 2. 介质：给水 3. 材质、规格：钢塑复合管、DN40 4. 连接形式：卡箍式连接 5. 压力试验及吹、洗设计要求：水冲洗及水压试验 6. 警示带形式：符合规范	m	103.98	44.48	4 625.03	1 319.51	
12	031002003012	一般钢套管DN75	1. 名称、类型：一般钢套管 2. 材质：钢 3. 规格：DN75 4. 填料材质：油麻、水泥	个	30	72.44	2 173.20	1 164.60	

续表

序号	项目编码	项目名称	项目特征描述	计量单位	工程数量	金额/元			
						综合单价	合价	其中	
								定额人工费	暂估价
13	031002003013	刚性防水套管DN100	1. 名称、类型：刚性防水套管 2. 材质：钢 3. 规格：套管内管道管径DN100 4. 填料材质：油麻、水泥	个	12	285.78	3 429.36	1 668.72	
14	031002003014	刚性防水套管DN40	1. 名称、类型：刚性防水套管 2. 材质：钢 3. 规格：套管内管道管径DN40 4. 填料材质：油麻、水泥	个	6	203.79	1 222.74	639.96	
15	031002003015	刚性防水套管DN75	1. 名称、类型：刚性防水套管 2. 材质：钢 3. 规格：套管内管道管径DN75 4. 填料材质：油麻、水泥	个	6	237.48	1 424.88	714.66	
16	031002003016	塑料套管DN32	1. 名称、类型：套管 2. 材质：塑料 3. 规格：套管外径 DN32 4. 填料材质：油麻、水泥	个	30	18.43	552.90	305.10	
17	031003001017	螺纹阀门DN40	1. 类型：J41T-1.6 截止阀 2. 材质：铜芯 3. 规格、压力等级：DN40 4. 连接形式：螺纹	个	30	107.26	3 217.80	762.30	
18	031003013018	水表	1. 安装部位：室内 2. 型号、规格：DN20 3. 连接形式：螺纹 4. 附件配置：1 个螺纹闸阀	组	30	58.10	1 743.00	623.70	
19	031004001019	浴缸	1. 材质：铸铁搪瓷 2. 规格、类型：1200×600 3. 组装形式：成套 4. 附件名称、数量：冷热水带喷头	组	30	2270.49	68 114.70	3 378.30	
20	031004003020	洗脸盆	1. 材质：陶瓷 2. 规格、类型：700×460 3. 组装形式：成套 4. 附件名称、数量：普通冷水嘴	组	30	462.61	13 878.30	1 344.30	

续表

序号	项目编码	项目名称	项目特征描述	计量单位	工程数量	金额/元			
						综合单价	合价	其中	
								定额人工费	暂估价
21	031004004021	洗涤盆	1. 材质：不锈钢 2. 规格、类型：780×430 3. 组装形式：成套 4. 附件名称、数量：冷水嘴	组	30	404.39	12 131.70	962.10	
22	031004006022	大便器	1. 材质：陶瓷 2. 规格、类型：坐式 3. 组装形式：成套 4. 附件名称、数量：水箱及配件	组	30	809.57	24 287.10	2 349.30	
23	031004014023	地漏	1. 材质：不锈钢 2. 型号、规格：DN80 3. 安装方式：暗装	个	66	59.82	3 948.12	2 226.18	
24	031004014024	清扫口	1. 材质：塑料 2. 型号、规格：DN50 3. 安装方式：粘接	个	24	30.12	722.88	191.28	
合　计							157 068.49	25 581.18	

单价措施项目清单与计价表

工程名称：某住宅楼给排水\某住宅楼【给排水工程】　　　　　标段：

序号	项目编码	项目名称	项目特征描述	计量单位	工程量	金额/元			
						综合单价	合价	其中	
								定额人工费	暂估价
		专业措施项目							
1	031301017001	脚手架搭拆		项	1	1 067.28	1 067.28	373.55	
		小计					1 067.28	373.55	
合　计							1 067.28	373.55	

综合单价分析表

工程名称：某住宅楼【给排水工程】　　标段：　　第　页共　页

项目编码	031001006002	项目名称	PPR　DN15			计量单位	m	工程量	61.86		
清单综合单价组成明细											
定额编号	定额项目名称	定额单位	数量	单价				合价			
				人工费	材料费	机械费	管理费和利润	人工费	材料费	机械费	管理费和利润
CK0507	给排水管道 室内 塑料给水管（热熔连接）公称外径（mm 以内）20	10 m	0.1	117.24	0.61	0.95	26.94	11.72	0.06	0.10	2.69
人工单价		小　计						11.72	0.06	0.10	2.69
元/工日		未计价材料费						10.66			
清单项目综合单价								25.23			
材料费明细	主要材料名称、规格、型号				单位	数量		单价/元	合价/元	暂估单价/元	暂估合价/元
	塑料给水管　DN15				m	1.016		6.00	6.10		
	塑料给水管件　DN15				个	1.52		3.00	4.56		
	其他材料费							—	0.06	—	
	材料费小计							—	10.72	—	

总价措施项目清单计价表

工程名称：某住宅楼【给排水工程】　　标段：　　第 1 页共 1 页

序号	项目编码	项目名称	计算基础	费率/%	金额/元	调整费率/%	调整后金额/元	备注
1	031302001001	安全文明施工		项	3 705.78			
其中	①	环境保护	定额人工费+定额机械费	1.1	293.26			
	②	文明施工	定额人工费+定额机械费	2.5	666.51			
	③	安全施工	定额人工费+定额机械费	3.9	1 039.75			
	④	临时设施	定额人工费+定额机械费	6.4	1 706.26			

续表

序号	项目编码	项目名称	计算基础	费率/%	金额/元	调整费率/%	调整后金额/元	备注
2	031302002001	夜间施工增加	定额人工费+定额机械费	项	127.97			
3	031302004001	二次搬运	定额人工费+定额机械费	项	61.32			
4	031302005001	冬雨季施工增加	定额人工费+定额机械费	项	95.98			
5	031302008001	工程定位复测费	定额人工费+定额机械费					
合　计					4 015.04	—	—	—

编制人（造价人员）：　　　　　　　　　　复核人（造价工程师）：

其他项目清单与计价汇总表

工程名称：某住宅楼【给排水工程】　　　　　标段：　　　　　　　第 1 页共 1 页

序号	项 目 名 称	金额/元	结算金额/元	备注
1	暂列金额	0		明细详见表-12-1
2	暂估价			
2.1	材料（工程设备）暂估价/结算价	—		明细详见表-12-2
2.2	专业工程暂估价/结算价			明细详见表-12-3
3	计日工			明细详见表-12-4
4	总承包服务费			明细详见表-12-5
合　计				—

规费、税金项目计价表

工程名称：某住宅楼【给排水工程】　　标段：　　第 1 页共 1 页

序号	项目名称	计算基础	计算基数	计算费率/%	金额/元
1	规费	分部分项定额人工费＋单价措施项目定额人工费	25 954.73	9.34	2 424.17
2	销项增值税额	分部分项工程费＋措施项目费＋其他项目费＋规费＋按实计算费用＋创优质工程奖补偿奖励费－按规定不计税的工程设备金额－除税甲供材料（设备）费	164 574.98	9	14 811.75
3	附加税	分部分项工程费＋措施项目费＋其他项目费＋规费＋按实计算费用＋创优质工程奖补偿奖励费－按规定不计税的工程设备金额－除税甲供材料（设备）费	164 574.98	0.313	515.12
合　计					17 751.04

编制人（造价人员）：　　复核人（造价工程师）：

任务六　某教学楼给排水工程计量与计价实训

（一）项目内容

1. 设计及施工说明

（1）工程概况。某教学楼共 4 层，层高为 3.3 m，墙厚均为 240 mm，每层设男厕所、女厕所、盥洗室各 1 个。工程设置两个排水系统，甲系统排出洗涤污水，乙系统排出粪便污水，第一个检查井距建筑物外墙皮 2.5 m。

（2）管材及接口形式。给水管道全部采用镀锌钢管螺纹连接，排水管道采用排水铸铁管石棉水泥接口。

（3）卫生器具。该工程采用瓷高水箱蹲便器，每个厕所均设污水池 1 个，污水池、盥洗槽见土建设计，本次报价不计。

（4）阀门安装。除 DN50 阀门采用 Z45T-10 法兰阀外，其余阀门均为螺纹阀门 Z15T-10。

（5）管道安装。埋地给水管刷防锈漆两道，地上给水管刷银粉漆两道；埋地排水管刷热沥青两道，地上排水管刷一道带锈底漆后，再刷两道银粉漆。管道支架采用 5 号等边角钢，需人工去除轻锈，并刷防锈漆两道及银粉漆两道。

（6）其他未尽事宜，按现行施工及验收规范的有关内容执行。

2. 施工图纸

平面图及系统图见图 3.32 ~ 图 3.35。

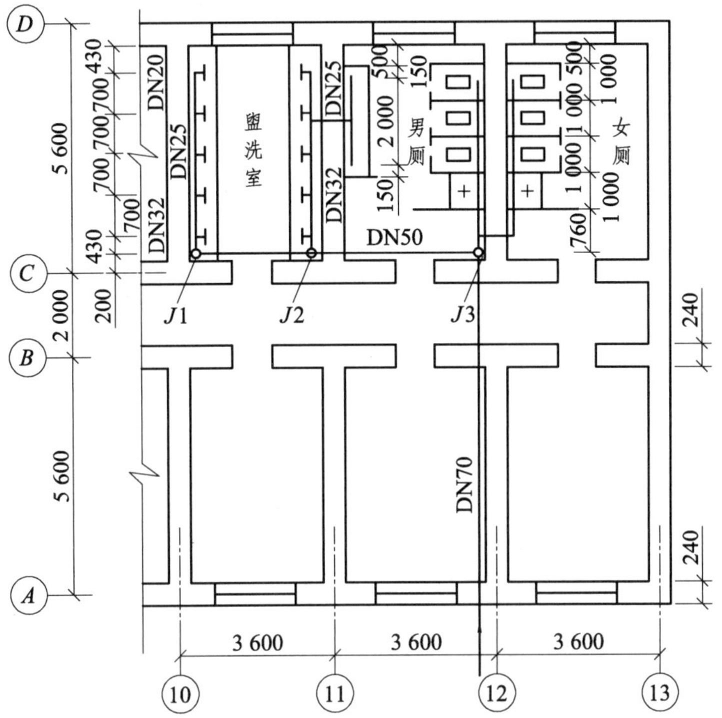

（a）底层给水平面图

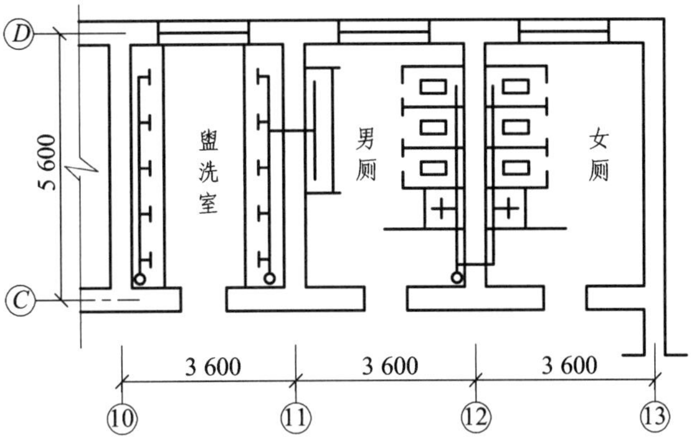

（b）2 至 4 层给水平面图

图 3.32　某教学楼给水平面图

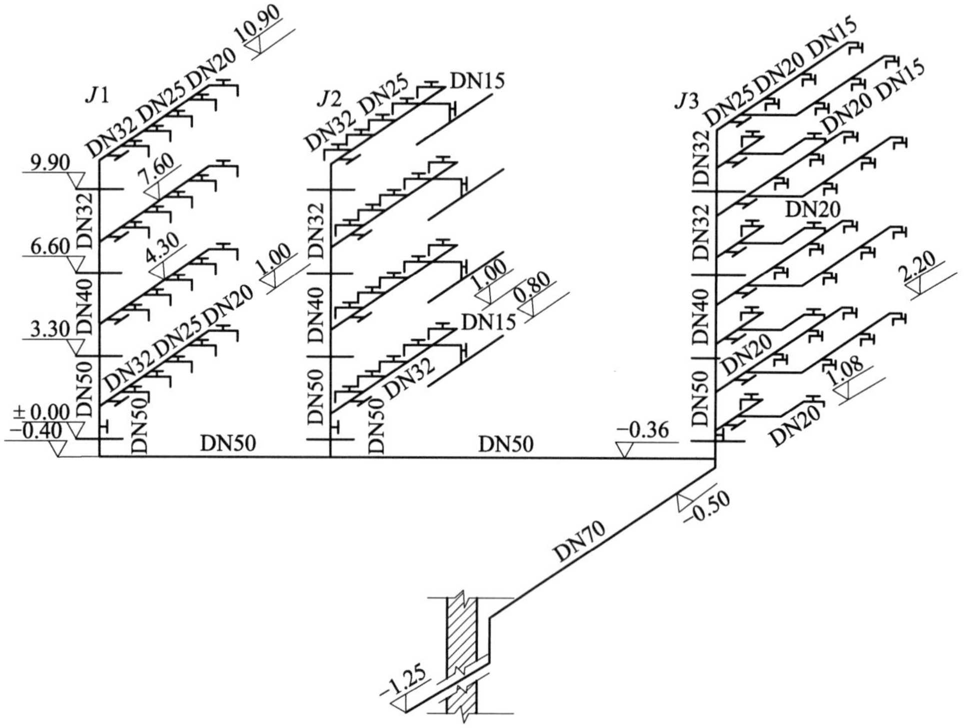

图 3.33　某教学楼给水系统图

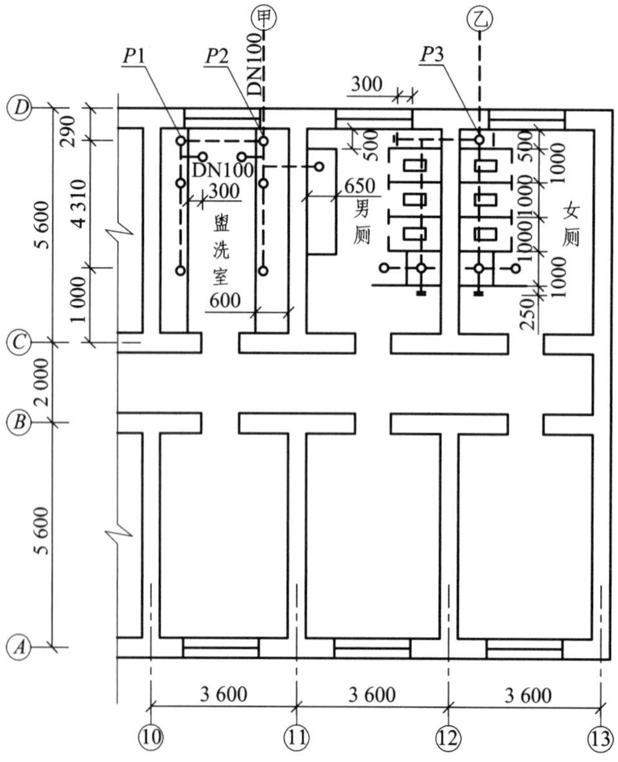

（a）底层排水平面图

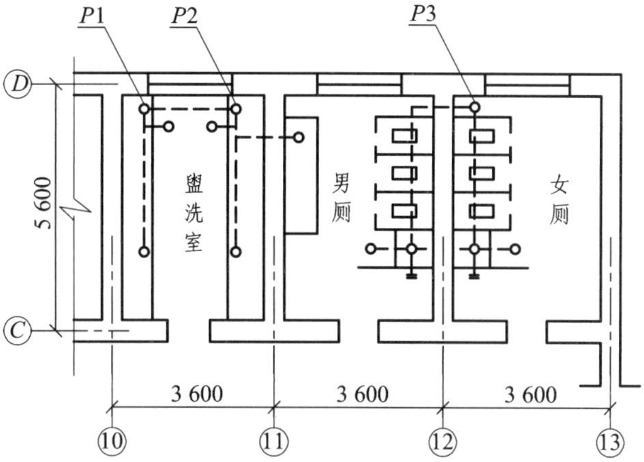

（b）2 至 4 层排水平面图

图 3.34　某教学楼排水平面图

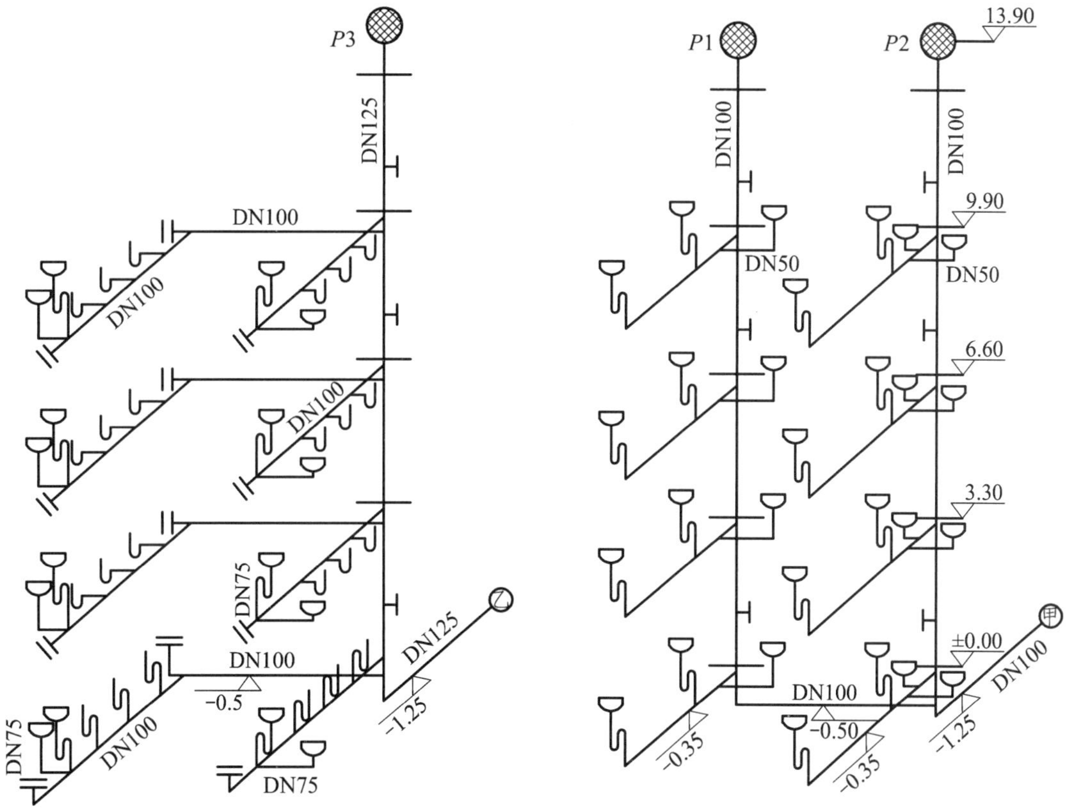

图 3.35　某教学楼排水系统图

3. 工作任务

（1）识读本教学楼给排水施工图。

（2）编制本教学楼给排水工程工程量清单。

（3）编制本教学楼给排水工程工程量清单计价书。

（二）任务资讯

在给排水工程量清单计价书制作过程中，需要经常翻阅 2020 年《四川省建设工程工程量清单计价定额　通用安装工程（四）》中的 K《给排水、采暖、燃气工程》分册，现摘录部分课程中例题用到的内容以供前期课程学习，工程报价实际操作时请以四川省住房和城乡建设厅出版的实时定额为准。

1. K《给排水、采暖、燃气工程》分册说明部分摘录

（1）《给排水、采暖、燃气工程》（以下简称本分册定额）适用于工业与民用建筑的生活用给排水，采暖，室内空调水，燃气管道系统中的管道、附件、配件、器具及附属设备等安装工程。

（2）下列费用按系数分别计取。

① 脚手架搭拆费按定额人工费的 5%计算，其中人工占 35%，机械占 5%。单独承担的室外埋地管道工程，不计取该费用。

② 操作高度增加费：定额中操作物高度以距楼地面 3.6 m 为限，超过 3.6 m 时，超过部分工程量按定额人工费乘以下表系数计算。

操作物高度/m	≤10	≤30	≤50
系　数	1.10	1.20	1.50

③ 建筑物超高增加费：在檐口高度 20 m 以上的工业与民用建筑物进行安装增加的费用，按 ± 0 以上部分的定额人工费乘以下表系数计算，费用全部为人工。

建筑物檐高/m	≤40	≤60	≤80	≤100	≤120	≤140	≤160	≤180	≤200	200 m 以上每增加 20 m
建筑物超高系数/%	2	5	9	14	20	26	32	38	44	6

④ 在地下室内（含地下车库）、暗室内、净高<1.6 m 楼层，断面<4 m² 且>2 m² 隧道或洞内进行安装的工程，定额人工费乘以系数 1.12。

⑤ 在管井内竖井内、断面≤2 m² 隧道或洞内、封闭吊顶天棚内进行安装的工程，定额人工费乘以系数 1.16。

⑥ 空调水系统调整费按空调水系统工程（含冷凝水管）定额人工费的 10%计算，其中人工、机械各占 35%。

（3）本分册定额与市政管网工程的界线划分。

① 给水采暖管道以与市政管道碰头点或以计量表阀门（井）为界。

② 室外排水管道以与市政管道碰头井为界。

③ 燃气管道，以计量总表或用地红线为界。

（4）本分册定额项目中，均包括安装物的外观检查。

2. K.1 给排水、采暖、燃气管道（编码：031001）

（1）章说明

① 本章适用于室内外生活用给排水管道采暖管道空调水管道燃气管道安装。

② 管道的界限划分：

a. 室内外给水管道以建筑物外墙皮 1.5 m 为界，建筑物人口处设阀门者以阀门为界。

b. 室内外排水管道以出户第一个排水检查并为界。

c. 工业管道界线以与工业管道碰头点为界。

d. 设在建筑物内的水泵房（间）管道以泵房（间）外墙皮为界。

③ 室外管道安装不分地上与地下，均执行同一子目。

④ 管道的适用范围：

a. 给水管道适用于生活饮用水、热水、中水及压力排水等管道的安装。

b. 塑料管安装适用于 UPVC、PVC、PP-C、PP-R、PE PB 管等塑料管的安装。

c. 给排水、采暖镀锌钢管（螺纹连接）项目适用于室内外焊接钢管的螺纹连接。

d. 空调水镀锌钢管（螺纹连接）项目适用于空调水系统中采用螺纹连接的焊接钢管钢塑复合管的安装项目。

e. 钢塑复合管安装适用于内涂塑、内外涂塑、内衬塑、外覆塑内衬塑复合管道安装。

f. 空调冷热水镀锌钢管（沟槽连接）安装项目适用于空调冷热水系统中采用沟槽连接的 DN150 以下焊接钢管的安装。

g. 空调水室外管道执行采暖室外管道安装相应项目。

h. 钢管焊接安装项目适用于无缝钢管和焊接钢管。

（2）工程量计算规则

① 各类管道安装按室内外材质连接形式、规格分别列项，以“10 m”为计量单位。定额中铜管塑料管、复合管（除钢塑复合管外）按公称外径表示，其他管道均按公称直径表示。

② 各类管道安装工程量，均按设计管道中心线长度，以“10 m”为计量单位，不扣除阀门、管件附件（包括器具组成）及井类所占长度。

③ 室内给排水管道与卫生器具连接的分界线：

a. 给水管道工程量计算至卫生器具（含附件）前与管道系统连接的第一个连接件（角阀、三通、弯头、管箍等）止。

b. 排水管道工程量自卫生器具出口处的地面或墙面的设计尺寸算起；与地漏连接的排水管道自地面设计尺寸算起，不扣除地漏所占长度。

（3）定额摘录

K.1.1　镀锌钢管（编码：031001001）

表 K.1.1.1 给排水管道

K1.1.1.2 室内镀锌钢管（螺纹连接）

工作内容：调直、切管，套丝、组对、连接，管道及管件安装，水压试验及水冲选。

定额编号	项目名称	单位	综合基价/元	其中					未计价材料		
				人工费	材料费	机械费	管理费	利润	名称	单位	数量
CK0012	公称直径（mm 以内）15	10 m	243.72	192.09	5.17	2.17	13.60	30.69	镀锌钥管 给水室内镀锌钢管 螺纹管件	m 个	9.910 14.490
CK0013	公称直径（mm 以内）20	10 m	255.57	201.00	5.75	2.44	14.24	32.14	镀锌钢管 给水室内镀锌钢管 螺纹管件	m 个	9.910 12.100
CK0014	公称直径（mm 以内）25	10 m	311.43	242.10	7.54	5.37	17.32	39.10	镀锌钢管 给水室内镀锌钢管 螺纹管件	m 个	9.910 11.400
CK001S	公称直径（mm 以内）32	10 m	338.47	261.75	8.29	7.13	18.82	42.48	镀锌钢管 给水室内镀锌钢管 螺纹管件	m 个	9.910 9.830
CK0016	公称直径（mm 以内）40	10 m	347.01	267.66	8.50	8.00	19.30	43.55	镀锌钢管 给水室内锌钢管 螺纹管件	m 个	10.020 7.860
CK0017	公称直径（mm 以内）50	10 m	374.20	287.79	8.91	9.68	20.82	47.00	镀锌钢管 给水室内镀锌钢管 螺纹营件	m 个	10.020 6.610

K1.1.3 空调水管道

K1.1.3.1 空调冷热水镀锌钢管（螺纹连接）

工作内容：调直、切管，套丝、组对、连接，管道及管件安装，水压试验及水冲选。

定额编号	项目名称	单位	综合基价/元	其中					未计价材料		
				人工费	材料费	机械费	管理费	利润	名称	单位	数量
CK0045	公称直径（mm）15	10 m	201.22	159.72	2.89	1.78	11.31	25.52	镀锌钢管 空调冷热水室内镀锌钢管螺纹管件	m 个	9.800 8.130
CK0046	公称直径（mm）20	10 m	251.55	199.38	3.74	2.42	14.13	31.88	镀锌钢管 空调冷热水室内镀锌钢管螺纹管件	m 个	9.800 9.390
CK0047	公称直径（mm）25	10 m	279.14	219.00	4.79	4.41	15.64	35.30	镀锌钢管 空调冷热水室内健锌钢管螺纹管件	m 个	9.800 9.590
CK0048	公称直径（mm）32	10 m	300.31	234.57	5.58	5.44	16.80	37.92	镀锌钢管 空调冷热水室内镀锌钢管螺纹管件	m 个	9.980 9.090
CK0049	公称直径（mm）40	10 m	313.73	244.89	5.88	5.80	17.55	39.61	镀锌钢管 空调冷热水室内镀锌钢管螺纹管件	m 个	9.980 7.160
CK0050	公称直径（mm）50	10 m	336.77	259.56	6.75	9.19	18.81	42.46	镀锌钢管 空调冷热水室内镀锌钢管螺纹管件	m 个	10.020 6.520
CK0051	公称直径（mm）65	10 m	364.59	278.19	7.62	12.50	20.35	45.93	镀锌钢管 空调冷热水室内镀锌钢管螺纹管件	m 个	10.020 5.650

K.1.1.3.2 空调凝结水镀锌钢管（螺纹连接）

工作内容：调直、切管，套丝、组对、连接，管道及管件安装，注水实验。

定额编号	项目名称	单位	综合基价/元	其中					未计价材料		
				人工费	材料费	机械费	管理费	利润	名称	单位	数量
CK0056	公称直径（mm）15	10 m	155.08	123.24	1.88	1.52	8.73	19.71	镀锌钢管 空调凝结水室内镀锌钢管螺纹管件	m 个	10.180 6.520
CK0057	公称直径（mm）20	10 m	169.51	134.61	2.10	1.72	9.54	21.54	镀锌钢管 空调凝结水室内镀锌钢管螺纹管件	m 个	10.180 5.900
CK0058	公称直径（mm）25	10 m	210.15	164.49	3.54	3.76	11.78	26.58	镀锌钢管 空调凝结水室内镀锌钢管螺纹管件	m 个	10.150 7.110
CK0059	公称直径 32（mm）	10 m	211.28	164.67	3.83	4.26	11.83	26.69	镀锌钢管 空调凝结水室内镀锌钢管螺纹管件	m 个	10.150 5.800
CK0060	公称直径（mm）40	10 m	216.77	168.54	4.15	4.60	12.12	27.36	镀锌钢管 空调凝结水室内镀锌钢管螺纹管件	m 个	10.150 5.080
CK0061	公称直径（mm）50	10 m	225.46	172.59	4.67	7.20	12.59	28.41	镀锌钢管 空调凝结水室内镀锌钢管螺纹管件	m 个	10.200 4.240

K.1.7.1.5 室内钢塑复合管（螺纹连接）

工作内容：调直、切管、套丝、组对、连接、管道及管件安装，水压试验及水冲洗。

定额编号	项目名称	单位	综合基价/元	其中					未计价材料		
				人工费	材料费	机械费	管理费	利润	名称	单位	数量
CK0682	公称外径（mm 以内）15	10 m	247.73	195.54	4.94	2.17	13.84	31.24	复合管 给水室内钢塑复合螺纹管件	m 个	9.910 14.490
CK0683	公称外径（mm 以内）20	10 m	259.67	204.54	5.50	2.44	14.49	32.70	复合管 给水室内钢塑复合螺纹管件	m 个	9.910 12.100
CK0684	公称外径（mm 以内）25	10 m	317.16	247.11	7.12	5.37	17.67	39.89	复合管 给水室内钢塑复合螺纹管件	m 个	9.910 11.400
CK0685	公称外径（mm 以内）32	10 m	345.21	267.60	7.84	7.13	19.23	43.41	复合管 给水室内钢塑复合螺纹管件	m 个	9.910 9.830
Ck0686	公称外径（mm 以内）40	10 m	350.65	271.02	8.01	8.00	19.53	44.09	复合管 给水室内钢塑复合螺纹管件	m 个	10.020 7.860

3. K.2 支架及其他（编码：031002）

（1）章说明摘录

① 本章适用于室内外生活用给排水管道采暖管道空调水管道燃气管道安装。

② 管道的界限划分：

a. 本章内容包括管道支架投备支架和各种套管制作安装，管道水压试验，管道消毒冲洗成品教前安装等项目。

b. 管道支架制作安装项目，适用于室内外管道的管架制作与安装，如单件质量大于100 kg 时，应执行本章设备支架制作安装相应项目。

③ 管道支架采用木垫式弹簧式管架时均执行本章管道支架安装项目，支架中的弹簧减震器滚珠、木垫等成品件重量度计入安装工程量，其材料数量按实计入。

④ 成品管卡安装项目，适用于与各类管道配套的立、支管成品管卡的安装。

⑤ 管道、设备支架的除锈刷油，执行 M《刷油、防腐蚀、绝热工程》相应项目。

⑥ 套管制作安装项目已包含堵洞工作内容。

⑦ 刚性、柔性防水套管制作和安装执行 H《工业管道工程》相应项目。

⑧ 保温管道穿墙、板采用套管时，按保温层外径规格执行套管相应项目。

（2）定额摘录

K.2.1 管道支架（编码：031002001）

K.2.1.1 管道支架制作

工作内容：切断、调直、煨制、钻孔、组对、焊接。

定额编号	项目名称	单位	综合基价/元	其中					未计价材料		
				人工费	材料费	机械费	管理费	利润	名称	单位	数量
CK0737	单件重量（kg 以内）5	100 kg	1094.53	648.99	64.61	189.71	58.71	132.51	型钢	kg	105.000
CK0738	单件重量（kg 以内）10	100 kg	919.55	548.73	46.65	162.1	49.76	112.31	型钢	kg	105.000

K.2.1.2 管道支架安装

工作内容：打、堵洞眼、栽（埋）螺栓、安装。

定额编号	项目名称	单位	综合基价/元	其中					未计价材料		
				人工费	材料费	机械费	管理费	利润	名称	单位	数量
CK0742	单件重量（kg 以内）5	100 kg	717.84	349.62	110.19	145.21	34.64	78.18			
CK0743	单件重量（kg 以内）10	100 kg	593.93	295.56	79.50	123.36	29.32	66.19			

K.2.3 套管（编码：031002003）

K.2.3.1 一般钢套管制作安装

工作内容：切管，焊接，除锈刷漆，安装，填塞密封材料，堵洞。

定额编号	项目名称	单位	综合基价/元	其中					未计价材料		
				人工费	材料费	机械费	管理费	利润	名称	单位	数量
CK0761	介质管道公称直径（mm 以内）20	个	15.46	9.84	2.55	0.67	0.74	1.66	焊接钢管 DN32	m	0.318
CK0762	介质管道公称直径（mm 以内）32	个	18.2	11.22	3.5	0.75	0.84	1.89	焊接钢管 DN50	m	0.318
CK0763	介质管道公称直径（mm 以内）50	个	26.84	15.96	6.32	0.75	1.17	2.64	焊接钢管 DN80	m	0.318
CK0764	介质管道公称直径（mm 以内）65	个	36.23	21.51	8.89	0.75	1.56	3.52	焊接钢管 DN100	m	0.318

K.2.3.2 一般塑料套管制作安装

工作内容：切管，安装，填塞密封材料，堵洞。

定额编号	项目名称	单位	综合基价/元	其中					未计价材料		
				人工费	材料费	机械费	管理费	利润	名称	单位	数量
CK0774	介质管道公称直径（mm 以内）32	个	14.61	10.17	2.12		0.71	1.61	塑料管 dn63	m	0.318
CK0775	介质管道公称直径（mm 以内）50	个	21.44	13.53	4.82		0.95	2.14	塑料管 dn75	m	0.318
CK0776	介质管道公称直径（mm 以内）65	个	30.83	13.86	13.81		0.97	2.19	塑料管 dn110	m	0.318
CK0777	介质管道公称直径（mm 以内）100	个	32.25	14.58	14.45		1.02	2.3	塑料管 dn160	m	0.318
CK0778	介质管道公称直径（mm 以内）150	个	42.88	16.50	22.61		1.16	2.61	塑料管 dn200	m	0.318

4. K.3 管道附件（编码：031003）

（1）章说明

① 本章包括各类阀门、法兰、低压器具、补偿器、计量表、软接头、倒流防止器、塑料排水管消声器、液面计、水位标尺等安装。

② 阀门安装均综合考虑了标准规范费求的强度及严密性试验工作内容。

③ 普通水表、IC 卡水表安装不包括水表前的阀门安装。水表安装定额是按与钢管连接编制的，若与塑料管连接时其定额人工费乘以系数 0.6。

④ 成组水表安装是依据《国家建筑标准设计图集》05S502 编制的。法兰水表（带旁通管）成组安装中三通、弯头均按成品管件考虑。

⑤ 本章成组安装项目已包括标准设计图集中的旁通管安装，旁通连接管所占长度不再另计管道工程量。

（2）定额摘录

K.3.1 螺纹阀门（编码：031003001）

K.3.1.1 螺纹阀门安装

工作内容：切管、套丝、阀门连接、水压试验。

定额编号	项目名称	单位	综合基价/元	其中					未计价材料		
				人工费	材料费	机械费	管理费	利润	名称	单位	数量
Ck0858	公称直径 15	个	21.84	10.41	8.02	0.84	0.79	1.78	螺纹阀门	个	1.010
Ck0859	公称直径 20	个	25.67	11.55	10.30	0.96	0.88	1.98	螺纹阀门	个	1.010
Ck0860	公称直径 25	个	29.29	12.72	12.16	1.23	0.98	2.20	螺纹阀门	个	1.010

K.3.12 水表（编码：031003013）

K.3.12.3 螺纹水表组成安装

工作内容：切管、套丝、排气阀安装、试压检查。

定额编号	项目名称	单位	综合基价/元	其中					未计价材料		
				人工费	材料费	机械费	管理费	利润	名称	单位	数量
ck1270	公称直径（mm）以内 15	个	87.06	54.30	16.78	2.93	4.01	9.04	螺纹水表 螺纹闸阀 螺纹止回阀 螺纹挠性接头	个 个 个 个	1.000 2.020 1.010 1.010
ck1271	公称直径（mm）以内 20	个	102.76	63.54	20.67	3.31	4.68	10.56	螺纹水表 螺纹闸阀 螺纹止回阀 螺纹挠性接头	个 个 个 个	1.000 2.020 1.010 1.010

5. K.4 卫生器具（编码：031004）

（1）章说明

① 本章卫生器具是参照国家建筑标准设计图集《排水设备及卫生器具安装》（2010 年合订本）中有关标准图编制的，包括浴盆、净身盆、洗脸盆、洗涤盆、大便器、小便器、淋浴器、淋浴室、桑拿浴房、烘手器、拖布池、水龙头、排水栓、地漏、地面扫除口、雨水斗、蒸汽-水加热器、冷热水混合器、饮水器、隔油器等器具安装项目，以及大小便器自动冲洗水箱和小便槽冲洗管制作安装。

② 各类卫生器具安装项目除另有标注外，均适用于各种材质。

③ 各类卫生器具安装项目包括卫生器具本体、配套附件成品支托架安装。各类卫生器具配套附件是指给水附件（水嘴金属软管、阀门、冲洗管喷头等）和排水附件（下水口、排水栓、存水弯、与地面或墙面排水口间的排水连接管等）。各类卫生器具所用附件如随设备或器具配套供应时，不得重复计算材料费。

④ 各类卫生器具支托架如现场制作时，执行 K.2 相应项目。

⑤ 浴盆安装适用于各种型号的浴盆。但浴盆支座和浴盆周边的砌砖及粘贴瓷砖另行计算。

⑥ 浴盆冷热水带喷头若采用埋入式安装时，混合水管及管件消耗量应另行计算。

⑦ 蹲式大便器冲洗管的材质，已综合考虑，不得换算；坐式大便器（感应式）按自闭阀执行，感应阀作为未计价材料另计。

⑧ 蹲式大便器安装，已包括了固定大便器的垫砖，但不包括大便器的蹲台砌筑。

⑨ 除排水附件作为未计价材料计算的项目外，其余所有卫生器具安装所需存水弯，其材质均已综合考虑，不得换算。

⑩ 大、小便器冲洗（弯）管均按成品考虑。大便器安装已包括了柔性连接头或胶皮碗。

⑪ 大、小便槽自动冲洗水箱安装中，已包括水箱和冲洗管的成品支托架管卡安装；水箱支托架及管卡的制作及刷漆，应按相应定额项目另行计算。

⑫ 与卫生器具配套的电气安装应执行 D《电气设备安装工程》相应项目。

⑬ 各类卫生器具的混凝土或砖基础周边砌砖、瓷砖粘贴，蹲式大便器蹲台砌筑、台式洗脸盆的台面、浴厕配件安装应执行 2020 年《四川省建设工程工程量清单计价定额　房屋建筑与装饰工程》相应项目。

⑭ 本章所有项目安装不包括预留堵孔洞，发生时执行 N《通用项目及措施项目》相应项目。

（2）定额摘录

K.4.1 浴缸（盆）（编码：031004001）

工作内容：打螺栓孔、浴盆及附件安装、与上下水管连接、试水。

定额编号	项目名称	单位	综合基价/元	其中					未计价材料		
				人工费	材料费	机械费	管理费	利润	名称	单位	数量
CK1328	搪瓷浴盆冷热水	10 组	1231.07	937.86	79.38	—	65.65	148.18	搪瓷浴盆 浴盆排水附件 混合冷热水龙头	个 套 个	10.100 10.100 10.100
CK1329	搪瓷浴盆冷热水带喷头	10 组	1494.91	1126.14	111.69	0.26	78.85	177.97	搪瓷浴盆 浴盆排水附件 混合冷热水龙头带喷头	个 套 套	10.100 10.100 10.100

K.4.3 洗脸盆（编码：031004003）

工作内容：打螺栓孔、托架安装、洗脸盆及附件安装、与上下水管连接、试水。

定额编号	项目名称	单位	综合基价/元	其中					未计价材料		
				人工费	材料费	机械费	管理费	利润	名称	单位	数量
CK1338	挂墙式组成安装单嘴	10 组	636.64	448.14	85.38	0.77	31.42	70.93	洗脸盆 洗脸盆托架 洗脸盆排水附件 长颈水嘴 DN15	个 副 套 个	10.100 10.100 10.100 10.100
CK1339	挂墙式组成安装双嘴	10 组	698.57	482.79	104.76	0.77	33.85	76.40	洗脸盆 洗脸盆托架 洗脸盆排水附件 长颈水嘴 DN15	个 副 套 个	10.100 10.100 10.100 10.100
CK1340	挂墙式成套安装冷水手动开关	10 组	709.66	507.06	86.04	0.77	35.55	80.24	洗脸盆 洗脸盆托架 洗脸盆排水附件 长颈水嘴 DN15 角型阀（带铜活）DN15 金属软管 DN15	个 副 套 个 个 根	10.100 10.100 10.100 10.100 10.100 10.100

K.4.4 洗涤盆（编码：031004004）

工作内容：打螺栓孔、托架安装、洗涤盆及附件安装、与上下水管连接、试水。

定额编号	项目名称	单位	综合基价/元	其中					未计价材料		
				人工费	材料费	机械费	管理费	利润	名称	单位	数量
CK1349	单嘴	10组	520.42	369.60	66.23	0.26	25.89	58.44	洗涤盆 洗涤盆排水附件 洗涤盆托架-40×5 长颈水嘴 DN15	个 套 副 个	10.100 10.100 10.100 10.100
CK1350	双嘴	10组	603.81	421.59	85.78	0.26	29.53	66.65	洗涤盆 洗涤盆排水附件 洗涤盆托架-40×5 长颈水嘴 DN15	个 套 副 个	10.100 10.100 10.100 10.100

K.4.6 大便器（编码：031004006）

K.4.6.1 蹲式大便器安装

工作内容：打螺栓孔、大便器、水箱及附件安装、与上下水管连接、试水。

定额编号	项目名称	单位	综合基价/元	其中					未计价材料		
				人工费	材料费	机械费	管理费	利润	名称	单位	数量
CK1360	瓷低水箱	10套	1459.99	918.24	332.07	0.26	64.30	145.12	瓷蹲式大便器 瓷蹲式大便器低水箱及配件 金属软管 D15 角型阀（带铜活）DN15	个 套 根 个	10.100 10.100 10.100 10.100

K.4.14 给排水附件（编码：031004014）

K.4.14.3 地漏安装

工作内容：安装、与下水管连接、试水。

定额编号	项目名称	单位	综合基价/元	其中					未计价材料		
				人工费	材料费	机械费	管理费	利润	名称	单位	数量
CK1416	公称直径（mm以内）50	10个	215.51	174.42	1.32	—	12.21	27.56	地漏	个	10.100
CK1417	公称直径（mm以内）80	10个	416.44	337.26	2.28	—	23.61	53.29	地漏	个	10.100

K.4.14.4 地面扫除口安装

工作内容：安装、与下水管连接、试水。

定额编号	项目名称	单位	综合基价/元	其中					未计价材料		
				人工费	材料费	机械费	管理费	利润	名称	单位	数量
CK1421	公称直径（mm以内）80	10个	125.7	100.5	2.28	—	7.04	15.88	地面扫除口	个	10.100
CK1422	公称直径（mm以内）100	11个	128.64	102.81	2.39	—	7.2	16.24	地面扫除口	个	10.100

项目四　通风空调工程工程量清单及清单计价

素质目标

培养诚信守法、爱岗敬业的职业素养；培养认真严谨、细致耐心的工作态度。

知识目标

了解通风空调工程的分类及组成、常用材料、安装等基础知识；了解并熟悉通风空调工程施工图的主要内容及其识读方法；熟悉通风空调工程清单项目设置及工程量计算规则；掌握清单计价模式下的通风空调工程工程量清单及清单计价编制的步骤、方法、格式及内容。

能力目标

能够迅速识读通风空调工程施工图；比较熟练地进行清单计价模式下的通风空调工程工程量计算和清单编制，熟练地计算分部分项工程综合单价及汇总编制通风空调工程招标控制价或进行投标报价。

任务一　认识通风空调工程

通风空调工程按不同的使用场合和生产工艺要求，分为通风工程、空调工程和空气洁净系统。

（一）通风系统的分类与组成

通风就是把室外的新鲜空气适当地处理后（如净化、加热等）送进室内，把室内的废气（经消毒、除害）排至室外，从而保持室内空气的新鲜和洁净度。通风工程仅具有送风、排风、调节风量的功能。

1. 通风系统的分类

通风系统按不同的方式，有不同的分类方法。按通风系统所用的动力分类，分为自然通风和机械通风；按通风系统的作用范围分类，分为全面通风和局部通风；按照通风系统的特征分类，分为进气式通风和排气式通风。其中，进气式通风是向房间送入新鲜空气，排气式通风则是将房间内的污浊空气排出。

2. 通风系统的组成

（1）送风系统（J 系统）

送风（J 风）系统由新风口、空气处理室、通风机、送风管、回风管、送（出）风口、吸（回、排）风口、管道配件（管件）、管道部件等组成，见图 4.1。

通风管道的作用是输送空气。常采用的风道材料有钢板、玻璃钢、砖、混凝土、矿渣石膏板、木板、刨花板、塑料板和纸板，其中尤以钢板风道应用最为广泛。

调节阀门安装在风道内及通风口上，用以调节风量、关闭风道、风口及通风系统中的各个部分，同时还可用于启动通风机和平衡通风系统阻力等。

常用的阀门有插板阀、蝶阀和多叶调节阀三种。

其他设备见表 4.1。

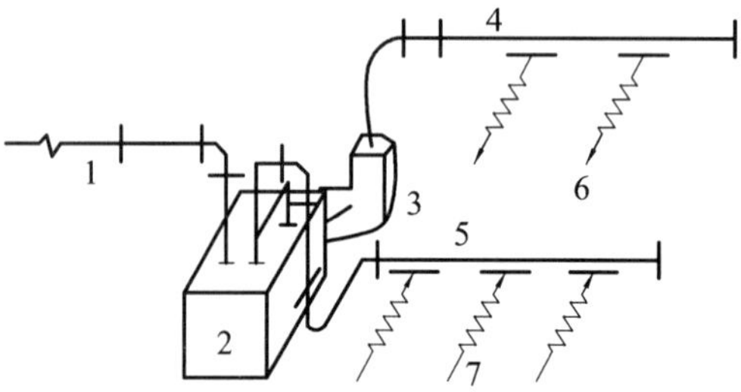

1—新风口；2—空气处理机组；3—通风机；4—送风管；5—回风管；
6—送（出）风口；7—吸（回）风口。

图 4.1　送风（J）系统组成示意图

表 4.1　送风系统各设备列表

设备号	名称	作　用
1	新风口	新鲜空气入口
2	空气处理室	空气在此进行过滤、加热、加湿等处理
3	通风机	将处理后的空气送入风管内
4	送风管	将通风机送来的空气送到各个房间。管上安有调节阀、送风口、防火阀、检查孔等部件
5	回风管	也称排风管，将浊气吸入管道内送回空气处理室。管上安有回风口、防火阀等部件
6	送（出）风口	将处理后的空气均匀送入房间
7	吸（回、排）风口	将房间内浊气吸入回风管道，送回空气处理室处理
8	管道配件（管件）	弯头、三通、四通、异径管、法兰盘、导流片、静压箱等
9	管道部件	各种风口、阀、排气罩、风帽、检查孔、测定孔和风管支吊、托架等

（2）排风系统

排风系统一般有排风系统、侧吸罩排风系统、除尘排风系统几种形式，如图 4.2。该系统由排风口、排风管、排风机、风帽、除尘器、其他管件和部件组成，各设备作用见表 4.2。

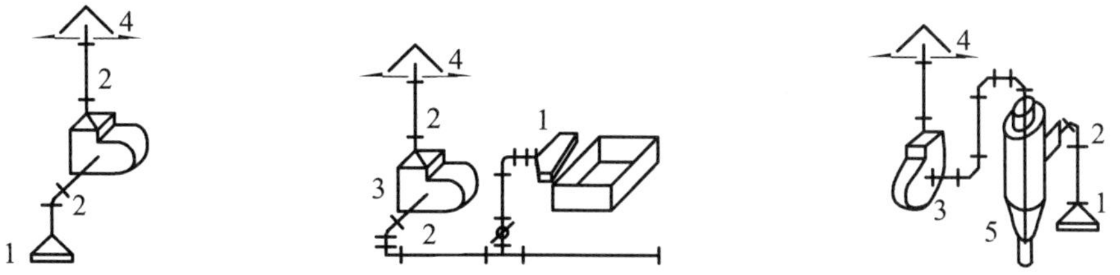

（a）排风系统　（b）侧吸罩排风系统　（c）除尘排风系统

1—排风口（侧吸罩）；2—排风管；3—排风机；4—风帽；5—除尘器。

图 4.2　排风（P）系统组成示意图

表 4.2　排风系统各设备列表

设备号	名　称	作　用
1	排风口	将浊气吸入排风管内。有吸风口、排风口、侧吸罩、吸风罩等部件
2	排风管	输送浊气的管道
3	排风机	将浊气用机械能量从排风管中排出
4	风帽	将浊气排入大气中，防止空气倒灌及防雨水灌入的部件
5	除尘器	用排风机的吸力将带灰尘及有害质粒的浊气吸入除尘器中，将尘粒集中排除。如旋风除尘器、袋式除尘器、滤尘器等
6	管道配件（管件）	弯头、三通、四通、异径管、法兰盘、导流片、静压箱等
7	管道部件	各种风口、阀、排气罩、风帽、检查孔、测定孔和风管支吊、托架等

（二）空调系统的分类与组成

空调系统的分类方法有很多种。如按处理空调负荷的输送介质分类，分为全空气系统、空气-水系统、全水系统和直接蒸发式机组系统；按送风管道风速分类，分为低速系统和高速系统；按空调服务对象不同分类，分为工艺性空调和舒适性空调；按使用新风量的多少分类，可分为直流式空气调节系统、部分回风式空气调节系统、全部回风式空气调节系统；按空气处理设备的设置情况分类，分为集中式空调系统、半集中空调系统和分散式空调系统。以下是工程上常见的三种系统。

1. 局部式供风空调系统

局部式供风空调系统只要求局部空调，直接用空调机组（柜机、壁挂式、窗式）即可达到目的。为了增加能力，根据要求可以在空调机上加新风口、电加热器、送风管及送风口等。如图 4.3 所示。

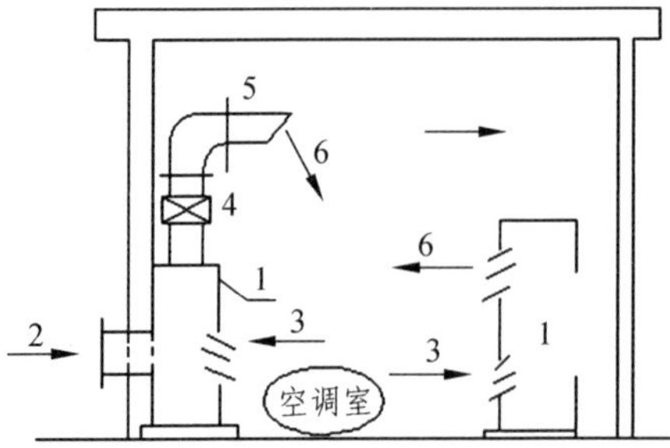

1—空调机组（柜式）；2—新风口；3—回风口；4—电加热器；5—送风管；6—送风口。

图 4.3　局部空调（柜式）

2. 集中空调系统

这类系统是典型的中央空调系统，主要由空调冷热源、空气处理设备、空调风系统、空调水系统及空调自动控制和调节装置五大部分组成。示意图见图 4.4。

（1）空调冷源和热源。冷源是指制冷装置，它可以是直接蒸发式制冷机组或冰水机组。它们提供冷量用来使空气降温，有时还可以使空气减湿。制冷装置的制冷机有活塞式、离心式或者螺杆式压缩机以及吸收式制冷机或热电制冷器等。热源提供热量用来加热空气（有时还包括加湿），常用的有蒸汽或热水等热煤或电热器等。

（2）空调风系统，它包括送风系统和排风系统。送风系统的作用是将处理过的空气送到空调区，其基本组成部分是风机、风管系统和室内送风口装置。排风系统的作用是将空气从室内排出，并将排风送到规定地点。排风系统的基本组成是室内排风口装置、风管系统和风机。它们的作用是将送风合理地分配到各个空调房间，并将污浊空气排到室外。

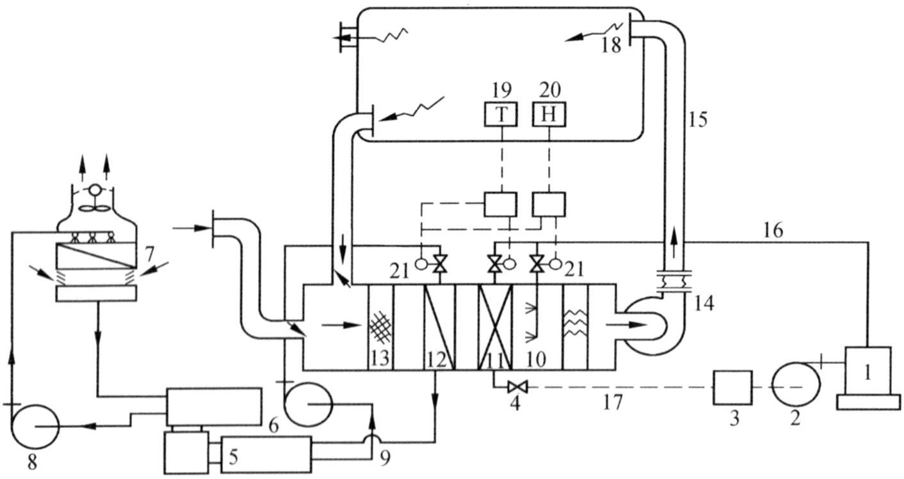

冷热源系统： 1—锅炉；2—给水泵；3—回水滤器；4—疏水器；5—制冷机组；6—冷冻水循环泵；7—冷却塔；8—冷却水循环泵；9—冷水管系。

空气处理系统： 10—空气加湿器；11—空气加热器；12—空气冷却器；13—空气过滤器。

空气能量输送与分配系统： 14—风机；15—送风管道；16—蒸汽管；17—凝水管；18—空气分配器。

自动控制系统： 19—温度控制器；20—湿度控制器；21—冷、热能量自动调节阀。

图 4.4　集中空调系统的基本构成

（3）空调水系统，其作用是将冷媒水（简称冷水）或热媒水（简称热水）从冷源或热源输送到空气处理设备。空调水系统的基本组成是水泵和水管系统。空调水系统分为冷（热）水系统、冷却水系统和冷凝水系统三类。

（4）空调的自动控制和调节装置，其功能是使空调系统能适应室内外热湿负荷的变化，保证空调房间有一定的空调精度，其设备主要有温湿度调节器、电磁阀、流量调节阀等。近年来微型电子计算机也开始运用于大型空调系统的自动控制。

（5）空气处理设备（过滤器、加热器、冷却器、加湿器及通风机等）集中设置在空调机房内。空气经处理后，由风道送入各房间。空气处理设备主要功能是对空气进行净化、冷却、减湿，或者加热加湿处理。

目前，工程上常用的空气处理机组有两类：一类是组合式空调处理机组（分段式空调处理机组）；另一类是整体式空调处理机组。

组合式空气处理机组是将空调设备装在分段箱体内，做成各种功能的区段。如进风段、加热段、过滤段、冷却段、回风段、加湿段、挡水板段，为了检修与安装用的中间段等。这些区段在工厂里加工而成，可做成卧式和重叠式。这种空调箱体保温良好，不用做基础，根据设计需要选用需要功能段，在施工现场组装而成，故也称为装配式空调系统。其型号有 ZK、W、JW、JS、WPB、CKN 等。常见机组组成如图 4.5 所示。

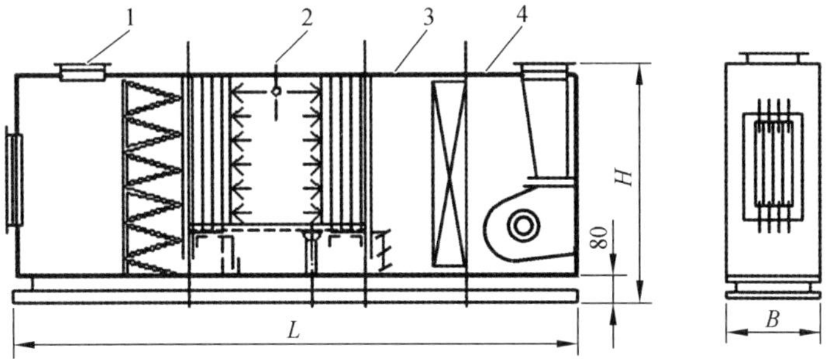

1—混合及除尘段；2—淋水喷雾段；3—加热段；4—风机段。

图 4.5　组合式空气处理机组

整体式空气处理机组是将各种空气处理设备和风机集中设置在一个箱体内，只有从外部供应冷、热源和电源，就能够完成空气的混合、过滤、加热、冷却、加湿、减湿等处理过程。

3. 诱导式空调系统

这种系统是对空气做集中处理和用诱导器做局部处理后混合供风方式。其诱导器是用集中空调室来的一次风作为诱导力，就地吸收室内空气（二次风）加以处理与一次风混合后再次送出的供风系统，它是一种混合式空调系统。这种系统用集中式空调系统加上诱导器组成。

（三）空气洁净系统的分类

空气洁净技术是发展现代工业不可缺少的辅助性综合技术。空气洁净系统根据洁净房间含尘浓度和生产工艺要求，按洁净室的气流流型可分为非单向流洁净室、单向流洁净室两类。又可按洁净室的构造分成整体式洁净室、装配式洁净室、局部净化式洁净室三类。

根据《洁净厂房设计规范》(GB 50073—2013)，非单向流洁净室的气流流型不规则，工作区气流不均匀，并有涡流，适用于 6 级（即传统的 1000 级，每升空气中 > 0.5 μm 粒径的尘粒数平均值不超过 35 粒）以下的空气洁净系统。单向流洁净室根据气流流动方向又可分为垂直向下和水平平行两种，适用于 5 级（即传统的 100 级，每升空气中 > 0.5 μm 粒径数平均值不超过 3.5 粒）以下的空气洁净系统。

（四）通风空调工程常用材料、设备和配件

1. 常用材料

（1）金属薄板

金属薄板是制作风管、配件和部件的主要材料，其表面应平整光滑、厚度一致，允许有紧密的氧化物薄膜。但不能有结疤、划痕、裂缝，通常使用的有普通薄钢板、镀锌钢板、铝合金板、不锈钢板和塑料复合钢板等。

① 普通薄钢板

普通薄钢板俗称黑铁皮，因钢板表面呈云彩蓝黑色而得名，有良好的机械强度和加工性能，价格比较便宜，在通风工程中使用最为广泛。但其表面易生锈，故在使用前应刷油防腐。

② 镀锌钢板

镀锌钢板由普通钢板镀锌后制成，俗称白铁皮，其表面镀锌层有良好的防腐作用，一般不再做油漆防腐处理，常用于输送不受酸雾作用的潮湿环境中的通风空调系统的风管及配件、部件的制作。

③ 铝合金板

铝合金板以铝为主，加入一种或几种其他元素（如铜、镁、锰等）制成铝合金。铝的强度低，使其用途受到了限制。而铝合金有足够的强度，单位质量较小，塑性及耐腐蚀性能也很好，易于加工成型，且摩擦时不易产生火花，常用于通风工程中的防爆系统。

④ 不锈钢板

不锈钢板又称为不锈耐酸钢板，在空气、酸及碱性溶液或其他介质中有较好的化学稳定性，在高温下具有耐酸碱腐蚀能力。因而多用于化学工业中输送含有腐蚀性气体的通风系统。

⑤ 塑料复合钢板

塑料复合钢板是在普通钢板表面喷涂一层 0.2 ~ 0.4 mm 厚的塑料层。这种复合钢板强度大，又有耐腐蚀能力，常用于防尘要求较高的空调系统和温度在 – 10 ~ 70 °C 的耐腐蚀系统的风管制作。

（2）非金属风道材料

① 硬聚氯乙烯板

硬聚氯乙烯板又称为硬塑料板，是由硬聚氯乙烯树脂加稳定剂和增塑剂热压加工而成，在普通酸类、碱类和盐类作用下有良好的化学稳定性，有一定的机械强度、弹性和良好的耐腐蚀性，便于加工成型，在通风风管、部件和风机制造中得到广泛的应用。

② 玻璃钢

目前，在通风与空调工程中，用耐酸（耐碱）合成树脂和玻璃布黏结压制而成的有机玻璃风管已有广泛应用，其显著特点是具有良好的耐酸碱腐蚀性能，且不同规格的风管和法兰一起可在工厂中加工成整体管段，极大地加快了施工安装速度。近年来，用硅藻土等无机材料和新结剂制作的无机玻璃钢风管已经问世，其耐火、耐腐蚀性能也很突出，应用前景广阔。

③ 其他风管材料

在风道制作中，可因地制宜、就地取材，采用砖、混凝土、矿渣石膏板、木丝板等材料做成不同材质的非金属风道，也可采用布袋做风管。

（3）复合材料风管

复合材料是以一种基础材料（金属或非金属）为主，将其他几种材料用物理或化学的方法形成另一种特性的材料。目前，风管常用的复合材料一般是采用酚醛、聚苯乙烯、玻璃纤维等材料复合。复合材料风管具有绝热、消声、质轻、寿命长、易施工等特点。

（4）各种型钢

通风与空调工程使用大量角钢、扁钢、圆钢及格钢等型钢材料，制作风管法兰、支吊架和风管部件。

（5）辅助材料

通风空调工程安装过程中，经常需要用到石棉绳、石棉橡胶板、橡胶板、软聚氯乙烯塑料板、闭孔海绵橡胶板等垫料，以及螺栓、螺母及铆钉等辅助材料。

（6）消耗材料

消耗材料指施工过程中必须使用，但施工后又无其形象存在（未构成工程实体）的材料。如切割焊接用的氧气、乙炔气，风管法兰加热碱制时用的焦炭、木柴，施工用的锯条、破布，锡焊时用的焊锡等材料。

（7）保温防腐材料

① 保温（冷）材料

在通风空调系统中，为了保持空气的一定温（冷）度，减少热（冷）量的损失，当风管安装就绪后，对没有经过空调房间的风管进行保温，对排送高温空气的管道及设备，为降低工作地点的温度、防止操作人员烫伤、改善劳动环境，需要对风管及设备采取保温措施。

通风空调系统所用的保温（冷）材料应具有导热系数小、轻质、疏松、多孔、阻燃吸湿性小、耐热（冷）性能稳定等特点，经常用到的材料有：矿渣棉管壳、岩棉、玻璃棉、聚苯乙烯泡沫塑料管瓦、膨胀珍珠岩、膨胀蛭石、石棉等。另外，为了使保温层坚固、耐久、美观，通常在保温层外部还需保护壳保护层，一般常用的有油毡、玻璃布、石棉水泥、镀锌铁皮、油漆等保护层。

② 油漆及防腐材料

通风空调工程施工完华，为防止金属设备、器具、管道氧化腐蚀和影响美观，需在它们的表面涂刷油漆。常用的油漆种类有：防锈漆、银粉漆、调和漆、沥青漆、酚醛漆、醇酸漆、过氯乙烯漆和热沥青等。

2. 常用设备

（1）空气处理设备

处理空气的设备主要有过滤器、加热器和喷水室。

① 空气过滤器

空气过滤器是用来去除空气中的灰尘，使空气得到净化的设备。

空气过滤器的种类比较多，根据使空气净化程度不同，分为粗效、中效、亚高效和高效过滤器。在实际工程中，应根据建筑物对空气净化提出的要求采用不同的过滤器。粗效过滤器可以满足空调房间对空气的一般要求；粗效和中效过滤器一起使用，空气先经粗效过滤器再经中效过滤器，可以满足中等净化的要求；粗效、中效、高效（或亚高效）过滤器一起使用，使空气通过粗效过滤器后再经中效过滤器，最后经过高效（或亚高效）过滤器，就可以满足空气的超净化要求。

② 空气加热器

空气加热器是对空气进行加热，使空气温度升高的设备。

空气处理室中常用的是以蒸汽或热水作热媒的空气加热器。加热器由几排管子和用粗管做的联箱组成，称为光管式加热器；为了增加换热面积，在光管上加些肋片，称为肋片式加热器。热媒经管道进入联箱，再由联箱进入光管或肋片管，空气流经管与管之间的空隙时被加热。蒸汽或热水一般来自锅炉房。

当这种加热器中通过的不是热媒而是冷煤时，它便成了空气冷却器。冷媒根据需要可以是制冷剂，也可以是深井水等。

③ 喷水室

喷水室也叫淋水室，是空气处理室的一个重要组成部分。它是一种多功能的空气处理设备，根据需要可以用不同温度的水对空气进行热、湿处理，同时经过雾状水滴的淋洗进一步清除空气中的灰尘。它是由喷嘴和喷嘴排管、前后挡水板、底池和附属管道、水泵及外壳等组成。

（2）除尘设备

在机械排风系统中，排除含有大量灰尘的空气时，应使用除尘器对排出的空气进行一定的除尘，再排入大气，以免影响周围空气质量，同时还可以回收部分有利用价值的物料。在排风系统中常用的除尘器有旋风除尘器、袋式除尘器和湿式除尘器。

（3）风机

风机是输送气体的机械。在通风和空气调节工程中，常用的风机有离心式和轴流式两种。

① 离心风机

离心风机是由叶轮、蜗壳和吸入口三个主要部分所组成。离心风机主要借助于叶轮旋转时产生的离心力使气体获得压能和动能。

② 轴流风机

轴流风机是借助叶轮的推力作用促使气流流动，气流的方向与机轴相平行。轴流风机与离心风机在性能上的差别主要是前者产生的全压小，后者产生的全压较大。因此，轴流风机只用于无须设置风道或风道阻力较小的系统，而离心风机往往用在阻力较大的系统中。

3. 通风空调系统常用配件

通风空调系统的配件包括调节总管或支管风量的各类风阀（如蝶阀、调节阀、止回阀），系统的末端装置（如各类送、排风口，回风口，风机盘管机组，吸气罩，排气罩，柔性支管）及管道支架等。

（1）风阀

在通风空调系统中，常用的风阀有以下几种：

① 对开多叶调节阀

对开多叶调节阀有手动和电动两种。这种风阀结构简单，轻便灵活，造型美观。如果把手动调节阀的手柄取消，把连动杆用连杆与电动执行机构相连，就构成电动式对开多叶调节阀，从而进行遥控和自动调节。

② 防火阀

防火阀分为直滑式、悬吊式和百叶式三种。在大型高层建筑的空调系统中，防火阀是不可缺少的部件。当火灾发生时，防火阀能自动关闭并打开与通风机的连锁装置，使风机停止工作，切断气流，防止火灾蔓延。

③ 止回阀

止回阀是防止通风机停止运转后气流倒流的一种风阀。在正常情况下通风机开动后，阀板在风压作用下会自动打开，而通风机停止运转后阀板自动关闭。

（2）风口

风口的形式较多，根据使用的不同可分为通风系统风口和空调系统风口两类。

① 通风系统常用圆形风管插板式送风口，旋转吹风口，单面和双面送、吸风口，矩形空气分布器，塑料插板式侧面送风口等。

② 空调系统常用百叶送风口（分单层、双层、三层等）、圆形和方形直片式散流器、直片形送吸式散流器、流线型散流器、送风孔板等。

（3）其他配件

① 风帽

风帽装于排风系统的末端，利用风压或热压作用，加强排风能力，是自然排风的重要装置之一。常用的风帽有伞形、锥形和筒形。

② 排气罩

排气罩是局部排气装置，用于聚集和排除粉尘及有害气体。它的形式很多，主要有密闭罩、外部排气罩、接受式局部排气罩、吹吸式局部排气罩等基本类型。

③ 柔性短管

柔性短管用于风机和风管的连接处，防止风机振动产生的噪声通过风管传播扩散到空调房间。常用的柔性短管长度一般为 150 ~ 250 mm，用帆布或人造革制成。

④ 支、吊架

为保证管路系统安装的稳定性，应根据通风管道的管径或边长及建筑物的结构情况选用国标或设计图纸规定的支、吊架。常用的支、吊架有悬臂支架，柱上、楼板及屋面支架，梁上及屋面吊架，钢梁或钢栏支、吊架。

（五）通风空调工程的安装

通风空调施工应符合《通风与空调工程施工规范》（GB 50738—2011）和《通风与空调工程施工质量验收规范》（GB 50243—2016）等规定。

1. 风管及管件制作

（1）金属薄板风管制作

用金属薄板制作风管及配件时，常用咬口、铆接等方法进行对口连接。风管管材拼接的接缝应错开，不得有十字形拼接缝；为了避免矩形风管变形成减少管壁震动产生噪声，对于边长大于或等于 630 mm，保温风管边长大于或等于 800 mm，并且风管长度在 1 250 mm 以上或低压风管单边面积大于 1.2 m^2，中、高压风管单边面积大于 1.0 m^2 时，应采取加固措施。

（2）不锈钢板风管制作

不锈钢扳材具有良好的耐高温和耐腐蚀性，有较高的塑性和优良的机极性能，常用来做输送腐蚀性气体的风管和配件。不锈钢板厚度 $\delta \leq 1.0$ mm 时，可用咬口连接；$\delta > 1.0$ mm 时，采用焊接。其风管和配件的加工方法同上述普通薄钢板。

（3）铝板风管制作

通风空调工程常用的铝板有纯铝板和经退化处理的铝合金板。铝板的加工性能好，当风管的壁厚 $\delta \leq 1.2$ mm 时，可采用咬口连接；$\delta > 1.2$ mm 时，方可采用焊接。焊接以采用氧弧焊最佳。其加工方法同上述普通薄钢板。铝板与铜、铁等金属接触时，会产生电化学腐蚀，因此应尽可能避免与铜、铁金属接触。

（4）塑料风管制作

塑料风管常用硬聚氯乙烯塑料板制作。其加工过程是：画线→剪切→打坡口→加热→成型（折方或卷圆）→焊接→装配法兰。当圆形风管直径或矩形风管大边长度大于 630 mm 时，应对硬塑料风管进行加固的方法是利用风管延长连接的法兰加固，以及用扁钢加固圈加固。

（5）管件制作

通风空调管路系统中采用弯头、三通、异径管、来回弯等管件，接缝形式与风管制作相同，只是展开下料较复杂。

2. 风管及配件的安装

风管及配件的安装应在建筑物基本完工（包括主体、地坪、装饰等），设备基础已经浇灌后进行。安装前，应将施工图纸与施工现场进行核对，检查是否能按规定的标高和位置安装风管和配件，设备基础、预留孔洞、预埋件的位置是否符合设计要求。

（1）支、吊架安装

① 支架的制作与安装

风管支架要根据现场支持构件的具体情况和风管的重量，用圆钢、扁钢或角钢制作，支架构成和尺寸应符合《全国通用采暖通风标准图集》的要求。

支架安装的间距如设计无具体规定时，可按下列规定进行：

- 对于水平安装的风管，直径或大边长小于 400 mm 时，支架间距不超过 4 m；大于或等于 400 mm 时，支架间距不超过 3 m。

- 对于垂直安装的风管，支架间距不应超过 4 m，且每根立管的固定件不应少于 2 个。
- 保温风管的支架间距，可按不保温风管的支架间距乘以 0.85 的系数。
- 风管转弯处两端设支架。
- 穿楼板和穿屋面时应加固定支架。
- 始端与通风机、空调器及其他振动设备连接时，风管及设备的接头处应设支架。
- 干管只有较长的支管时，则支管必须设置支、吊架，以免干管承受支架的重量而造成破坏现象。

② 吊架安装

当风管的安装位置距墙、柱较远，不能采用托架安装时，常用吊架安装。圆形风管的吊架由吊杆和抱箍组成，矩形风管吊架由吊杆和托梁组成。当吊杆（拉杆）较长时，中间加花篮螺丝，以便调整各杆件长度，便于套丝、紧固。

（2）风管的组对和安装

① 风管的组对

风管的组对长度应根根风管的壁厚、法兰与风管的连接方法、安装的结构部位、吊装方法以及现场的施工条件等因素，依照施工方案决定。为了安装方便，在条件允许的情况下，尽量在地面上连接，一般可接长至 10 ~ 12 m。

② 风管的安装

风管安装前，先对安装好的支、吊架进一步检查其位置是否正确，是否牢固可靠，然后根据施工方案确定的吊装方法，按照先干管后支管的程序进行安装。

③ 风管的无法兰连接

无法兰连接是当前发展起来的一种新工艺。它的结构形式有以下几种：

抱箍式连接：专用于圆形风管的连接。抱箍连接前，先将风管两端轧制出鼓筋，且使管端为大小头。对口时按气流方向把小口插入大口风管内，将两风管端部对接在一起，在外箍带内垫上密封材料（如油浸棉纱或废布条），上紧紧固螺栓即可。

插入连接：插入连接是将带 A 棱的连接短管嵌入两风管的结合部，当面端风管紧紧顶住短管凸棱后，在外部用抽芯铆钉或自攻螺丝固定。为保证风管的严密性，还可在凸棱两端风管插口处用密封胶带粘贴封闭。

插条式连接：本方法适用于矩形风管的连接。风管的连接端部轧制成平折咬口，将两端合拢，用插条插入。

单立咬口连接：本方法适用于圆形和矩形管的无法兰连接。

④ 柔性短管的安装

柔性短管应采用防腐、防潮、不透气、不易霉变的柔性材料制作，长度宜为 150 ~ 250 mm，安装柔性短管应松紧适度，平整，不扭曲。柔性短管不应制作成变径管。对洁净空调系统柔性短管的安装，要求严密不漏，防止积尘。

（3）塑料风管的安装

塑料风管安装与金属风管安装基本相同，但由于塑料风管的机械性能和使用条件与金属风管有所不同，在安装塑料风管时应注意以下几点：

① 塑料风管较轻，且易老化，支架间距一般为 2 ~ 3 m，并且以吊架为主。

② 在风管与支吊架之间的接触面处应垫入厚度 3 ~ 5 mm 的塑料垫片，并使其黏结在支架上。

③ 支架抱箍与风管之间应留有一定间隙，以便使风管伸缩。

④ 塑料风管与热力管或发热设备应有一定的距离，防止风管受热变形。

⑤ 塑料风管穿墙和穿楼板时，应装金属套管保护。

⑥ 塑料风管穿过屋面时，应由土建人员设置保护圈，防止雨水侵入，并防止风管受到冲击。

⑦ 塑料风管与法兰连接处应加焊三角撑。

⑧ 室外塑料风管的厚度宜适度增加，外表面刷铝粉或白油漆，以防止阳光辐射使塑料老化。

（4）铝板风管的安装

① 铝板风管法兰连接应采用镀锌螺栓，并在法兰两侧垫以镀锌垫圈，防止铝法兰被擦伤。

② 铝板风管的支架，抱箍应镀锌或按设计要求做防腐处理。

③ 铝板风管采用角钢型法兰，应翻边连接，并用铝铆钉固定。

（5）不锈钢风管的安装

不锈钢风管与普通碳素钢支架接触处，应按设计要求在支架上喷刷涂料，或在支架风管之间垫以非金属块，如塑料板、橡胶板等，或垫上零碎的不锈钢下脚料。

（6）洁净系统的安装

空气洁净系统在施工过程中除了要求洁净外，还必须保持严密。为了保证系统的严密性，主要应注意以下几点：

① 风管及配件法兰的制作，各项允许偏差必须符合规范要求，风管与法兰连接的翻边应均匀、平整，不得有孔洞和缺口。

② 风管的咬口缝、铆钉缝、翻边四角等容易漏风的位置，应清除表面杂质、油污，然后涂以密封胶密封。

③ 风管上的活动件、固定件及拉杆等应做防腐处理或镀锌。与阀体的连接处不得有缝隙。

④ 风管法兰螺孔距不应大于 120 mm，铆钉孔距不应大于 100 mm。

⑤ 法兰连接处、清扫口及检查视门所用的密封垫料应选用不漏气、不产尘、弹性好并且有一定强度的材料。

⑥ 在安装时要尽量保持风管的清洁，不要急于打开封口，待一切准备工作完成可以安装时才可将需要安装的一端封口打开，当施工停顿时必须将开口封住。安装高效过滤器处的风口，也应待安装高效过滤器时才启封。

⑦ 净化空调系统风管安装之后，在保温之前应进行漏风检查。

任务二　通风空调工程的施工图识读

（一）通风空调工程施工图常用图例

通风空调工程施工图上一般都编有图例，把该工程所涉及的通风空调部件、设备等用图形符号编表列出并加以注解，为识读施工图提供了方便。

1. 通风空调工程常用图例符号

通风空调工程常用图例符号见表 4.3 ~ 表 4.10。

表 4.3　风管图例

序号	名　称	图　例	附　注
1	风管	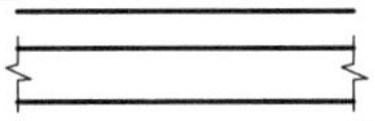	
2	送风管		上图为可见剖面 下图为不可见剖面
3	排风管		上图为可见剖面 下图为不可见剖面
4	砖砌管道、烟道	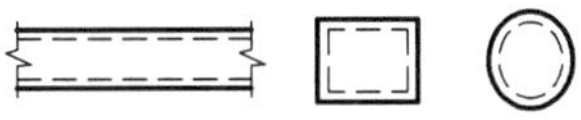	其余均为： 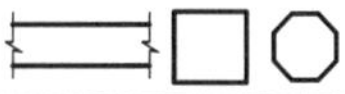

表 4.4　通风管件图例

序号	名　称	图　例	附　注
1	异径管	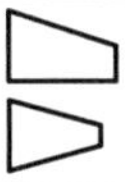	
2	异型管		
3	带导流片弯头		
4	消声器消声弯头	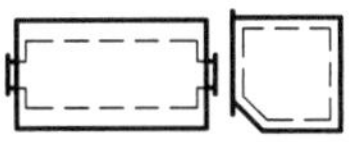	也可以表示为： 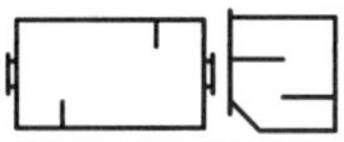
5	检查孔 测量孔	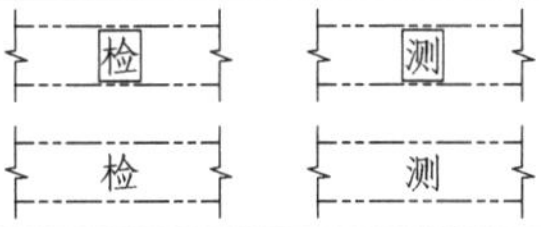	
6	软接头		也可表示为： 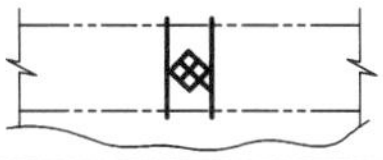
7	弯头	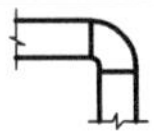	
8	圆形三通	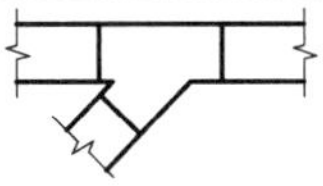	
9	矩形三通	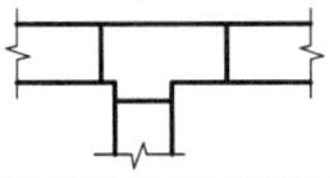	
10	伞形风帽		
11	筒形风帽	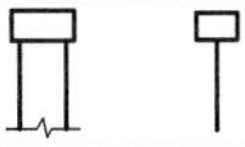	
12	锥形风帽	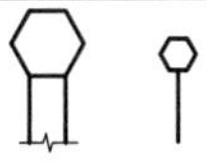	

表 4.5　风口图例

序号	名　称	图　例	附　注
1	风口（通用）	 或 	
2	气流方向		左为通用表示法，中表示送风，右表示回风
3	散流器	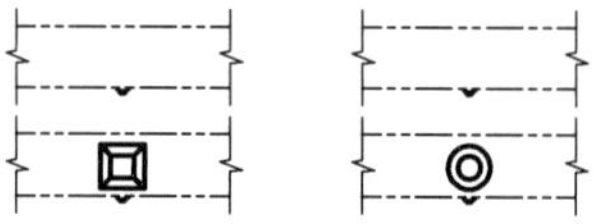	左为矩形散流器，右为圆形散流器。散流器为可见时，虚线改为实线
4	百叶窗		

表 4.6　通风空调阀门图例

序号	名　称	图　例	附　注
1	插板阀	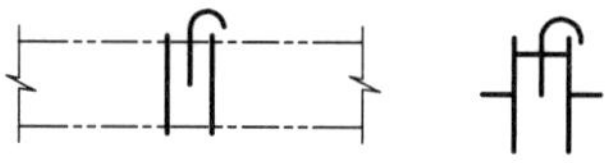	
2	蝶阀	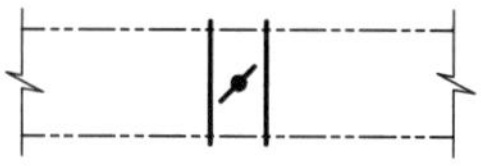	
3	对开式多叶调节阀	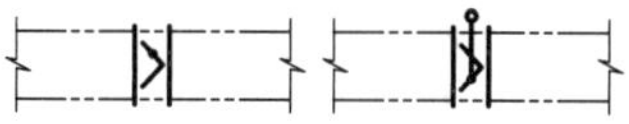	左为手动，右为电动
4	光圈式启动调节阀	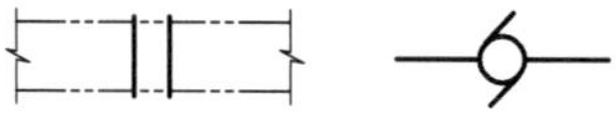	
5	风管止回阀	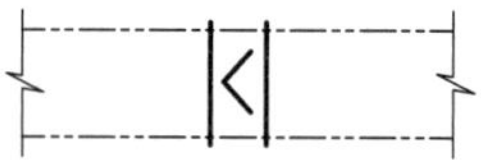	
6	防火阀	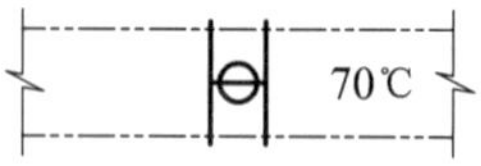	表示 70 °C 动作的常开阀，若因图面小，可表示为：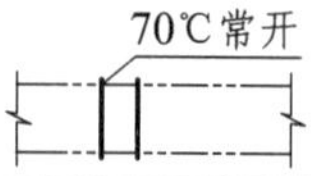
7	三通调节阀	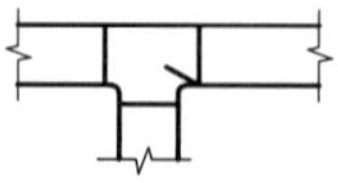	
8	排烟阀		左为 280 °C 动作的常闭阀，右为常开阀，若因图面小，表示方法同上

表 4.7　通风空调设备图例

序号	名称	图　例	附　注
1	通风空调设备	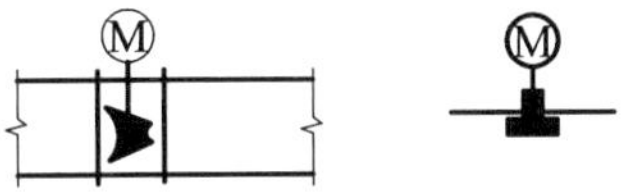	1. 本图例适用于一张图内只有序号 1 至 9、11、13、14 中的一种设备； 2. 左图适用于带转动部分的设备，右图适用于不带转动部分的设备
2	空气过滤器		左为粗效，中为中效，右为高效
3	加湿器	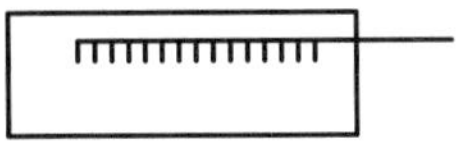	
4	电加热器	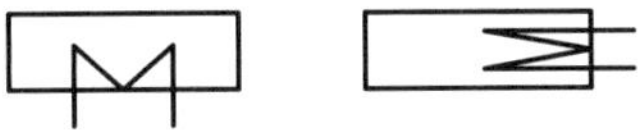	
5	消声器	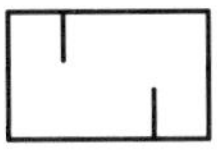	
6	空气加热、冷却器		左、中分别为单加热、单冷却，右为双功能换热设备
7	板式换热器		
8	风机盘管	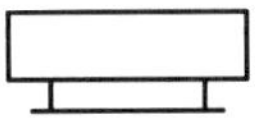	
9	窗式空调器	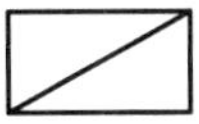	
10	分体空调器	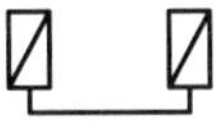	
11	水泵		左侧为进水，右侧为出水
12	减振器	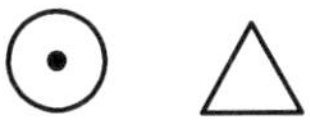	左为平面图画法，右为剖面图画法
13	离心式通风机		左为左式风机，右为右式风机
14	轴流式通风机	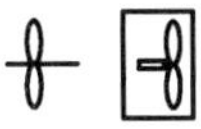	
15	喷嘴及喷雾排管		
16	挡水板	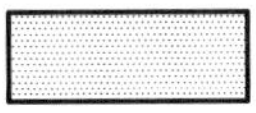	
17	喷雾室滤水器		

表 4.8 控制和调节执行图例

序号	名称	图例	附注
1	手动元件	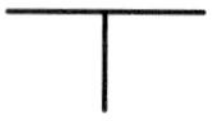	本图例是通风图例
2	自动元件		本图例是通风图例
3	弹簧执行机构		如弹簧式安全阀 
4	重力执行机构	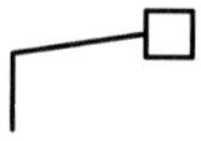	
5	浮力执行机构	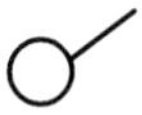	如浮球阀 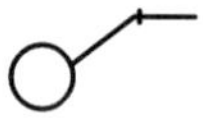
6	活塞执行机构		
7	膜片执行机构		
8	电动执行机构	 或 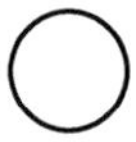	如电动调节阀 
9	电磁双位执行机构	 或 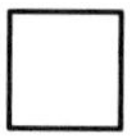	如电磁阀 
10	遥　控		

表 4.9 传感元件图例

序号	名称	图例	附注
1	温度传感器	---[T]--- 或 ---[温度]---	
2	压力传感器	---[P]--- 或 ---[压力]---	
3	压差传感器	---[Δp]--- 或 ---[压差]---	
4	湿度传感器	---[H]--- 或 ---[湿度]---	
5	液位传感器	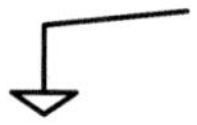	

表 4.10 仪表图例

序号	名 称	图 例	附 注
1	水流开关	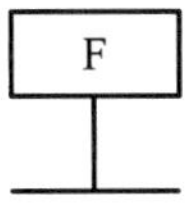	
2	记录仪	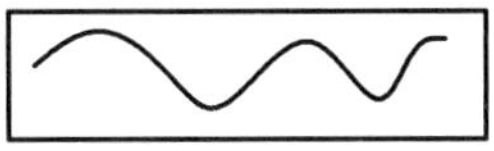	
3	温度计	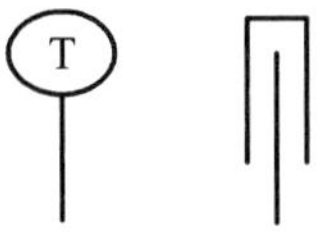	左为圆盘式温度计，右为管式温度计
4	压力表	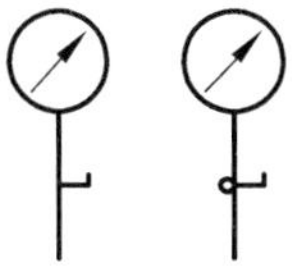	
5	流量计	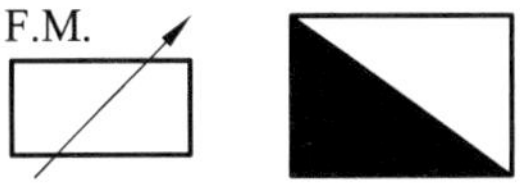	

2. 通风空调工程中常用管道代号

通风空调工程中常用管道代号，见表 4.11、4.12。

表 4.11 风管代号

代号	风管名称	代号	风管名称
K	空调风管	H	回风管（一二次回风可附加 1、2 区别）
S	送风管	P	排风管
X	新风管	PY	排烟管或排风、排烟共用管

表 4.12 水、汽管道代号

序号	代号	管道名称	序号	代号	管道名称	序号	代号	管道名称
1	R	热水管	8	C	补给水管	15	n	空调冷凝水管
2	Z	蒸汽管	9	X	泄水管	16	RH	软化水管
3	N	凝结水管	10	XH	循环管、信号管	17	CY	除氧水管
4	Pz	膨胀水管	11	Y	溢排管	18	YS	盐液管
5	Pw	排污管	12	L	空调冷水管	19	FQ	氟气管
6	Pq	排气管	13	LR	空调冷/热水管	20	FY	氟液管
7	Pt	旁通管	14	LQ	空调冷却水管			

（二）通风空调工程施工图组成

通风空调工程施工图由基本图、详图、设计说明及主要设备材料表组成。基本图包括平面图、剖面图及系统轴测图；详图包括部件加工及安装图。

1. 设计说明

设计说明中应包括如下内容：

（1）工程的性质、规律、服务对象及系统工作原理。

（2）通风空调系统的工作方式，系统划分和组成以及系统总送风。

（3）通风空调系统的设计参数，如室内外气象参数、室内含尘浓度。

（4）施工质量要求和特殊的施工方法。

（5）保温、刷油等的施工要求。

2. 系统平面图

在通风空调系统中，平面图上标明了风管、部件及设备在建筑物内的平面位置，其中包括：

（1）风管，送、回（排）风口，风量调节阀，测定孔等部件和设备的平面位置，与建筑物墙面的距离及各部位尺寸。

（2）送、回（排）风口的空气流动方向。

（3）通风空调设备的外形轮廓、规格型号及平面位置。

3. 系统剖面图

剖面图上标明了风管、部件及设备的立面位置与标高尺寸。

4. 系统轴测图

通风空调系统轴测图又称透视图。采用轴测投影原理绘制的系统轴测图可以完整形象地把风管、部件及设备之间的相对位置及空间关系反映出来。系统轴测图上还注明了风管、部件及设备的标高，各段风管的规格尺寸，送、排风口的形式和风量值。系统轴测图一般用单线表示。

5. 详　图

通风空调详图表明了风管、部件及设备制作和安装的具体形式、方法和详细构造及加工尺寸。对于一般性的通风空调工程，通常都采用国家标准图集，只是对一些有特殊要求的工程，则由设计部门根据工程的特殊情况设计施工详图。

6. 主要设备材料表

通风空调工程施工图中的主要设备材料表是将工程中所选用的设备和材料的规格、型号、数量列出，作为建设单位采购、订货的依据。

主要设备材料表中所列的设备和材料的规格、型号往往满足不了编制工程量清单和预算计价的要求，如设备的规格、型号、重量等，需要查找有关产品样本或向订货单位了解情况。通风空调工程管道的工程量必须按照图纸尺寸详细计算，材料表中的数量只能作为参考。

（三）通风空调工程施工图识读

1. 识图方法

先识读平面图，再对照系统流程图识读，最后识读详图和标准图。

（1）室内平面图识读。

读图时先识读底层平面图，然后识读各层平面图。识读底层平面图时，先识读机房设备和各种空调设备等，再识读水管路系统进水管和出水管、凝结水管，连接冷却塔的冷却水进水管和出水管，最后识读通风系统的送风管、排风排烟管。

（2）空调系统图识读。

读图时先将空调系统流程图与平面图对照，找出系统图中与平面图中相同编号的引管和立管，然后按引入管及立、干、支管顺序识读。

（3）通风系统图识读。

读图时先将通风系统流程图与平面图对照，找出系统流程图中与平面图中相同编号的排风排烟管、进风管，然后按支、干、立管及排出管顺序识读。

2. 识图步骤

（1）阅读图纸目录。

根据图纸目录了解该工程图纸的概况，包括图纸张数、图幅大小及名称、编号等信息。

（2）阅读施工说明。

根据施工说明了解该工程概况，包括通风空调系统的形式、划分及主要设备布置等信息。在此基础上，确定哪些图纸代表着该工程的特点，哪些是这些图纸中的典型或重要部分，图纸的阅读就从这些重要图纸开始。

（3）阅读有代表性的图纸。

在第二步中确定了代表该工程特点的图纸，现在就根据图纸目录，确定这些图纸的编号，并找出这些图纸进行阅读。

（4）阅读辅助性图纸。

对于平面图上没有表达清楚的地方就要根据平面图上的提示（如剖面位置）和图纸目录找出该平面图的辅助图纸进行阅读，包括平面图、侧立面图、剖面图等。对于整个系统可参考系统轴测图。

（5）阅读其他内容。

根据平面图上的提示（如剖面位置）和图纸，再进一步阅读施工说明与设备及主要材料表，了解通风空调系统的详细安装情况，同时参考加工、安装详图，从而完全掌握图纸的全部内容。

（四）通风空调工程施工图识读举例

【例 4.1】 某室内通风空调安装工程部分平面图如图 4.6 所示。空调送风机组安装在吊顶内，送风量 8 000 m^3/h，制冷量 20 kW，质量 1 t，风管采用镀锌钢板制作，软接头为帆布软接，保温材料为 PEF 橡塑保温，保温厚度 32 mm，风口采用碳钢风口，风口安装标高 2.6 m。试阅读该图，并简要叙述该图纸表示的内容。

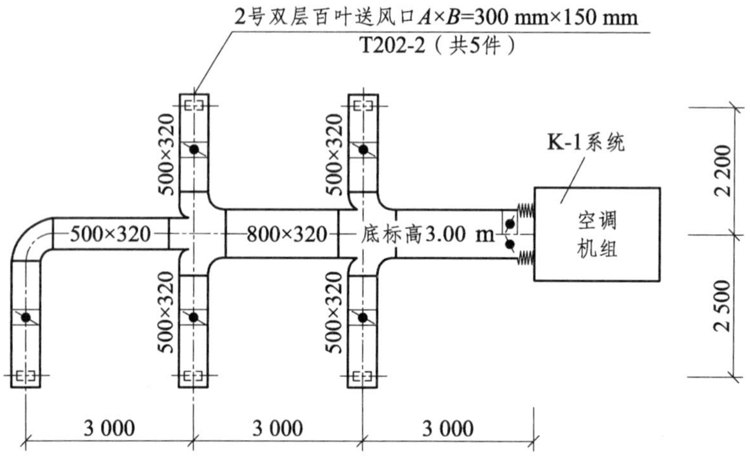

图 4.6　某室内通风空调工程平面图

解：

这是一张空调系统的送风平面图，系统编号 K-1。

（1）首先找到空调机组位置，然后顺着风的流向，找到风管软接头，对开式风量调节阀，主风管，并从图上标注获知，风管为矩形风管，规格为 800 × 320，即宽 800 mm，高 320 mm。

（2）顺着风管找到各个支风管，每个支风管的规格均为 500 × 320，且均安装一个风量调节阀，并安装一个 300 × 150 的铝合金双层百叶送风口。

（3）由于风管底标高为 3 m，风口安装高度为 2.6 m，高度差为 0.4 m。风管与风口之间的连接风管，由于图上未做说明，一般采用与风口相同规格的风管连接，并加装 150 ~ 250 mm 长的软接头。

任务三　通风空调工程清单项目设置及工程量计算

由于中央空调系统不仅包括通风空调内容，还包括制冷机房、冷冻水及冷却水系统、防腐绝热、自动控制等内容，因此，中央空调工程工程量计算时，需要用到《通用安装工程工程量计算规范》（GB 50856—2013）中通风空调、机械设备、给排水、工业管道、防腐绝热等几个部分的清单项目设置及工程量计算规则。本部分仅对通风空调及防腐保温内容进行介绍，冷冻水和冷却水部分请参照本书中“给排水工程量清单及清单计价”内容。

（一）通风与空调设备及部件制作安装

通风与空调设备及部件制作安装，工程量清单项目设置、项目特征描述的内容、计量单位及工程量计算，应按《通用安装工程工程量计算规范》（GB 50856—2013）中表 G.1 规定执行，常用项目见表 4.13。

表 4.13　通风与空调设备及部件制作安装（编码：030701）

项目编码	项目名称	项目特征	计量单位	工程量计算规则	工作内容
030701003	空调器	1. 名称 2. 型号 3. 规格 4. 安装形式 5. 质量 6. 隔振垫（器）、支架形式、材质	台（组）	按设计图示数量计算	1. 本体安装或组装、调试 2. 设备支架制作、安装 3. 补刷（喷）油漆
030701004	风机盘管	1. 名称 2. 型号 3. 规格 4. 安装形式 5. 减振器、支架形式、材质 6. 试压要求		按设计图示数量计算	1. 本体安装、调试 2. 支架制作、安装 3. 试压 4. 补刷（喷）油漆

通风空调设备安装的地脚螺栓按设备自带考虑。

（二）通风管道制作安装

1. 通风管道制作安装清单项目列项

通风管道制作安装，工程量清单项目设置、项目特征描述的内容、计量单位及工程量计算，应按《通用安装工程工程量计算规范》（GB 50856—2013）中表 G.2 规定执行，常用项目见表 4.14。

表 4.14　通风管道制作安装（编码：030702）

项目编码	项目名称	项目特征	计量单位	工程量计算规则	工作内容
030702001	碳钢通风管道制作安装	1. 名称 2. 材质 3. 形状 4. 规格 5. 板材厚度 6. 管件、法兰等附件及支架设计要求 7. 接口形式	m^2	按设计图示内径尺寸以展开面积计算	1. 风管、管件、法兰、零件、支吊架制作与安装 2. 过跨风管落地支架制作、安装
030702002	净化通风管制作安装				
03702003	不锈钢板风管制作安装	1. 名称 2. 形状 3. 规格 4. 板材厚度 5. 管件、法兰等附件及支架设计要求 6. 接口形式		按设计图示内径尺寸以展开面积计算	1. 风管、管件、法兰、零件、支吊架制作与安装 2. 过跨风管落地支架制作、安装
030702004	铝板通风管道制作安装				
030702005	塑料通风管道制作安装				
030902006	玻璃钢通风管道	1. 名称 2. 形状 3. 规格 4. 板材厚度 5. 支架形式、材质 6. 接口形式		按设计图示外径尺寸以展开面积计算	1. 风管、管件安装 2. 支吊架制作、安装 3. 过跨风管落地支架制作、安装
030702007	复合型风管制作安装	1. 名称 2. 材质 3. 形状 4. 规格 5. 板材厚度 6. 接口形式 7. 支架形式、材质			1. 风管、管件安装 2. 支吊架制作、安装 3. 过跨风管落地支架制作、安装

2. 通风管道制作安装清单项目特征描述及工程量计算说明

（1）风管展开面积，不扣除检查孔、测定孔、送风口、吸风口等所占面积；风管长度一律以设计图示中心线长度为准（主管与支管以其中心线交点划分），包括弯头、三通、变径管、天圆地方等管件的长度，但不包括部件所占的长度。风管展开面积不包括风管、管口重叠部分面积。风管渐缩管：圆形风管按平均直径；矩形风管按平均周长。

（2）穿墙套管按展开面积计算，计入通风管道工程量中。

（3）通风管道的法兰垫料或封口材料，按图纸要求应在项目特征中描述。

（4）净化通风管道的空气洁净度按 100000 级标准编制，净化通风管使用的型钢材料如要求镀锌时，工作内容应注明支架镀锌。

（5）弯头导游叶片数量，按设计图纸或规范要求计算。

（6）风管检查孔、温度测定孔、风量测定孔数量，按设计图纸或规范要求计算。

3. 通风管道制作安装清单工程量计算

（1）通风管道计算，一般先以管道小系统计算，接着各系统相同规格的相加，获得整个建筑通风管道的工程量。

（2）对于一个小的通风系统，根据气流的方向进行计算。如，送风系统安装工程量的计算，从设备（或分界点、起始点）开始，根据气流方向经主风管再到各支管最后到送风口，均以管中心长度进行计算。

（3）在计算风管长度时，应将各种管材的风管按风管材质、规格分开计算，以方便进行管道保温绝热等项目的工程量计算。

（4）在计算风管长度时，一般分为两个方向进行计算：水平方向风管的长度，以风管平面图的建筑物轴线尺寸和风管及设备位置尺寸为参考计算，或者用比例尺在平面图上量取；竖向（即立管）长度可以在系统图上用标高差计算，但不能在系统图上用比例尺量取。

（5）在计算各种规格风管的长度时，按照气流的方向，一般情况下，标注管道管径位置的前一个管道三通处为管道的变径点，即前一个规格管道长度计算的结束点，该规格管道长度计算的起始点。如图 4.6 中，风管从 800×320 变径至 500×320 的变径位置，是主风管至第二个送风支管的三通处。

（三）通风管道工程量计算举例

风管工程量计算时，需要使用表 4.14 中工程量计算规则，计算风管的展开面积。

1. 矩形风管的展开面积计算

公式如下：

$$S_1 = 2\times(A+B)\times L$$

式中　S_1——矩形风管的展开面积；

A——矩形风管的宽；

B——矩形风管的高；

L——矩形风管的长。

2. 圆形风管的展开面积计算

公式如下：

$$S_2 = \pi\times D\times L$$

式中 S_2——圆形风管的展开面积；

D——圆形风管的直径；

L——圆形风管的长。

【例 4.2】 以【例 4.1】中的通风空调系统工程为例，图 4.6 中，对开式多叶调节阀长为 210 mm，帆布软接头长 200 mm，每个风口连接处均安装软接头。请计算图中各规格风管的清单工程量。

解：

本例图中有 3 种规格的矩形风管，分别是主风管 800 × 320、支分管 500 × 320 和接风口的风管 300 × 150。下面按照规格进行工程量的计算。

（1）风管 800 × 320 工程量

风管 800 × 320 的长度：3 + 3 − 0.2（软接头长度）− 0.21（对开式多叶调节阀长度）= 5.59 m

风管 800 × 320 的截面周长：（0.8 宽 + 0.32 高）× 2 = 2.24 m

风管 800 × 320 的面积：5.59 × 2.24 = 12.52 m^2

（2）风管 500 × 320 工程量

风管 500 × 320 的长度：3 +（2.2 − 0.21 对开式多叶调节阀长度）× 2 +（2.5 − 0.21 对开式多叶调节阀长度）× 3 = 13.85 m

风管 500 × 320 的截面周长：（0.5 宽 + 0.32 高）× 2 = 1.64 m

风管 500 × 320 的面积：13.85 × 1.64 = 22.714 m^2

（3）风管 300 × 150 工程量

风管 300 × 150 的长度：（3 风管底标高 + 0.15/2 管底至管中心距离 − 2.6 风口标高 − 0.2 软接头长度）× 5 = 1.375 m

风管 300 × 150 的截面周长：（0.3 宽 + 0.15 高）× 2 = 0.9 m

风管 300 × 150 的面积：1.375 × 0.9 = 1.24 m^2

（4）其他说明：

①按照计算规则，风管弯头长度应按弧长计算。考虑实际工程中，图纸标注和手算的困难性，本教材风管弯头及三通长度采用标注的中心线长度计算；管件如果需要精算，请查阅其他教材学习。

②风管项目列项时，应查阅各省的清单计价定额，将价格及特征一样的项目进行合并。如按风管周长或者最长边进行列项。

（四）通风管道部件制作安装

1. 通风管道部件制作安装清单项目列项

通风管道部件制作安装，工程量清单项目设置、项目特征描述的内容、计量单位及工程量计算规则，应按《通用安装工程工程量计算规范》（GB 50856—2013）中表 G.3 规定执行，常用项目见表 4.15。

表 4.15 通风管道部件制作安装（编码：030703）

项目编码	项目名称	项目特征	计量单位	工程量计算规则	工作内容
030703001	碳钢阀门	1. 名称 2. 型号 3. 规格 4. 质量 5. 类型 6. 支架形式、材质	个	按设计图示数量计算	1. 阀体制作 2. 阀体安装 3. 支架制作、安装
030703004	不锈钢蝶阀	1. 名称 2. 规格 3. 质量 4. 类型		按设计图示数量计算	阀体安装
030703005	塑料阀门	1. 名称 2. 型号 3. 规格 4. 类型			
030703006	玻璃钢蝶阀	1. 名称 2. 型号 3. 规格 4. 类型			
030703007	碳钢风口、散流器、百叶窗	1. 名称 2. 型号 3. 规格 4. 质量 5. 类型 6. 形式		按设计图示数量计算	1. 风口制作、安装 2. 散流器制作、安装 3. 百叶窗安装
030703008	不锈钢风口、散流器、百叶窗	1. 名称 2. 型号 3. 规格 4. 质量 5. 类型 6. 形式	个		
030703009	塑料风口、散流器、百叶窗				
030703010	玻璃钢风口	1. 名称 2. 型号 3. 规格 4. 类型 5. 形式	个	按设计图示数量计算	风口安装
030703011	铝及铝合金风口、散流器				1. 风口制作、安装 2. 散流器制作、安装
030703019	柔性接口	1. 名称 2. 规格 3. 材质 4. 类型 5. 形式	m^2	按设计图示尺寸以展开面积计算	1. 柔性接口制作 2. 柔性接口安装
030703020	消声器	1. 名称 2. 规格 3. 材质 4. 形式 5. 质量 6. 支架形式、材质		按设计图示数量计算	1. 消声器制作 2. 消声器安装 3. 支架制作安装
030703021	静压箱	1. 材质 2. 规格 3. 形式 4. 除锈标准、刷油防腐设计要求	1. m^2 2. 个	按设计图示数量计算	1. 静压箱制作、安装 2. 支架制作、安装

2. 通风管道部件制作安装清单项目特征描述及工程量计算说明

（1）碳钢阀门包括：空气加热器上通阀、空气加热器旁通阀、圆形瓣式启动阀、风管蝶阀、风管止回阀、密闭式斜插板阀、矩形风管三通调节阀、对开多叶调节阀、风管防火阀、各型风罩调节阀等。

（2）塑料阀门包括：塑料蝶阀、塑料插板阀、风罩塑料调节阀。

（3）碳钢风口、散流器、百叶窗包括：百叶风口、矩形送风口、矩形空气分布器、风管插板风口、旋转吹风口、圆形散流器、方形散流器、流线型散流器、送吸风口、活动箅式风口、网式风口、钢百叶窗等。

（4）柔性接口包括：金属、非金属软接口及伸缩节。

（5）消声器包括：片式消声器、矿棉管式消声器、聚脂泡沫管式消声器、卡普隆纤维管式消声器、弧形声流式消声器、阻抗复合式消声器、微穿孔板消声器、消声弯头。

（6）通风部件如图纸要求制作安装或用成品部件只安装不制作，这类特征在项目特征中应明确描述。

（7）静压箱的面积计算：按设计图示尺寸以展开面积计算，不扣除开口的面积。

（五）通风工程检测、调试

通风工程检测、调试，工程量清单项目设置、项目特征描述的内容、计量单位及工程量计算规则，应按《通用安装工程工程量计算规范》（GB 50856—2013）中表 G.4 规定执行，常用项目见表 4.16。

表 4.16　通风工程检测、调试（编码：030704）

项目编码	项目名称	项目特征	计量单位	工程量计算规则	工作内容
030704001	通风工程检测、调试	风管工程量	系统	按通风系统计算	1. 通风管道风量测定 2. 风压测定 3. 温度测定 4. 各系统风口、阀门调整
030704002	风管漏光试验、漏风试验	漏光试验、漏风试验、设计要求	m^2	按设计图纸或规范要求以展开面积计算	通风管道漏光试验、漏风试验

（六）刷油、防腐和绝热保温

1. 刷油、防腐和绝热保温清单项目列项

在给排水、采暖及空调水工程中，管道有时需要刷油、防腐、绝热的部分，其工程量清单项目设置、项目特征描述的内容、计量单位及工程量计算，应按《通用安装工程工程量计算规范》（GB 50856—2013）中附录 M 中规定执行。常用项目见表 4.17。

表 4.17　刷油、防腐和绝热（编码：0312）

项目编码	项目名称	项目特征	计量单位	工程量计算规则	工作内容
031201001	管道刷油	1. 除锈级别 2. 油漆品种 3. 涂刷遍数、漆膜厚度 4. 标志色方式、品种	m^2|m	1. 以平方米计算，按设计图示尺寸以表面积计算 2. 以米计量，按设计图示尺寸以长度计算	1. 除锈 2. 调配、涂刷
031201003	金属结构刷油	1. 除锈级别 2. 油漆品种 3. 结构类型 4. 涂刷遍数、漆膜厚度	m^2|kg	1. 以平方米计算，按设计图示尺寸以表面积计算 2. 以千克计量，按金属结构的理论质量计算	
031202002	管道防腐蚀	1. 除锈级别 2. 涂刷（喷）品种 3. 分层内容 4. 涂刷（喷）遍数、漆膜厚度	m^2|m	1. 以平方米计算，按设计图示尺寸以表面积计算 2. 以米计量，按设计图示尺寸以长度计算	1. 除锈 2. 调配、涂刷（喷）
031202003	一般钢结构防腐蚀	1. 除锈级别 2. 涂刷（喷）品种 3. 分层内容 4. 涂刷（喷）遍数、漆膜厚度	kg	按一般钢结构的理论质量计算	
031202008	埋地管道防腐蚀	1. 除锈级别 2. 刷缠品种 3. 分层内容 4. 刷缠遍数	m^2|m	1. 以平方米计算，按设计图示尺寸以表面积计算 2. 以米计量，按设计图示尺寸以长度计算	1. 除锈 2. 刷油 3. 防腐蚀 4. 缠保护层
031208002	管道绝热	1. 绝热材料品种 2. 绝热厚度 3. 管道外径 4. 软木品种	m^3	按图示表面积加绝热层厚度及调整系数计算	1. 安装 2. 软木制品安装
031208003	通风管道绝热	1. 绝热材料品种 2. 绝热厚度 3. 软木品种	m^3|m^2	1. 以立方米计算，按图示表面积加绝热层厚度及调整系数计算 2. 以平方米计算，按图示表面积及调整系数计算	

2. 刷油、防腐和绝热保温清单项目特征描述及工程量计算说明

（1）管道刷油以米计算，按图示中心线以延长米计算，不扣除附属构筑物、管件及阀门等所占长度。

（2）管道防腐，分层内容应注明每一层的内容，如底漆、中间漆、面漆及玻璃丝布等内容。

（3）设备筒体、管道绝热工程量 $V=\pi\cdot(D+1.033\delta)\cdot 1.033L$，1.033——调整系数，$\delta$——绝热层厚度，$L$——设备筒体高或管道延长米。

3. 风管保温绝热的工程量计算

当矩形风管保温时，其计算公式为：

$$V=[2(A+B)\times 1.033\delta+4(1.033\delta)^2]\times L \quad (\text{m}^3)$$

式中 A——风管长边尺寸（m）；

B——风管短边尺寸（m）；

1.033——调整系数；

δ——绝热层厚度（mm）；

L——设备筒体高或管道延长米（m）。

（七）通风空调工程量清单列项练习

【练习 4.1】 根据任务三中的清单项目及特征等，试列出图 4.6 中通风空调工程的清单项目，并计算整理工程量，填入表 4.18 中。

表 4.18 分部分项工程和单价措施项目清单与计价表

工程名称： 标段： 第 页共 页

<table>
<tr><th rowspan="3">序号</th><th rowspan="3">项目编号</th><th rowspan="3">项目名称</th><th rowspan="3">项目特征描述</th><th rowspan="3">计量单位</th><th rowspan="3">工程量</th><th colspan="4">金额/元</th></tr>
<tr><th rowspan="2">综合单价</th><th rowspan="2">合 价</th><th colspan="2">其中：</th></tr>
<tr><th>暂估价</th><th>定额人工费</th></tr>
<tr><td>1</td><td></td><td></td><td></td><td></td><td></td><td></td><td></td><td></td><td></td></tr>
<tr><td>2</td><td></td><td></td><td></td><td></td><td></td><td></td><td></td><td></td><td></td></tr>
<tr><td>3</td><td></td><td></td><td></td><td></td><td></td><td></td><td></td><td></td><td></td></tr>
<tr><td>4</td><td></td><td></td><td></td><td></td><td></td><td></td><td></td><td></td><td></td></tr>
<tr><td>5</td><td></td><td></td><td></td><td></td><td></td><td></td><td></td><td></td><td></td></tr>
<tr><td>6</td><td></td><td></td><td></td><td></td><td></td><td></td><td></td><td></td><td></td></tr>
<tr><td>7</td><td></td><td></td><td></td><td></td><td></td><td></td><td></td><td></td><td></td></tr>
<tr><td>8</td><td></td><td></td><td></td><td></td><td></td><td></td><td></td><td></td><td></td></tr>
<tr><td colspan="7">本页小计</td><td></td><td></td><td></td></tr>
<tr><td colspan="7">合 计</td><td></td><td></td><td></td></tr>
</table>

任务四 通风空调工程综合单价计算及招标控制价编制

（一）通风空调工程常用项目综合单价计算

在本书的前面内容中，已经对给排水中常用项目的综合单价进行了计算，本节将应用前面学习过的知识计算通风空调工程中较为常用的项目的综合单价。

【例 4.3】 以图 4.6 的通风空调工程为例，该工程位于成都市郫都区，计算 500 × 320 镀锌钢板风管（连体法兰）的综合单价。其中，δ = 0.75 mm 镀锌钢板 40 元/m^2，定额采用 2020 年《四川省建设工程工程量清单计价定额》，考虑人工费调整。

解：

（1）查询及选择组价定额。

镀锌钢板风管，属于碳钢通风管道制作安装范畴，根据前面的【练习 4.1】可知，项目编码为 030702001001。根据该项目的项目名称及特征，确定该项目需要使用的定额项目为“CG0110 镀锌钢板矩形风管 法兰式咬口 $B \leqslant 1\ 000$ $\delta \leqslant 1.2$”。该定额内容见表 4.19。

表 4.19 定额项目 CG0110 数据

定额编号	项目名称	单位	综合单价/元	其中					未计价材料		
				人工费	材料费	机械费	管理费	利润	名称	单位	数量
CG0110	镀锌钢板矩形风管法兰式咬口 $B \leqslant 1\ 000$ $\delta \leqslant 1.2$	10 m^2	924.65	481.89	300.45	11.55	39.97	90.79	镀锌钢板 δ0.75 mm	m^2	11.380

注意：在计算清单项目综合单价时，需要分析工程量清单项目的工程特征及工作内容，确定需要的组价定额项目。此时需要注意将本项目包含的工作内容所需要的项目都包括在内，有些项目会包含两项或两项以上定额项目。当然，企业也可以根据本企业的企业定额编制综合单价，或在《计价定额》的基础上进行适当的调整。

（2）应用综合单价分析表计算该项目的综合单价，见表 4.20。

填表时要注意：

①“清单综合单价组成明细”中的“数量”应为：清单计量单位（m^2）÷ 定额单位（10 m^2）= 0.1。

②“清单综合单价组成明细”中，考虑人工费调整。查 2022 年 4 月，成都市郫都区安装工程的人工费调整系数为 13.38%，因此，人工费 = 定额人工费 ×（1 + 13.38%）。

③“清单组合单价组成明细”中的“合价”为：合价 = 数量 × 各项目的单价。

④“材料费明细”中的“主要材料名称、规格、型号”为“计价定额”中的“未计价材料”（镀锌钢板δ= 0.75 mm），“主要材料名称、规格、型号”中的数量 = “计价定额”中“未计价材料”的“数量” × “清单综合单价组成明细”中的“数量”，如镀锌钢板δ= 0.75 mm

的数量 = “计价定额”中“未计价材料”的“数量”（11.380）× “清单综合单价组成明细”中的“数量”（0.1）。

⑤ 未计价材料费 = “材料费明细”中项目“镀锌钢板δ= 0.75 mm”的合价 45.52。

⑥ 清单项目综合单价 = 人工费 + 材料费 + 机械费 + 管理费 + 利润 + 未计价材料费 = 54.637 + 30.045 + 1.155 + 3.997 + 9.079 + 45.52 = 144.433 元/m^2，小数点后取两位，因此综合项目综合单价为 144.43 元/m^2。

表 4.20　项目 030702001001 的综合单价分析表

工程名称：某通风空调工程　　　　标段：　　　　第 1 页共 1 页

项目编码		030702001001		项目名称		500×320 镀锌钢板风管			计量单位	m^2		工程量	22.71
清单综合单价组成明细													
定额编号	定额名称	定额单位	数量	单价					合价				
				人工费	材料费	机械费	管理费	利润	人工费	材料费	机械费	管理费	利润
CG 0110	镀锌钢板矩形风管 法兰式咬口 $B\leqslant 1\ 000$ $\delta\leqslant 1.2$	10 m^2	0.1	481.89×113.38% = 546.37	300.45	11.55	39.97	90.79	54.637	30.045	1.155	3.997	9.079
人工单价		小　计							54.637	30.045	1.155	3.997	9.079
元/工日		未计价材料费							45.52				
清单项目综合单价									144.43				
材料费明细	主要材料名称、规格、型号			单位	数量				单价/元	合价/元	暂估单价/元	暂估合价/元	
	镀锌钢板δ= 0.75 mm			m^2	11.38×0.1 = 1.138				40	45.52			
	其他材料费								—	30.045	—		
	材料费小计								—	75.565	—		

注：1. 如不使用省级或行业建设主管部门发布的计价依据，可不填定额项目、编号等。

2. 招标文件提供了暂估单价的材料，按暂估的单价填入表内“暂估单价”栏及“暂估合价”栏。

注意：综合单价在使用定额组价时，分部分项工程量清单综合单价计算表内的“工程数量”和“单位”按“计价定额”规定。这里的“工程数量”是指施工时采取措施后的预算量，也就是按预算定额计算规则得到的预算工程量，预算量不一定是工程量清单给出的“实物工程量”，“单位”也不一定与工程量清单“计量单位”相同。

【练习 4.2】 以图 4.6 中的通风空调工程为算例，计算 300 × 150 碳钢双层百叶送风口的综合单价，综合单价应包括风口的制作和安装。填写入表 4.21。其中，碳钢双层百叶送风口 80 元/个，人工费按当地人工费调整系数调整。

表 4.21 “300×150 双层百叶送风口”综合单价分析表

工程名称：某通风空调工程　　　　标段：　　　　第 1 页共 1 页

项目编码			项目名称				计量单位			工程量			
清单综合单价组成明细													
定额编号	定额名称	定额单位	数量	单价					合价				
				人工费	材料费	机械费	管理费	利润	人工费	材料费	机械费	管理费	利润
人工单价		小计											
元/工日		未计价材料费											
清单项目综合单价													
材料费明细	主要材料名称、规格、型号				单位	数量			单价/元	合价/元	暂估单价/元	暂估合价/元	
	其他材料费								—		—		
	材料费小计								—		—		

注：1. 如不使用省级或行业建设主管部门发布的计价依据，可不填定额项目、编号等。
2. 招标文件提供了暂估单价的材料，按暂估的单价填入表内“暂估单价”栏及“暂估合价”栏。

说明：在计算综合单价时，除了组价定额外，根据项目特征和内容，有可能还会需要附加费用，如高层建筑增加费、超高施工增加费、安装与生产同时增加的费用等；除此之外，还有《计价定额》说明中需要调整的定额系数，如渐缩风管安装、带阀风口安装的定额调整系数等；实际项目中如涉及上述内容，可根据《计价定额》内容进行计算，本节例题和练习未考虑此部分内容。

（二）通风空调工程分部分项工程费用计算

【例 4.4】 试采用【例 4.3】中“500×320 镀锌钢板风管”的综合单价，计算图 4.6 中的“500×320 镀锌钢板风管”项目的分部分项工程费，并填入表 4.22。

解：

（1）根据计算公式计算对应项目的分部分项工程费。

依据公式

分部分项项目合价＝分部分项项目的工程量×分部分项工程项目的综合单价

项目 030702001001 的分部分项工程费计算过程见表 4.22。

（2）根据计算公式计算对应项目的定额人工费。

依据公式

定额人工费 = 分部分项项目的工程量 × 分部分项工程项目综合单价中的定额人工费

计算项目 030702001001 的定额人工费过程见表 4.22。

（3）分部分项项目汇总。

通过项目求和，将分部分项的合计部分内容填写完整。

表 4.22　分部分项工程项目清单与计价表

工程名称：　　　　　　　　　　标段：　　　　　　　　　　第　页共　页

序号	项目编码	项目名称	项目特征描述	计量单位	工程量	金额/元				
						综合单价	合　价	其中：		
								定额人工费	定额机械费	暂估价
1	030702001001	500×320 镀锌钢板风管	1. 材质：镀锌钢板 2. 形状：矩形 3. 周长或直径：500×320 4. 板材厚度：0.75 mm 5. 接口形式：法兰 6. 风管附件、支架设计要求：符合规范 7. 除锈、刷油、防腐、绝热及保护层设计要求：符合规范	m^2	22.71	144.43	22.71×144.43=3 280.01	48.19×22.71=1 094.37	1.155×22.71=26.23	
2										
合　计										

【练习 4.3】　试采用【练习 4.2】中 300×150 双层百叶送风口的综合单价，计算图 4.6 中的 300×150 双层百叶送风口项目的分部分项工程费，并填入表 4.22。

（三）通风空调工程措施费用计算

本节以【例 4.5】为例说明措施项目费中系统调整费的计算过程。

总价措施费用计算方法同【例 3.7】，请参照给排水工程中【例 3.7】完成练习。

【例 4.5】　成都市区某超市通风空调工程，其分部分项工程费为 8 万元，其中定额人工费为 2 万元。

问题：试根据《建设工程工程量清单计价规范》（GB 50500—2013）、《通用安装工程工程量计算规范》（GB 50856—2013）和《四川省建设工程工程量清单计价定额　通用安装工程》（2020 版）的相关规定，计算该项目的系统调整费。

解：

（1）确定系统调整费计取方法。

查阅《四川省建设工程工程量清单计价定额　通用安装工程》（2020 版）中《G 通风空调工程》的分册说明，可知：系统调整费按定额人工费的 7%计取，其费用中人工、机械各占 35%。

（2）按照分册说明内容进行计算。

系统调整费：通风空调工程的定额人工费 × 7% = 20 000 × 7% = 1 400 元

其中：人工费：1 400 × 35% = 490 元

机械费：1 400 × 35% = 490 元

【练习 4.4】 成都市区某办公楼，需安装通风空调工程，现已知：该通风空调工程的分部分项工程费为 20 万元，单价措施费为 1 万元，其中：定额人工费为 2.5 万元，定额机械费为 0.5 万元；总价措施项目见表 4.23。

问题：按照 GB 50500—2013、GB 50856—2013 和《2020 计价定额》的相关规定，计算该项目采用一般计税法编制招标控制价时的总价措施项目费，并将数据填入表格。

表 4.23　总价措施项目清单与计价表

序号	项目编码	项目名称	计算基数	费率/%	金额/元
1	031302001001	安全文明施工	定额（人工＋机械费）		
其中	①	环境保护			
	②	文明施工			
	③	安全施工			
	④	临时设施			
2	031302002001	夜间施工增加			
3	031302004001	二次搬运			
4	031302005001	冬雨季施工增加			
5	031302008001	工程定位复测费			
合　计					

（四）通风空调工程规费及税金计算

规费及税金计算方法同【例 3.8】，请参照给排水工程中【例 3.8】完成练习。

【练习 4.5】 以【练习 4.4】工程为例，除原有已知条件外，现已知：其他项目费为 2 万元，按实计算费用、创优质工程奖补偿奖励费、按规定不计税的工程设备金额、除税甲供材料（设备）设备费均为 0 元。

问题：按照 GB 50500—2013、GB 50856—2013 和《2020 计价定额》的相关规定，计算该项目采用一般计税法编制招标控制价时的规费、税金，并填入规费、税金计价表。

表 4.24　规费、税金项目计价表

序号	项目名称	计算基数	计算费率/%	金额/元
1	规费	分部分项定额人工费＋单价措施项目定额人工费		
2	销项增值税	分部分项及单价措施项目＋总价措施项目＋其他项目＋规费＋创优质工程奖补偿奖励费－其中：除税甲供材料（设备）费－按规定不计税的工程设备金额		
3	附加税	分部分项及单价措施项目＋总价措施项目＋其他项目＋规费＋创优质工程奖补偿奖励费－其中：除税甲供材料（设备）费－按规定不计税的工程设备金额		
合　计				

（五）通风空调工程招标控制价汇总

本节采用招标控制价作为报价汇总的练习题，大家只需将之前对应算出的数据填入表格，并进行汇总计算。

【练习 4.6】　以【练习 4.4】和【练习 4.5】数据为基础，试计算该通风空调工程的招标控制价。填入汇总表 4.25 中。

表 4.25　单位工程招标控制价汇总表

工程名称：　　　　　　　　　　　　标段：　　　　　　　　　　　　第　　页共　　页

序　号	汇总内容	金额/元
1	分部分项及单价措施项目	
2	总价措施项目	
2.1	其中：安全文明施工费	
3	其他项目	
4	规费	
5	创优质工程奖补偿奖励费	
6	税前工程造价（6＝1＋2＋3＋4＋5）	
7	销项增值税额	
8	附加税	
招标控制价合计＝6＋7＋8		

注：本表适用于单位工程招标控制价或投标报价的汇总，如无单位工程划分，单项工程也使用本表汇总。

任务五　某宾馆一楼餐厅通风空调工程量清单及清单计价编制

（一）项目内容

某宾馆一楼餐厅通风空调工程

1. 设计说明

（1）工程概况：四川省成都市某宾馆一楼餐厅，1 个大厅，2 个大包间。本工程设计范围为舒适性空调，采用风管送风，夏季使用空调机组，冬季使用热水采暖（采暖略）。大厅内圆形风口所在吊顶标高 3.00 m。

（2）夏季室内设计温度为 26 ~ 28 °C，冬季采暖温度为 16 ~ 18 °C。

（3）夏季总送风量 10 000 m^3/h，过渡季节尽量使用新鲜空气。

（4）风管采用镀锌钢板制作，咬口连接，采用厚度为 32 mm 的 PEF 保温材料保温。

（5）风管安装中的支架参见暖通国标 T607 第 207 ~ 211 页。

（6）机房内壁均采用木丝板贴面，外窗为双层钢窗。

（7）LH-48 空调机制冷量为 55.8 kW，重 1.5 t。空气过滤器经常打扫，以免阻力过大，影响进风量。

（8）1 600 × 630 对开多叶调节阀阀体长 210 mm，1 600 × 630 防火阀阀体长 320 mm。

（9）风管与 ϕ220 圆形散流器连接处安装 150 ~ 250 mm 长帆布软接。

（10）未尽事宜，按现行施工及验收规范的有关内容执行。

2. 施工图纸

成都市某宾馆一楼餐厅通风空调平面图及系统图见图 4.7 ~ 图 4.10 所示。

3. 任　务

（1）针对上述宾馆一楼餐厅通风空调工程，根据通风空调工程施工图识读的步骤，识读图 4.7 ~ 图 4.10。

（2）现假设你在具有编制能力的招标方或受招标方委托具有相应资质的工程造价咨询方工作，试编制本项目的通风空调工程量清单。

（3）投标人在领取招标文件后，编写投标报价书时应按招标人提供的工程量清单填报价格，且其填写的项目编码、项目名称、项目特征、计量单位、工程量必须与招标人提供的一致。现假设你在具有编制能力的投标方或受投标方委托具有相应资质的工程造价咨询方工作，试采用 2020 年《四川省建设工程工程量清单计价定额　通用安装工程》及市场造价信息，编制本项目的投标报价书。

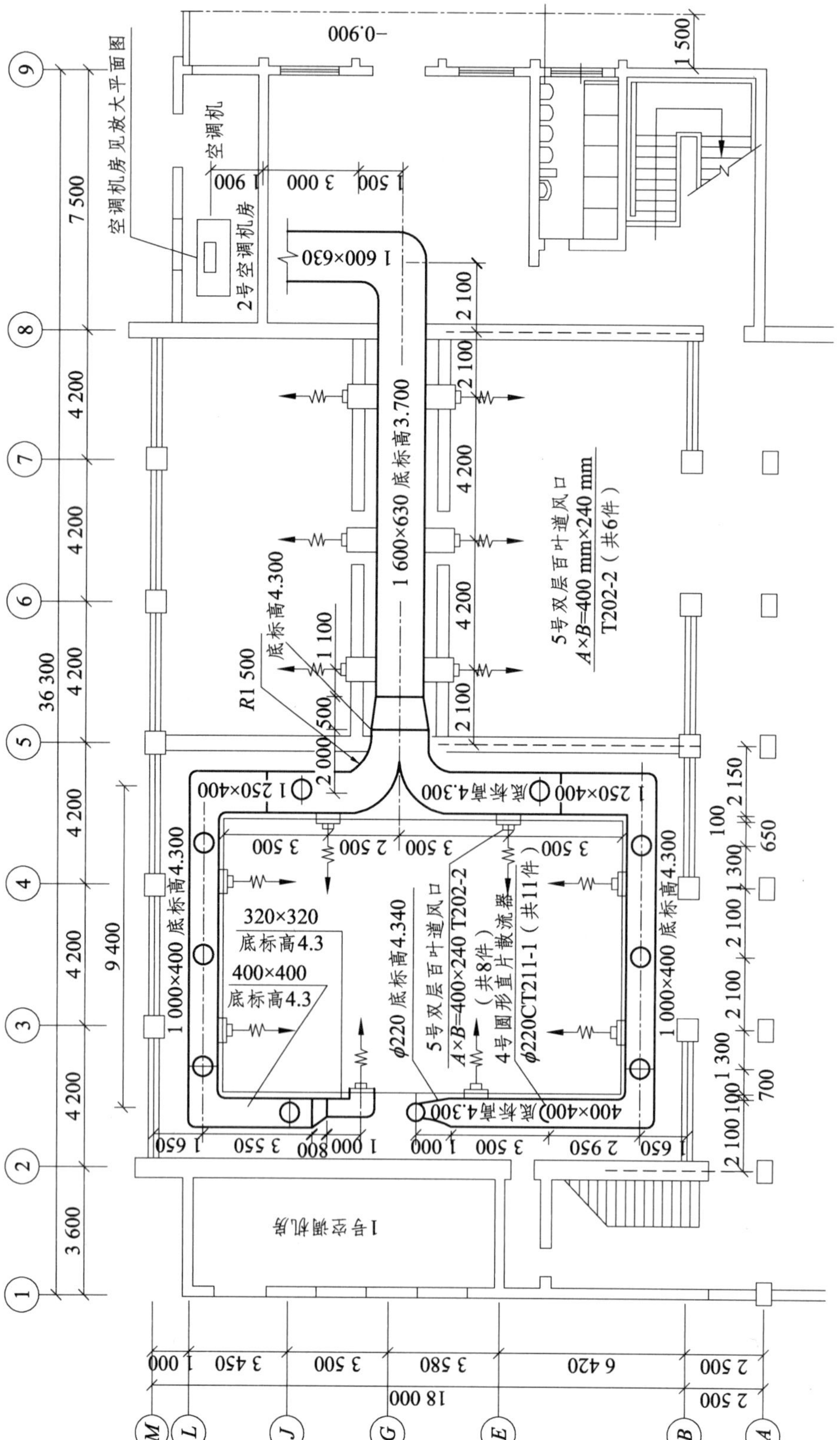
空调机房见放大平面图
空调机
2号空调机房
1号空调机房
1 600×630
1 600×630 底标高3.700
底标高4.300
R1 500
1 250×400
1 000×400 底标高4.300
320×320
底标高4.3
400×400
底标高4.3
φ220 底标高4.340
5号双层百叶道风口
A×B=400×240 T202-2
（共8件）
4号圆形直片散流器
φ220CT211-1（共11件）
5号双层百叶道风口
A×B=400 mm×240 mm
T202-2（共6件）
400×400
底标高4.300
-0.900
36 300
18 000
9 400

图 4.7 空调风管平面图

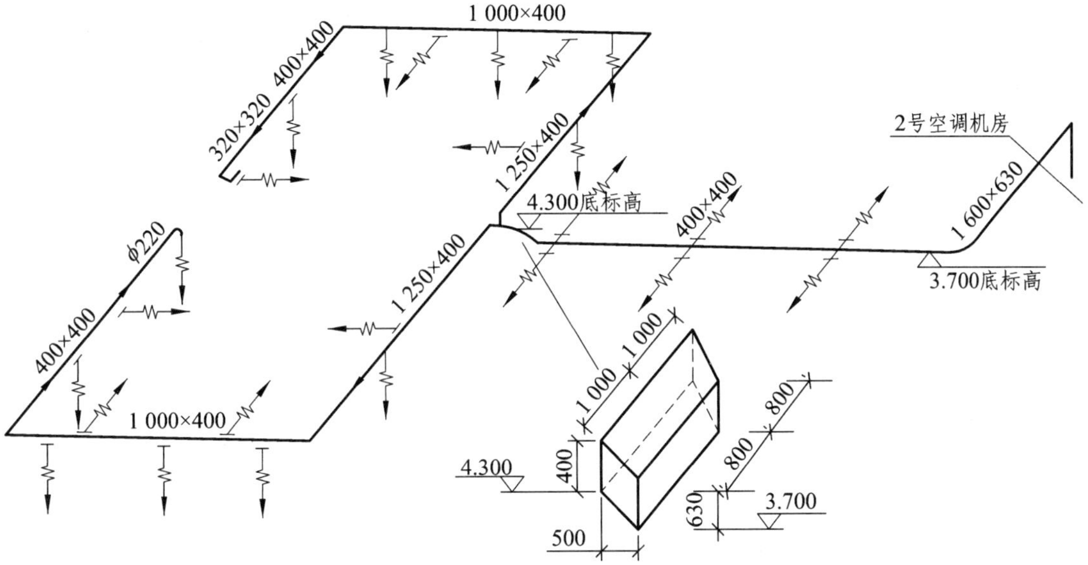

图 4.8　空调风管系统图

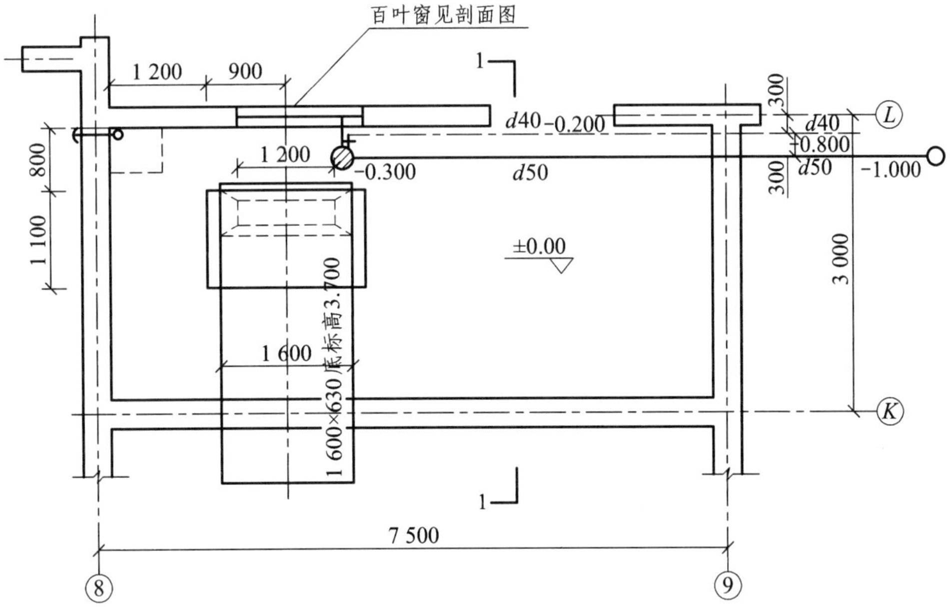

图 4.9　机房平面图

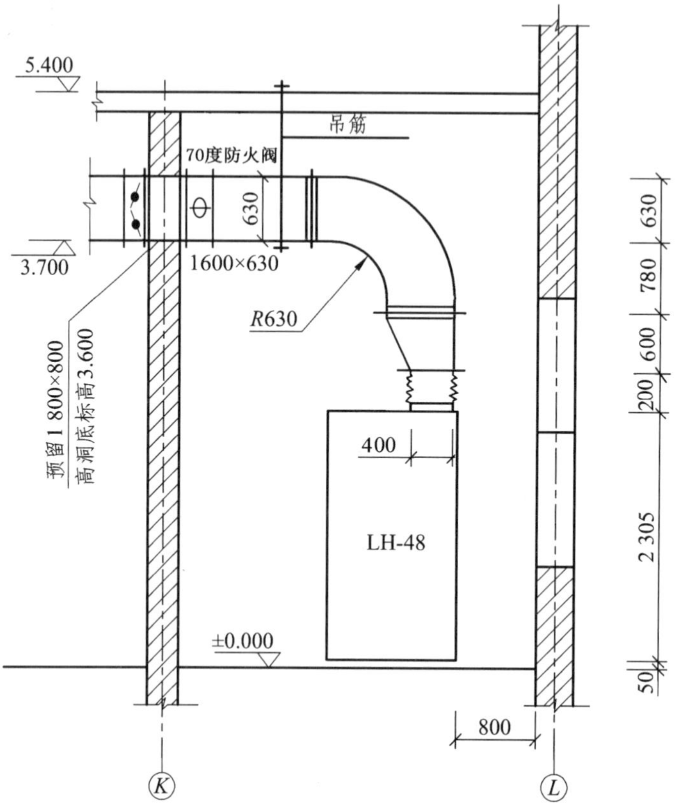

图 4.10　空调机房 1—1 剖面图

(二)某宾馆一楼餐厅通风空调工程识图

针对上述餐厅通风空调工程，根据前面课程中学到的通风空调施工图识图步骤，识读图 4.7 ~ 图 4.10。识图过程如下：

(1)查看图纸目录(因没有图纸目录，这项暂时省略，不影响识图)。

(2)查看设计说明。根据设计说明，了解到本项目为四川某宾馆一楼的空调系统工程；1 个大厅，2 个大包间，采用的中央空调系统形式是全空气的直流式系统；主要设备和材料有风管、法兰、空调机组、过滤器等。风管材料采用薄钢板制作，风管及法兰制作参见《全国通用通风风管管道配件重量表》，风管安装中的支架参见暖通国标 T607；图纸侧重在风管平面图和系统图。如有图纸中不明确的地方，还需要查阅相关标准规范。

(3)以系统图为线索，按照管道阅读。本项目系统图中只有风管系统图。范围是通风空调工程。1 根主风管，2 根较长的支风管，1 个机组(2 号空调机房)。

(4)平面图和系统图对照看。顺着空气流动方向，经空调机组、风管干管、支管，到空调末端设备的顺序进行识读。

① 风管系统图中，空调机房见详图。然后是主风管，从机房出来，向上弯，矩形风管管径 1 600 × 630(宽 × 高)，起始处管底标高 3.7 m。

② 对照风管平面图，主风管先经过一个大直角弯头，然后沿着走廊，途经 2 个对称的大包间，分别引出了 6 根支管 400 × 400，底标高 3.7 m 不变，连接 6 个 5 号双层百叶送风口。

到达 3 个房间交汇前，将管径从 1 600 × 630 变径 2 000 × 400，管底标高提高到 4.3 m，在系统图中有变径的大样图。变径后，有一正三通，将主风管分成了 2 个支风管 1 250 × 400。大厅支管标高不变，是 4.3 m。支管随房间两边沿墙形成对称布置，管径随空气流量减少而变化，具体有 1 000 × 400、400 × 400、320 × 320 等管段，然后在不同的空调区域设置了不同的小支管、风口（8 个 5 号双层百叶送风口）、圆形风管 ϕ220 和散流器 11 个（4 号圆形直片散流器）。

（5）辅助图识读。机房平面图和机房剖面图的识读，机房地面标高 0.00 m，50 mm 底座，机组设备高 2 305 mm，机组和风管的帆布软接头高 200 mm，变径高 600 mm。

（三）某宾馆一楼餐厅通风空调工程工程量清单编制

现假设你在具有编制能力的招投标方或受招投标方委托具有相应资质的工程造价咨询方工作，试编制本项目的通风空调工程量清单。某宾馆一楼餐厅通风空调工程量清单编制工作过程如下。

1. 收集、整理相关规范及工程资料

2. 了解工程量清单的编制程序

3. 了解分部分项工程量清单编制程序

分部分项工程量清单表，包括分部分项工程量清单与计价表和工程量清单综合单价分析表。分部分项工程量清单编制时，应包括项目编码、项目名称、项目特征、计量单位和工程量，并且应该根据《计价规范》规定的项目编码、项目名称、项目特征、计量单位和工程量计算规则进行编制。

4. 分部分项工程量清单编制

根据规定的项目编码、项目名称、项目特征、计量单位和工程量计算规则，编制通风空调工程工程量清单。本餐厅通风空调工程项目中，涉及两种类型风管，镀锌钢板矩形风管、圆形风管。现以镀锌钢板矩形风管为例，介绍工程量清单的编制。

（1）清单项目设置。

通过读图 4.7 ~ 图 4.10，根据特征分类，本项目中风管制作安装共有 8 种：1 600 × 630 镀锌钢板矩形风管、2 000 × 400 ~ 1 600 × 300 变径管、1 250 × 400 正三通、1 250 × 400 镀锌钢板矩形风管、1 000 × 400 镀锌钢板矩形风管、400 × 400 镀锌钢板矩形风管、320 × 320 镀锌钢板矩形风管和 220 镀锌钢板圆形风管。

根据《通风与空调施工质量验收规范》（GB 50243—2016）第 4.2.3 条规定（见表 4.26），对应的板材厚度参照下表。

将这些镀锌钢板风管的项目名称、项目编码、项目特征描述和计量单位按《计价规范》的规定填入分部分项工程量清单与计价表。

（2）工程量计算。

① 风管面积工程量的量取，采用下列方法：

长度尺寸一般在平面图上获得，且尽量采用图上标注的对应尺寸计算，如果图纸是按照比例绘制的，可用比例尺在图上按管线实际位置直接量取。周长由管段标注（宽 × 高）这两个数据计算。

垂直尺寸一般在系统图上获得。

表 4.26　钢板风管板材厚度　　　　单位：mm

风管直径或长边尺寸 b/mm	微压、低压系统风管	中压系统风管		高压系统风管	除尘系统风管
		圆形	矩形		
$b\leqslant 320$	0.5	0.5	0.5	0.75	2.0
$320<b\leqslant 450$	0.5	0.6	0.6	0.75	2.0
$450<b\leqslant 630$	0.6	0.75	0.75	1.0	3.0
$630<b\leqslant 1\,000$	0.75	0.75	0.75	1.0	4.0
$1\,000<b\leqslant 1\,250$	1.0	1.0	1.0	1.2	5.0
$1\,250<b\leqslant 2\,000$	1.0	1.2	1.2	1.5	按设计要求
$2\,000<b\leqslant 4\,000$	1.2	按设计要求	1.2	按设计要求	

注：螺旋风管的钢板厚度可适当减小 10%～15%，排烟系统风管钢板厚度可按高压系统，不适用于地下人防与防火隔墙的预埋管。

② 本项目风管制作工作量计算。

计算规则：按设计图示以展开面积计算，不扣除检查孔、测定孔、送风口、吸风口等所占面积，风管长度一律以设计图示中心线长度为准（主管与支管以其中心线交点划分），包括弯头、三通、变径管、天圆地方等管件的长度，但不包括部件所占的长度。风管展开面积不包括风管、管口重叠部分面积。直径和周长按图示尺寸为准展开。渐缩管：圆形风管按平均直径，矩形风管按平均周长。穿墙套管按展开面积计算，计入通风管道工程量中。

风管面积计算过程如下：

- 机组出口风管 1 200 × 400 – 1 600 × 630 变径

  [（1.2 + 0.4）+（1.6 + 0.63）] × 2/2 平均周长 × 0.6 长度 = 2.30 m^2

- 矩形风管 1 600 × 630 主风管

  {0.78 立管长度 + 0.63/2 弯头 +（1.9 + 3 + 1.5 + 2.1 + 2.1 + 4.2 × 2 + 1.1）平面长度 –（0.21 + 0.32）阀门长度} ×（1.6 + 0.63）× 2 管周长 = 92.17 m^2

- 矩形风管 1 600 × 630 – 2 000 × 400 变径管

  [2 ×（2 + 0.4）+ 2 ×（1.6 + 0.63）]/2 平均周长 × $\sqrt{0.5^2\times(4.3-3.7)^2}$ 长度 = 3.61 m^2

- 正三通 2 000 × 400 部分

  2 平面长度 × [（2 + 0.4）× 2]周长 = 9.6 m^2

- 1 250 × 400 矩形风管

  （1/2 + 0.1 风管边距吊顶边距离 + 3.5 + 3.5 + 2.5 + 3.5 + 0.1 + 1/2）平面长度 × [（1.25 + 0.4）× 2]周长 = 46.86 m^2

- 1 000 × 400 矩形风管

  9.4 平面长度 × 2 段 ×（1 + 0.4）× 2 周长 = 52.64 m^2

- 400×400 矩形风管

[（3.55+0.4 变径管算半长+2.95+3.5+0.5 变径管算半长）餐厅+（1.5 走廊半宽+0.1 伸出墙长度）×6 走廊]平面长度×[（0.4+0.4）×2]周长=32.8 m^2

- 320×320 矩形风管

（0.4 变径管算半长+1+0.16+0.1 伸出墙长度）平面长度×[（0.32+0.32）×2]周长=2.12 m^2

- ϕ220 圆形风管

[0.5+（4.3+0.2−3−0.2 软接长度）×11]平面长度×[3.14×0.22]周长=10.22 m^2

套管的规格，一般比风管每边尺寸大 0.1～0.2 m，套管面积计算过程如下：

- 1 600×630 风管穿墙所用套管 1 800×800（按洞口尺寸计算）

[（1.8+0.8）×2]周长×0.26 套管长度×2 个=2.70 m^2

- 2 000×400 风管穿墙所用套管 2 200×600（按风口每边+0.1 m 计算）

[（2+0.4+0.1×4 个边）×2]周长×0.26 套管长度=1.46 m^2

- 400×400 风管穿墙所用套管 600×600（按风口每边+0.1 m 计算）

[（0.4+0.4+0.1×4 个边）×2]周长×0.26 套管长度×6 个=3.74 m^2

计算说明：按照计算规则，风管弯头长度应按弧长计算。考虑实际工程中，图纸标注和手算的困难性，本教材风管弯头及三通长度采用标注的中心线长度计算；部分风管变径的工程量，直接计入了风管的工程量中。管件如果需要精算，请查阅其他教材学习。

（3）数据汇总。参照定额，将价格一样的风管汇总到一起。

（4）将工程量计算结果填入分部分项与工程量清单计价表，完成镀锌钢板风管的分部分项工程量清单编制。

（5）按上述方法，划分清单项目并计算出该宾馆一楼餐厅通风空调工程的所有工程量，工程量计算汇总见表 4.27。分部分项工程量清单与计价表内容可参阅本节清单计价实例中的分部分项工程量清单与计价表。

表 4.27　某宾馆一楼餐厅通风空调工程工程量汇总表

序号	项目名称	单位	数量	计算过程
1	整体式空调机 1.5 t 以内	台	1	1
2	圆形风管 δ=0.75 mm ϕ220	m^2	10.22	ϕ220　圆形风管
3	矩形风管 320×320 δ=0.75 mm　长边 $B\leqslant 320$	m^2	2.12	320×320 矩形风管：2.12 m^2
4	矩形风管 400×400 δ=0.75 mm　长边 $B\leqslant 450$	m^2	32.80	400×400 矩形风管：32.80 m^2
5	矩形风管 δ=1.0 mm 长边 $B\leqslant 1\,000$	m^2	52.64	1 000×400 矩形风管：52.64 m^2

续表

序号	项 目 名 称	单位	数量	计 算 过 程
6	矩形风管 δ= 1.0 mm 长边 B≤1 500	m^2	49.16	1 250×400 矩形风管：46.86 m^2 机组出口风管 1 200×400－1 600×630 变径：2.30 m^2
7	矩形风管 δ= 1.2 mm 长边 B≤2 000	m^2	105.38	正三通 2 000×400 部分：9.6 m^2 矩形风管 1 600×630－2 000×400 变径管：3.61 m^2 矩形风管 1 600×630 主风管：92.17 m^2
8	风管套管	m^2	7.90	600×600 套管：3.74 m^2 1 800×800 套管：2.70 m^2 2 200×600 穿墙套管：1.46 m^2
9	防火阀 1 600×630	个	1	1
10	对开式多叶调节阀 1 600×630	个	1	1
11	5 号双层百叶送风 $A\times B$ = 400×240	个	14	14
12	4 号圆形直片散流器	个	11	11
13	帆布软接头	m^2	2.16	机组出口及圆形风口处接 200 mm 软接 （1.2＋0.4）×2×0.2＋3.14×0.22×0.2×11＝2.16 m^2
14	PEF 保温	m^3	8.65	送风管面积×1.033×0.032 保温层厚度＋4×$1.033^2\times0.032^2$×风管总长＝8.65 m^3
15	漏风试验	m^2	252.32	送风管面积

为把握投标机会，重新计算或复核工程量，确定投标策略。

5. 分析计算各分部分项工程量清单项目的综合单价

（1）熟悉相关规范及工程资料。

（2）分析工程量清单项目的工程特征及工作内容，确定综合单价分析的组价定额项目。

（3）计算组价定额项目的工程量。

（4）分析计算组价定额项目的人工费、材料费、机械费、综合费。

（5）分析计算分部分项工程量清单项目的人工费、材料费、机械费、综合费。

（6）分析计算分部分项工程量清单项目的综合单价。计算过程参见本节清单计价实例中表-08。

（7）其余分部分项工程量清单项目的综合单价。

其余分部分项工程量清单项目的综合单价计算方法与此类似，不再赘述。

6. 计算分部分项工程费

$$分部分项工程费=\sum（分部分项项目的工程数量\times分部分项工程项目的综合单价）$$

7. 计算完成其余项目费

在计算措施费时，招标文件中提到的，但是没必要计费的，可不计费；招标文件中未提到的，但需要计费的，投标人可自行加项。

措施费、其他项目费、规费、税金的计算，按照表格要求，以计费基数按照费率计算得出。

8. 某宾馆一楼餐厅通风空调工程量清单计价书

限于篇幅原因，本清单计价书中只列出了分部分项工程量清单与计价表内容。
另外，计算中，未计空调器设备费，人工费未调整。

分部分项工程量清单与计价表

工程名称：某宾馆一楼餐厅通风空调工程　　　　　　　　　　标段：

序号	项目编码	项目名称	项目特征描述	计量单位	工程数量	金额/元				
						综合单价	合价	其中		
								定额人工费	定额机械费	暂估价
1	030701003001	空调器	1. 名称：空调机 2. 型号：LH-48 3. 规格：制冷量 55.8 kW 4. 安装形式：落地 5. 质量：1.5 t 6. 隔振垫（器）、支架形式、材质：符合规范	台	1	2 352.42	2 352.42	1 656.9	25.64	
2	030702001002	圆形风管 ϕ220	1. 名称：风管 2. 材质：镀锌钢板 3. 形状：圆形 4. 规格：ϕ220 5. 板材厚度：δ=0.75 mm 6. 管件、法兰等附件及支架设计要求：符合规范 7. 接口形式：咬口连接	m^2	10.22	235.69	2 408.75	1 200.13	36.18	
3	030702001003	矩形风管 320×320	1. 名称：风管 2. 材质：镀锌钢板 3. 形状：矩形 4. 规格：B≤320 5. 板材厚度：δ=0.75 mm 6. 管件、法兰等附件及支架设计要求：符合规范 7. 接口形式：咬口连接	m^2	2.12	217.02	460.08	186.73	8.65	
4	030702001004	矩形风管 400×400	1. 名称：风管 2. 材质：镀锌钢板 3. 形状：矩形 4. 规格：B≤400 5. 板材厚度：δ=0.75 mm 6. 管件、法兰等附件及支架设计要求：符合规范 7. 接口形式：咬口连接	m^2	32.80	169.14	5 547.79	2 103.46	70.19	
5	030702001005	矩形风管 长边 B≤1 000	1. 名称：风管 2. 材质：镀锌钢板 3. 形状：矩形 4. 规格：B≤1 000 5. 板材厚度：δ=1.0 mm 6. 管件、法兰等附件及支架设计要求：符合规范 7. 接口形式：咬口连接	m^2	52.64	152.1	8 006.54	2 536.72	61.06	

续表

序号	项目编码	项目名称	项目特征描述	计量单位	工程数量	金额/元				
						综合单价	合价	其中		
								定额人工费	定额机械费	暂估价
6	030702001006	矩形风管长边$B \leq 1\,500$	1. 名称：风管 2. 材质：镀锌钢板 3. 形状：矩形 4. 规格：$B \leq 1\,500$ 5. 板材厚度：δ=1.0 mm 6. 管件、法兰等附件及支架设计要求：符合规范 7. 接口形式：咬口连接	m^2	49.16	156.32	7 684.69	2 496.84	53.09	
7	030702001007	矩形风管长边$B \leq 2\,000$	1. 名称：风管 2. 材质：镀锌钢板 3. 形状：矩形 4. 规格：$B \leq 2\,000$ 5. 板材厚度：δ=1.2 mm 6. 管件、法兰等附件及支架设计要求：符合规范 7. 接口形式：咬口连接	m^2	105.38	183.48	19 335.12	6 167.89	88.52	
8	030702001008	风管套管	1. 名称：风管 2. 材质：镀锌钢板 3. 形状：矩形 4. 规格：1 800×800、600×600、2 200×600 5. 板材厚度：δ=2 mm 6. 管件、法兰等附件及支架设计要求：符合规范 7. 接口形式：咬口连接	m^2	7.90	713.85	5 639.42	3 112.52	765.19	
9	030703001009	防火阀1 600×630	1. 名称：防火阀 2. 型号：T308-1 3. 规格：1 600×630 4. 质量： 5. 类型：对开式多叶调节阀 6. 支架形式、材质：吊架、碳钢	个	1	1 040.9	1 040.9	164.85	7.95	
10	030703001010	对开式多叶调节阀1 000×630	1. 名称：调节阀 2. 型号：T308-1 3. 规格：1 600×630 4. 质量：57.7 kg 5. 类型：对开式多叶调节阀 6. 支架形式、材质：吊架、碳钢	个	1	685.71	685.71	61.74	7.95	
11	030703011011	5号双层百叶送风口400×240	1. 名称：送风口 2. 型号：T202-2 3. 规格：400×240 4. 类型：双层百叶 5. 形式：	个	14	124.42	1 741.88	296.94	1.96	

续表

序号	项目编码	项目名称	项目特征描述	计量单位	工程数量	金额/元				
						综合单价	合价	其中		
								定额人工费	定额机械费	暂估价
12	030703011012	4号圆形直片散流器	1. 名称：送风口 2. 型号：CT211-1 3. 规格：ϕ220 4. 类型：直片散流器 5. 形式：	个	11	188.98	2 078.78	383.46		
13	030703019013	帆布软接头	1. 名称：软接 2. 规格： 3. 材质：帆布 4. 类型： 5. 形式：	m^2	2.16	421.28	909.96	377.78	3.91	
14	031208003014	通风管道PEF保温绝热	1. 绝热材料品种：橡塑板 2. 绝热厚度：δ=32 mm 3. 软木品种	m^3	8.65	2 052.06	17 750.32	3 491.14		
15	030704002001	漏风试验	漏风试验	m^2	252.32	4.23	1 067.31	734.25	25.23	
合　计							76 709.67	24 971.35	1 155.52	

任务六　某实验楼通风工程计量与计价实训

（一）项目内容

1. 设计及施工说明

（1）工程概况。某学院实验楼共 4 层，层高为 3.9 m。实验楼共有 4 个排风柜排风系统 P1 ~ P4，4 个排风系统完全相同，排风管采用塑料风管。本施工图只绘制 P1 系统。

（2）通风机。采用 4-72 型离心式塑料通风机。

（3）安装排风管支干管，要求平正垂直，绝不漏风。风管安装需与土建密切配合，做好楼板及墙上预留洞口。

（4）管道支吊架设置。竖向管道，每层设置 1 个支架，支架的材料采用扁钢和角钢，固定在墙上。水平管道采用吊架，吊架采用圆钢和扁钢，1 ~ 3 层各设置 2 个，4 层设置 4 个，机房处设置 2 个，吊架固定在楼板。支架的大小和做法要根据施工现场管道的具体情况和质量确定。吊支架安装后刷防锈漆一道，银粉漆两道。

2. 施工图纸

平面图及系统图见图 4.11 ~ 图 4.15 所示。

3. 任　务

（1）识读本实验楼通风系统施工图。

（2）编制本实验楼通风系统工程量清单。

（3）编制本实验楼通风系统工程量清单计价书。

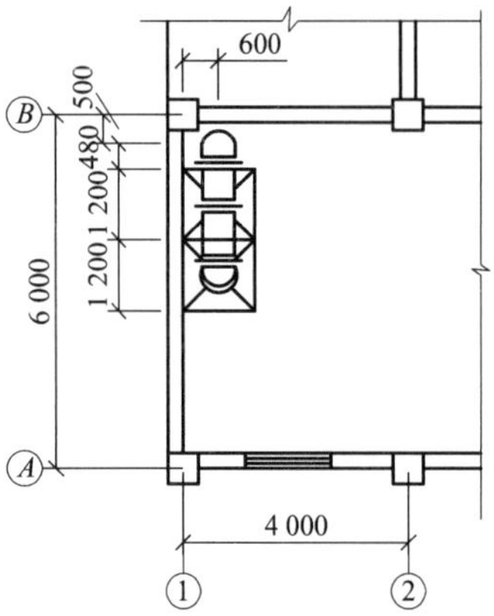

图 4.11　一～三层通风系统平面图

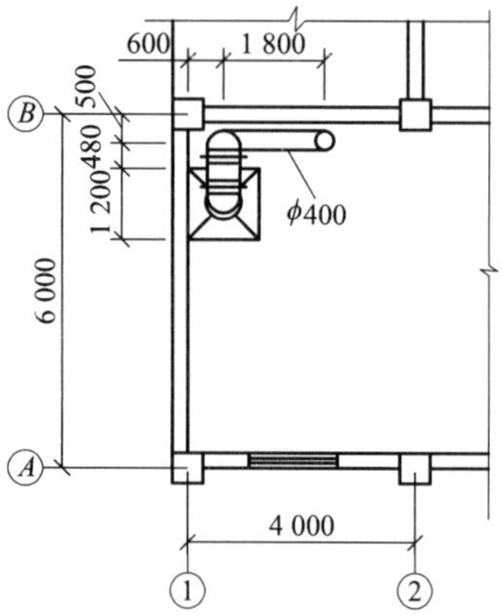

图 4.12　四层通风系统平面图

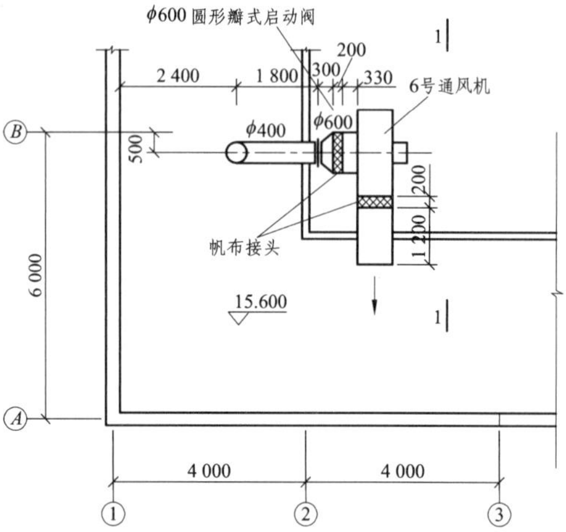

图 4.13　屋顶通风系统平面图

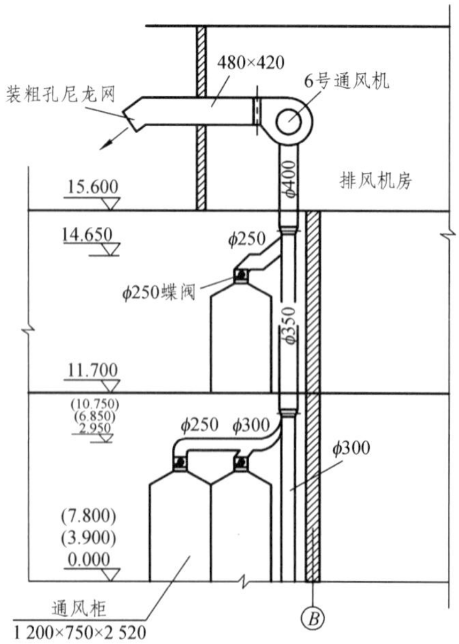

图 4.14　1—1 剖面图

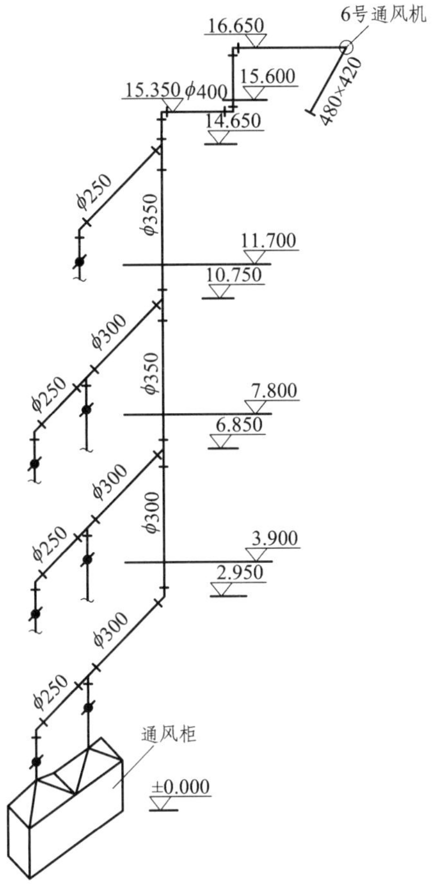

图 4.15　通风系统图

（二）任务资讯

在通风空调工程量清单计价书制作过程中，需要经常翻阅 2020 年《四川省建设工程工程量清单计价定额　通用安装工程（三）》中的 C.G《通风空调工程》分册，现摘录本课程例题需要用的内容以供前期课程学习，工程报价实际操作时请以四川省住房和城乡建设厅出版的实时定额为准。

1. G《通风空调工程》分册说明

（1）《通风空调工程》（以下简称本分册定额）适用于工业与民用建筑的新建、扩建项目中的通风空调工程。

（2）本分册定额包括通风空调设备及部件、通风管道及部件、人防通风设备及部件、辅助项目的制作和安装。

（3）本分册定额不包括下列内容：

① 冷热源（冷冻、冷水、热水、蒸汽）设备、冷却塔执行 A《机械设备安装工程》相应项目。

② 通风空调工程的电气接线和电气调试，卫生间通风器执行 D《电气设备安装工程》相应项目。

③ 空调系统中除多联空调机铜管外的管道安装执行 K《给排水、采暖、燃气工程》相应项目，设备机房内的管道安装执行 H《工业管道工程》相应项目，以机房外墙皮为界划分。

④ 通风空调工程的除锈、刷油、防腐蚀、绝热等内容，执行 M《刷油、防腐蚀、绝热工程》相应项目。

⑤ 防火封堵执行 D《电气设备安装工程》中防火封堵相应项目。

⑥ 风管和冷媒管不含穿墙、穿楼板的洞口预留和封堵。

⑦ 风机如需拆装检查，执行 A《机械设备安装工程》相应项目。

（4）关于下列各项费用的规定：

① 系统调整费：按定额人工费的 7%计取，其费用中人工、机械各占 35% 。

② 脚手架搭拆费按人工费的 4% 计算，其费用中人工占 35% ，机械占 5%。

③ 操作物高度增加费：本定额操作物高度是按距离楼地面 6 m 考虑的，超过 6 m 时，超过部分工程量按定额人工费乘以系数 1.2 计取。

④ 建筑物超高增加费：在檐口高度 20 m 以上的工业与民用建筑物中进行安装增加的费用，按 ± 0.00 以上部分的定额人工费乘以下表系数计算，费用全部为人工费。

建筑物檐高	≤40 m	≤60 m	≤80 m	≤100 m	≤120 m	≤140 m	≤160 m	≤180 m	≤200 m	200 m 以上每增加 20 mm
建筑物超高系数/%	2	5	9	14	20	26	32	38	44	增加 6

（5）定额项目中的参数和规格采用代号及单位见下表：

序号	项目	代号	单位	序号	项目	代号	单位
1	重量、质量	W	kg	7	风管长边/短边（宽/高）	B/H	mm
2	风量	F	m^3/h	8	风管周长	C	mm
3	制冷量	N	kW	9	风管厚度	δ	mm
4	制热量	R	kW	10	面积、框内面积	S	m^2
5	公称直径	DN	mm	11	片距、距离	h	mm
6	直径（风管、铜管）	Φ/D	mm	12	长/宽	L/b	mm

2. G.1 通风空调设备及部件（编码：030701）

（1）说明

① 本章为通风空调设备和部件的安装及部分部件的制作安装。

② 设备安装包括其电动机安装，但不包括电动机检查接线及调试。

③ 设备安装包括减震器安装和地脚螺栓安装，但不包括其相应的主材费。

④ 设备安装不包括支吊架者，其支吊架制作安装执行“G. 5 辅助项目”中的支架项目。

⑤ 成套分体式空调器包含内外机安装、随机长度 3.5 m 以内冷媒管及其保温层保护层安装、电气接线、试运转，冷媒管加长另计工程量执行“G.5.13 多联机空调冷媒管”项目，支架和集水盘按成品计主材费。

⑥ 吊顶式和卡入嵌入式风机盘管、变风量末端装置包含吊架制作安装。

⑦ 诱导风机、多联空调机室内机执行风机盘管安装相应项目。

⑧ 风道型变风量末端装置适用于单风道和双风道型，带静压箱一体式末端装置项目乘以系数 1.08。

⑨ 定风量调节器执行风道型变风量末端装置项目，圆形接口乘以系数 0.1，矩形接口乘以系数 0.2。

⑩ 斜流式风机和混流式风机执行轴流式风机安装相应项目。

⑪ 风管类和风口类空气净化（消毒）器安装执行窗式空调机安装项目，如果需要在风管上开孔，开孔执行通用安装工程其他分册相应项目。

⑫ 落地式空气净化器执行落地式风机盘管项目，移动式空气净化器执行落地式风机盘管安装项目乘以系数 0.6。

⑬ 玻璃钢挡水板和塑料挡水板执行钢板挡水板安装项目，乘以系数 0.89。

（2）部分定额

表 G.1.3.1　空调器（编码：030701003）

工作内容：开箱检查设备、附件、吊装、找平、找正、加垫、螺栓固定。

定额编号	项目名称	单位	综合基价/元	其中					未计价材料		
				人工费	材料费	机械费	管理费	利润	名称	单位	数量
CG0012	落地式空调器 W≤1 500	台	2 130.73	1 656.90	2.31	25.64	136.29	309.59	空调器	台	1
CG0013	落地式空调器 W≤2 000	台	2 717.93	2 116.50	2.31	30.23	173.89	395.00	空调器	台	1
CG0014	墙上式空调器 W≤100	台	205.95	160.98	2.31	—	16.04	29.62	空调器	台	1

3. G.2 通风管道（编码：030702）

（1）说明

① 本章内容包括镀锌钢板风管、钢板风管、镀锌钢板净化风管、不锈钢板风管、铝板风管、塑料风管、复合风管的制作安装，玻璃钢风管、柔性软风管和不锈钢排烟管的安装。

② 整个通风系统设计采用渐缩管均匀送风者，圆形风管按平均直径、矩形风管按平均边长（周长）执行相应规格定额项目，其定额人工费乘以系数 2.5。

③ 制作空气幕送风管，按矩形风管平均边长执行相应规格风管项目，其定额人工费乘以系数 3。

④ （镀锌）钢板通风管道、净化通风管道、玻璃钢通风管道、复合型风管包括管件（弯头、三通、四通、变径管、天圆地方等）、法兰、加固框和吊托支架的制作安装，但不包括落地支架和加强支架，发生时执行“G.5 辅助项目”相应项目。

⑤ 下列风管如需扣除支架制作安装，相应定额按下表乘以系数：

风管类型	定额人工费	定额材料费	定额机械费
镀锌钢板法兰式咬口矩形风管	0.85	0.75	0.8
镀锌钢板共板式咬口矩形风管	0.8	0.7	0.9
玻璃钢矩形风管	0.8	0.7	0.9

⑥ 钢板咬口连接风管执行镀锌钢板相应项目。

⑦ 不锈钢板风管、铝板风管包括管件，但不包括法兰和吊托支架；法兰和吊托支架执行“G.5 辅助项目”相应项目。

⑧ 净化圆形风管制作安装执行本章矩形风管制作安装项目。

⑨ 净化通风管道子目按空气洁净度 100000 级编制，超过时每递增一个级别按每 10 m^2 风管定额人工费乘以 1.05，定额材料费乘以 1.2。

⑩ 净化风管涂密封胶按全部口缝外表面涂抹考虑。如设计要求口缝不涂抹而只在法兰处涂抹时，定额人工费乘以 0.96，定额材料费乘以 0.96。

⑪ 净化风管及部件制作安装项目中，型钢未包括镀锌费，如需镀锌时，应另加镀锌费。

⑫ 不锈钢板风管咬口连接制作安装执行镀锌钢板风管相应项目。

⑬ 柔性软风管适用于由金属、涂塑化纤织物、聚酯、聚乙烯、聚氯乙烯薄膜、铝箔等材料制成的软风管。不包括吊托支架制作安装，吊托支架执行“G.5 辅助项目“相应项目。

⑭ 风管法兰垫料使用阻（不）燃胶条，定额材料费乘以系数 1.1。

⑮ 风管强度试验，按经批准并实施的方案计取费用。

⑯ 不锈钢排烟管项目包含支架安装，支架材料费另计。

⑰ 穿越防火区风管包裹防火板风管制作安装执行双面铝箔酚醛复合矩形风管相应项目，龙骨主材另计，无龙骨支撑者乘以系数 0.8。

⑱ 若风管板材厚度超过本章相应项目最大规格，按最大规格项目乘以系数 1.2。

⑲ 在竖向风井中安装风管，其定额人工费和定额机械费乘以系数 1.8。

（2）工程量计算规则

① 风管按设计图示规格，分不同材料、规格（直径、长边长度、周长、板材厚度）、拼接连接方式以展开面积计算，以“10 m^2”为计量单位。包括端面封头面积，不扣除检查孔、测定孔、送风口、吸风口等所占面积，不计算风管、管口重叠部分面积。面积计算公式：

圆形风管展开面积：$S = \pi \Phi \times L$

矩形风管展开面积：$S = 2 \times (B + H) \times L$

圆风管端头（单个）面积：$S = 1/4\pi \Phi^2$

矩形风管端头（单个）面积：$S = B \times H$

② 计算风管长度时均以图示风管中心线长度为准，包括弯头、三通、变径管、天圆地方等管件的长度，不包括部件所占的长度。

主管与支管以其中心线交点为界。

两端连接风管的变径管以中点为界，一端连接设备或部件的变径管统一按连接风管端的截面计算，两端连接设备或部件的异径管统一按大端截面计算。

天圆地方及长度不超过 0.5 m 的圆形直段统一按其连接的风管截面计算。

③ 柔性软风管和不锈钢排烟管安装按设计图示中心线长度计算，以“m”为计量单位。

④ 包裹风管防火板以风管尺寸和包裹长度按展开面积计算，以“10 m^2”为计量单位。

（3）部分常用定额

G.2.1　镀锌钢板风管制作安装

表 G.2.1.1　法兰式圆形风管

工作内容：制作：放样、下料、卷圆、轧口、咬口、制作直管、管件、法兰、吊托支架、钻孔、铆焊、上法兰、组对。安装：找标高、配合预留孔洞、埋设吊托支架、组装、风管就位、找平、找正、制垫、加垫、上螺栓、紧固。

定额编号	项目名称	单位	综合基价/元	其中					未计价材料		
				人工费	材料费	机械费	管理费	利润	名称	单位	数量
CG0103	镀锌钢板圆形风管法兰式咬口 $\Phi\leq320$　$\delta\leq1.2$	10 m^2	1 765.21	1 174.26	235.00	35.39	97.98	222.58	镀锌钢板	m^2	11.380
CG0104	镀锌钢板圆形风管法兰式咬口 $\Phi\leq450$　$\delta\leq1.2$	10 m^2	1 518.53	964.71	266.61	24.95	80.16	182.10	镀锌钢板	m^2	11.380
CG0105	镀锌钢板圆形风管法兰式咬口 $\Phi\leq1\,000$　$\delta\leq1.2$	10 m^2	1 186.99	722.25	258.22	12.02	59.47	135.09	镀锌钢板	m^2	11.380

表 G.2.1.2　法兰式矩形风管

工作内容：制作：放样、下料、折方、轧口、咬口、制作直管、管件、吊托支架、钻孔、焊接、组对。安装：找标高、配合预留孔洞、埋设吊托支架、组装、风管就位、找平、找正、制垫、加垫、上螺栓、紧固。

定额编号	项目名称	单位	综合基价/元	其中					未计价材料		
				人工费	材料费	机械费	管理费	利润	名称	单位	数量
CG0108	镀锌钢板矩形风管法兰式咬口 $B\leq320$　$\delta\leq1.2$	10 m^2	1 617.75	880.80	451.98	40.75	74.65	169.57	镀锌钢板	m^2	11.380
CG0109	镀锌钢板矩形风管法兰式咬口 $B\leq450$　$\delta\leq1.2$	10 m^2	1 171.75	641.25	332.81	21.35	53.67	121.92	镀锌钢板	m^2	11.380
CG0110	镀锌钢板矩形风管法兰式咬口 $B\leq1\,000$　$\delta\leq1.2$	10 m^2	924.65	481.89	300.45	11.55	39.97	90.79	镀锌钢板	m^2	11.380
CG0111	镀锌钢板矩形风管法兰式咬口 $B\leq1\,500$　$\delta\leq1.2$	10 m^2	963.65	507.87	307.22	10.80	42.01	95.44	镀锌钢板	m^2	11.380
CG0112	镀锌钢板矩形风管法兰式咬口 $B\leq2\,000$　$\delta\leq1.2$	10 m^2	1 097.89	585.30	346.81	8.44	48.09	109.25	镀锌钢板	m^2	11.380
CG0113	镀锌钢板矩形风管法兰式咬口 $B\leq4\,000$　$\delta\leq1.5$	10 m^2	1 148.44	614.55	360.36	8.44	50.46	114.63	镀锌钢板	m^2	11.380

4. G.3 通风管道部件制作安装（编码：030903）

（1）说明

① 本章内容包括风管阀门、风口、散流器、空气分布器、排烟口、孔板口、消声器、消声弯头、消声静压箱、挡烟垂壁、厨房油烟过滤排气罩的安装，风帽、罩类、静压箱的制作和安装。

② 铝合金或其他材料调节阀执行碳钢调节阀相应项目。

③ 蝶阀安装项目适用于圆形（保温）蝶阀、矩形（保温）蝶阀。

④ 止回阀安装项目适用于圆形止回阀和矩形止回阀。

⑤ 碳钢百叶风口安装项目适用于带调节板活动百叶风口、单层百叶风口、双层百叶风口、三层百叶风口、连动百叶风口、带导流叶片百叶风口、活动金属百叶风口等。

⑥ 送吸风口适用于单面送吸风口和双面送吸风口。

⑦ 铝合金风口安装应执行碳钢风口项目，其定额人工费乘以系数 0.9 ；带阀风口执行相应项目乘以系数 1.1。

⑧ 风口的宽与长之比≤0.125 为条缝形风口，其定额人工费乘以系数 1.1。

⑨ 铝制孔板风口如需电化处理时，电化费另行计算。

⑩ 带防虫网的风机防雨弯头整体安装执行消声弯头相应项目乘以系数 0.4，防虫网罩单独安装执行风口定额乘以系数 0.8。

⑪ 部件均不包括支架制作安装，发生时执行“G.5 辅助项目”相应项目。

⑫ 净化通风系统成品整流罩安装，按其总重量执行“G.1.13 过滤器框架”安装相应项目。

⑬ 若风口风阀规格大于本章相应项目的最大规格，按最大规格项目乘以系数 1.20 执行。

（2）工程量计算规则

本章工程量均以图示数量按照定额项目的分类和计量单位计算工程量。

（3）部分常用定额

G.3.1　碳钢调节阀（编码：030703001）

工作内容：号孔、钻孔、对口、校正、制垫、加垫、上螺栓、紧固、试动。

定额编号	项目名称	单位	综合基价/元	其中					未计价材料		
				人工费	材料费	机械费	管理费	利润	名称	单位	数量
CG0272	对开多叶调节阀 C≤2 800	个	95.46	46.20	31.55	4.32	4.09	9.30	对开多叶调节阀	个	1.010
CG0273	对开多叶调节阀 C≤4 000	个	111.32	51.45	39.05	5.68	4.63	10.51	对开多叶调节阀	个	1.010
CG0274	对开多叶调节阀 C≤5 200	个	134.91	61.74	46.76	7.95	5.64	12.82	对开多叶调节阀	个	1.010
CG0279	防火阀 C≤3 600	个	197.92	119.91	39.05	5.68	10.17	23.11	防火阀	个	1.010
CG0280	防火阀 C≤5 400	个	265.36	164.85	46.76	7.95	14.00	31.80	防火阀	个	1.010

表 G.3.3　碳钢风口（编码：030703007）

工作内容：对口、上螺栓、制垫、加垫、找正、找平、固定、试动、调整。

定额编号	项目名称	单位	综合基价/元	其中					未计价材料		
				人工费	材料费	机械费	管理费	利润	名称	单位	数量
CG0287	百叶风口 C≤900	个	24.36	16.59	3.19	0.14	1.36	3.08	百叶风口	个	1.010
CG0288	百叶风口 C≤1 280	个	30.97	21.21	3.96	0.14	1.73	3.93	百叶风口	个	1.010
CG0289	百叶风口 C≤1 800	个	58.31	41.58	5.53	0.14	3.38	7.68	百叶风口	个	1.010
CG0295	矩形送风口 C≤400	个	27.83	15.33	8.44	—	1.24	2.82	矩形送风口	个	1.010
CG0304	方形散流器 C≤1 000	个	38.79	25.62	6.38	—	2.08	4.71	散流器	个	1.010
CG0305	方形散流器 C≤2 000	个	53.36	36.96	6.61	—	2.99	6.80	散流器	个	1.010
CG0306	圆形、流线型散流器 Φ≤200	个	28.03	18.48	4.65	—	1.50	3.04	散流器	个	1.010
CG0307	圆形、流线型散流器 Φ≤360	个	50.25	34.86	6.16	—	2.82	6.41	散流器	个	1.010
CG0308	圆形、流线型散流器 Φ≤500	个	63.40	45.15	6.28	—	3.66	8.31	散流器	个	1.010
CG0309	带调节阀（过滤器）百叶风口 C≤800	个	50.60	32.34	9.69	—	2.62	5.95	百叶风口	个	1.010

5. G.5 辅助项目

（1）说明

① 本章支架制作安装项目适用于本定额所有需要单独列项的支吊架项目。

② 型钢支架制作安装不包括除锈、刷油，执行 M《刷油、防腐蚀、绝热工程》。

③ 不锈钢矩形法兰执行圆形法兰项目。

④ 风管套管制作安装包括风管与套管之间的普通砂浆填缝，风管封堵如采用防火阻燃封堵另执行 D《电气设备安装工程》中防火封堵相应项目。

⑤ 风管套管制作安装不包括除锈刷油和套管与建筑之间的填抹。

⑥ 风管支架垫木适用于垫衬在风管与支架之间的矩形木条。定额中不包括木条防腐和涂刷漆层。

⑦ 风口木框适用于风口安装位置的吊顶风口洞加固。定额中不包括木条防腐和涂刷漆层。

⑧ 风管弯头导流叶片包含单叶片型和香蕉形双叶片型。

⑨ 柔性接头适用于设备（部件）与风管之间的软连接；非金属柔性接头制作安装为单层考虑，材料为帆布，使用人造革等其他非金属材料时不予换算；金属柔性接头安装，适用于不同的金属材质，接头材料为未计价材料。

⑩ 多联空调机铜管直径为外径，分歧管规格为分歧管前端铜管外径。Φ≤15.9 的铜管按盘管编制，如使用直管，其管件按 4.22 个/10 m 计算或按实计算。

⑪ 铜管充冷媒也适用于设备充冷媒。

⑫ 风管清洗消毒仅适用于新安装风管，不适用于已用空调系统风管的清洗消毒。

（2）工程量计算规则

① 支架制作安装按图示尺寸以质量计算，以“100 kg”为计量单位。

② 风管穿墙穿楼板套管按图示数量以套管尺寸展开面积计算，以“m^2”为计量单位。

③ 风管支架垫木按风管与支架横担的接触长度计算，以“m”为计量单位。可以综合按每 10 m^2 风管 1.75 m 计算。

④ 风口木框以风口标称周长计算，以“m”为计量单位。

⑤ 柔性接头、伸缩节按展开面积计算，以“m^2 ”为计量单位。

⑥ 导流叶片分单叶片和双叶片（香蕉形）按图示尺寸以面积计算，以“m^2”为计量单位。

⑦ 风管清洗消毒和漏风试验工程量同相应风管的工程量。

（3）部分常用定额

G.5.6　柔性接头（编码：030703019）

工作内容：放样、下料、成型、钻眼、连接、铆接、固定。

定额编号	项目名称	单位	综合基价/元	其中					未计价材料		
				人工费	材料费	机械费	管理费	利润	名称	单位	数量
CG0514	非金属柔性接头制作安装	m^2	397.88	174.90	174.35	1.81	14.31	32.51			
CG0515	金属柔性接头安装	m^2	122.14	90.21	7.89	0.10	7.32	16.62			

注：金属柔性接头安装中金属柔性材料及其法兰配件等为未计价材料。

G.5.8　风管套管制作安装

工作内容：制作：放样、下料、卷折成型、点焊、焊接、去渣。安装：就位、固定、找平、找正、填塞。

定额编号	项目名称	单位	综合基价/元	其中					未计价材料		
				人工费	材料费	机械费	管理费	利润	名称	单位	数量
CG0518	风管套管制作安装	m^2	661.13	393.99	40.20	96.86	39.76	90.32	钢板	m^2	1.100

G.5.14　风管清洗消毒

工作内容：拆口或开孔、清洗、消毒、检测、封口封孔、清洁场地。

定额编号	项目名称	单位	综合基价/元	其中					未计价材料		
				人工费	材料费	机械费	管理费	利润	名称	单位	数量
CG0572	风管清洗消毒	10 m^2	73.34	28.20	12.31	20.04	3.91	8.88			

G.5.15　风管漏风试验

工作内容：准备工作、制堵盲板、装设测试仪器、检验、测试、拆盲板、现场清理。

定额编号	项目名称	单位	综合基价/元	其中					未计价材料		
				人工费	材料费	机械费	管理费	利润	名称	单位	数量
CG0573	漏风试验	m^2	38.42	29.10	0.35	0.99	2.44	5.54			

项目五　建筑电气工程工程量清单及清单计价

素质目标

培养诚信守法、爱岗敬业的职业素养；培养认真严谨、细致耐心的工作态度。

知识目标

了解电气工程的分类；理解常用建筑电气照明的组成、常用材料与设备的种类及电气工程施工方法；了解并熟悉电气配管配线敷设方式和灯具小电器的安装；熟悉电气照明工程施工图的主要内容及其识读方法；熟悉电气照明工程清单项目设置及工程量计算规则；掌握清单计价模式下的电气照明工程工程量清单及清单计价编制的步骤、方法、格式及内容。

能力目标

能够迅速地识读电气照明工程施工图；比较熟练地进行清单计价模式下的电气照明工程工程量计算和清单编制，熟练地计算分部分项工程综合基价及汇总编制电气照明工程工程量清单计价。

任务一　认识电气工程

从广义上讲，电气工程包括电力、通信、控制三大系统，电力系统是指由发电厂、输电线路、变电所、配电线路及用电设备构成的系统。从狭义上讲，我们一般提到的电气工程，是指工业与民用建筑中的电气工程，包括变配电工程、外线工程、动力及照明工程（防雷接地工程）、弱电工程等。本章节重点介绍电气照明工程。

（一）电气照明系统组成

建筑电气照明工程系统一般是由变配电设施通过线路连接各用电器具组成一个完整的照明供电系统，主要由进户装置、室内配电箱（盘）、电缆及管线敷设、照明器具、小电器（开关、插座、电扇等）、防雷接地等项目组成，如图 5.1 所示。

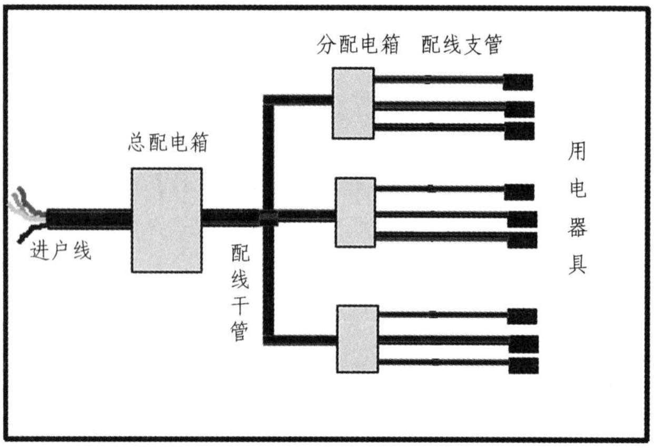

图 5.1　电气照明系统组成示意图

1. 进户装置

电源从室外低压配电线路接线入户的设施称为进户装置。电源进户方式有两种：低压架空进线和电缆埋地进线。

（1）低压架空线进户装置由进户线横担、绝缘子、引下线、进户线和进户管组成。进户线横担的安装方式有一端埋设和两端埋设两种。进户线横担如图 5.2 所示。

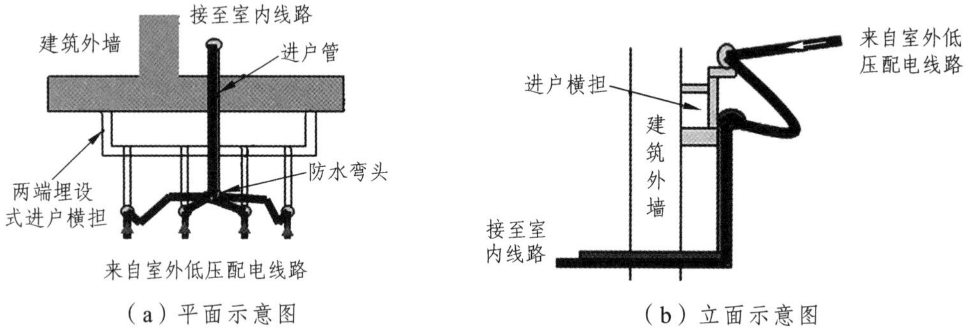

图 5.2　进户线横担示意图

（2）电缆埋地进线，在照明工程中只考虑低压电缆终端头的制作与安装，其引接电缆的安装计入外网工程。电缆埋地进线如图 5.3 所示。

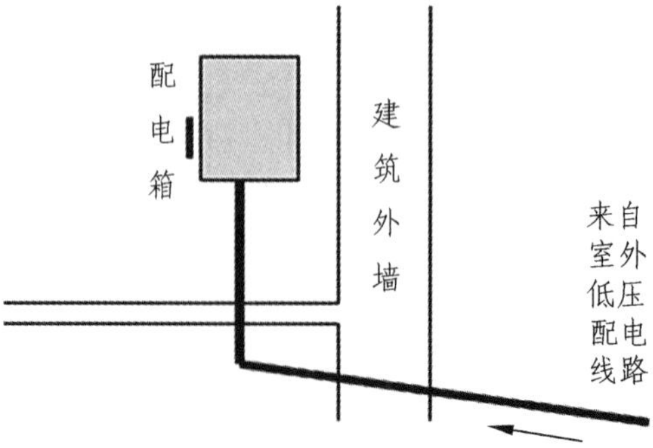

图 5.3　电缆埋地进线示意图

2. 配电箱、开关柜

进户线进入室内后，应该先经过总开关，然后再接至各个分路。将总开关、分支开关、熔断器和电度表等控制及计量设备一起安装于某个箱子中，形成的这个整体就称为配电箱。配电箱是控制室内电源的主要设施。进户后设置的配电箱为总配电箱，它主要控制各个支路的配电箱；各分支电路的配电箱为分配电箱。

根据配电箱用途不同，可分为动力配电箱和照明配电箱。动力配电箱就近设置在工厂车间和其他负载场地，直接向 500 V 以下工频交流用电设备供电；照明配电箱适用于工业与民用建筑在交流 50 Hz、额定电压 500 V 以下的照明和小动力控制回路中作线路的过载、短路保护以及线路正常转换用。根据配电箱安装方式不同，可分为明装、暗装和半明半暗。根据材质不同，可分为铁制、木制等。

除了配电箱外，常用的配电装置还有低压开关柜，也称低压配电屏或柜，经常直接设置在配电变压器低压侧作为配电主盘，有时也用作较重要负荷的配电分盘，一般要求安装在专用电气房间（配电室）或被相对隔离开的专门场地内。

3. 电缆及管线敷设

电气照明系统中，进户线路及配电设备相互连接时常采用电缆连接。进户线路中电缆的敷设常采用直埋敷设、穿管敷设、电缆沟敷设和桥架敷设等方式，配电设备之间相互连接中电缆的敷设通常采用穿管敷设及竖井敷设等方式。

管线敷设是指由配电箱接到各用电器具的管路管线的安装。目前，采用的配线方式有线管配线、夹板配线、绝缘子配线、槽板配线、线槽配线、塑料护套线明敷设、车间带型母线安装等。采用较多的是线管配线的方式。线管配线包括配管和配线两项工程内容。

4. 照明器具

根据照明的用途，照明可分为工作照明、应急照明、值班照明、警卫照明、景观照明和障碍照明等；根据照明的范围，可分为一般照明、局部照明和混合照明等。常用的照明灯具有白炽灯、荧光灯、高压钠灯等。

5. 开关、插座

开关有拉线开关、扳把开关、按钮开关等，其安装方式有明装和暗装两种。根据开关灯具的要求有单联、双联、三联、四联、单控、双控等形式。

插座是供随时接通用电器具的装置，其安装形式也有明装和暗装之分。根据用电情况可分为单相插座和三相插座；根据使用部位不同，可分为一般插座、带保险盒盖插座、防爆插座。

6. 防雷接地

防雷接地的主要作用是将建筑物或构筑物所受雷电的袭击引入大地，使建筑物、构筑物免受雷电的破坏，所以无论任何级别的防雷接地装置，一般都由接闪器、引下线和接地体三大部分构成，如图 5.4 所示。

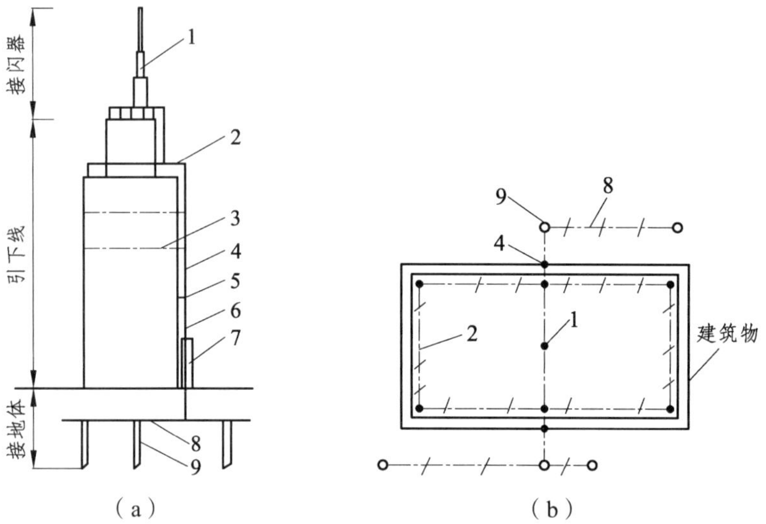

1—避雷针；2—避雷网格；3—避雷带；4 —引下线；5—引下线卡子；
6—断接卡子；7—引下线保护管；8—接地母线；9—接地极。

图 5.4 建筑物防雷接地装置示意图

接闪器是指直接接受雷击的金属构件。根据其形状的不同，可分为避雷针、避雷网、避雷带。避雷针是接收雷电的装置，安装在建筑物和构筑物的最高点，由钢管和圆钢制成。避雷带是利用小截面圆钢或扁钢做成的条形长带，装于建筑物易遭雷击的部位，如屋脊、屋檐、屋角、女儿墙和高层建筑物的上部垂直墙面上。当避雷带形成网状时就称为避雷网。避雷网是用以保护建筑物屋顶部水平面不受雷击。在高层建筑中，每三层在结构圈梁内敷设一条扁钢与引下线焊接成环状水平避雷带，又叫均压环，以防止侧向雷击。避雷带（网）可以采用镀锌圆钢或扁钢：圆钢直径大于等于 8 mm；扁钢截面积大于等于 48 mm^2，厚度大于等于 4 mm。

引下线是指连接接闪器与接地装置的金属导体，可以利用建筑物柱筋或其他钢筋作引下线，也可用圆钢或扁钢作单独的引下线，一般由引下线、引下线支持卡、断接卡、引下线保护管等组成。引下线在 2 根及以上时，需在距地面 0.3 ~ 1.8 m 处作断接卡子，供测量接地电阻使用，断接卡子以下的引下线需用套管进行保护。

接地体是指埋入土壤或混凝土基础中作散流用的金属导体。接地体分自然接地体和人工接地体。自然接地体是利用基础里的钢筋做接地体的一种方式。人工接地体一般由接地母线、接地极组成。接地母线敷设分为户内和户外。户内接地母线一般沿墙用卡子固定敷设，户外接地母线一般埋设在地下。接地母线多采用扁钢或圆钢。接地极由钢管、角钢、圆钢、铜板或钢板制作而成。一般长度为 2.5 m，每组 3 ~6 根不等，直接打入地下，与室外接地母线连接。

（二）电气照明系统常用材料及设备

1. 电　缆

电缆是一种多芯导线，即在一个绝缘软套内裹有多根相互绝缘的线芯。由缆芯、绝缘层、保护层三部分组成。电缆按绝缘材料可分为纸绝缘电缆、塑料绝缘电缆；按导电材料可分为铜芯电缆、铝芯电缆；按敷设方式可分为直埋电缆、不可直埋电缆；按芯数可分为单芯、双芯、三芯及多芯电缆；按用途可分为电力电缆、通信电缆、其他电缆。电缆型号的组成及含义见表 5.1。

表 5.1　电缆型号的组成及含义

性能	类别	电缆种类	线芯材料	内护层	其他特征	外护层	
						第一数字	第二数字
ZR-阻燃		Z-纸绝缘	T-铜（略）	Q-铅护套	P-屏蔽	2-双钢带	1-纤维护套
NH-耐火	K-控制电缆	X-橡皮	L-铝	L-铝护套	C-重型	3-细圆钢丝	2-聚氯乙烯护套
	Y-移动式软电缆	V-聚氯乙烯		V-聚氯乙烯护套	F-分相铅包	4-粗圆钢丝	3-聚乙烯护套
	P-信号电缆	Y-聚乙烯		H-橡皮护套			
	H-电话电缆	YJ-交联聚乙烯		Y-聚乙烯护套			

（1）电力电缆

随着电压等级、所采用绝缘材料和外保护层或铠装不同，电力电缆有多种系列产品。常用的电力电缆型号及名称如表 5.2。

表 5.2　常用电力电缆型号及名称

型号		名称
铜芯	铝芯	
VV	VLV	聚氯乙烯绝缘　聚氯乙烯护套电力电缆
VV_{22}	VLV_{22}	聚氯乙烯绝缘　钢带铠装　聚氯乙烯护套电力电缆
ZR-VV	ZR-VLV	阻燃聚氯乙烯绝缘　聚氯乙烯护套电力电缆
ZR- VV_{22}	ZR-VLV_{22}	阻燃聚氯乙烯绝缘　钢带铠装 聚氯乙烯护套电力电缆
NH-VV	NH-VLV	耐火聚氯乙烯绝缘　聚氯乙烯护套电力电缆
NH-VV_{22}	NH-VLV_{22}	耐火聚氯乙烯绝缘　钢带铠装　聚氯乙烯护套电力电缆
YJV	YJLV	交联聚氯乙烯绝缘　聚氯乙烯护套电力电缆
YJV	$YJLV_{22}$	交联聚氯乙烯绝缘　钢带铠装　聚氯乙烯护套电力电缆

（2）控制电缆

控制电缆一般是供直流和交流频率 50 Hz、额定电压 450/750 V、600/1 000 V 及以下配电装置中仪表、电器、电路控制用，也可作为信号电缆，供连接电路信号用。

常用的控制电缆有：KVV、KLVV 系列聚氯乙烯绝缘聚氯乙烯护套控制电缆，KXV 系列橡皮绝缘聚氯乙烯护套控制电缆。

（3）电缆头

对电缆连接处的特殊处理，称为电缆头的制作。

电缆之间的连接头称为中间头，电缆与其他电气设备之间的连接称为终端头。

（4）预制分支电缆

生产厂家按照电缆用户要求的主、分支电缆型号、规格、截面、长度及分支位置等指标，在制造电缆时直接从主干电缆上加工制作出带分支的电缆，称为预制分支电缆。广泛应用于中、高层建筑中，作为供、配电的主、干线电缆使用。

预制分支电缆的型号表示，举例如下：

$$\text{YFD-ZR-VV-}4\times185+1\times95/4\times35+1\times16$$

表示主干电缆为 4 芯 185 mm^2 和 1 芯 95 mm^2 的铜芯阻燃聚氯乙烯绝缘聚氯乙烯护套电力电缆，分支电缆为 4 芯 35 mm^2 和 1 芯 16 mm^2 的铜芯阻燃聚氯乙烯绝缘聚氯乙烯护套电力电缆。

2. 绝缘导线

常用绝缘导线按其绝缘材料分为聚氯乙烯导线和橡皮绝缘导线；按线芯材料分为铜线和铝线；按线芯性能有硬线和软线之分。常用绝缘导线的型号、品种见表 5.3。

表 5.3　常用绝缘导线的型号、品种

类　别	型　号	名　称
聚氯乙烯导线	BV	铜芯聚氯乙烯绝缘电线
	BLV	铝芯聚氯乙烯绝缘电线
	BVV	铜芯聚氯乙烯绝缘聚氯乙烯护套圆形电线
	BLVV	铝芯聚氯乙烯绝缘聚氯乙烯护套圆形电线
	BVR	铜芯聚氯乙烯绝缘软电线
	BLVR	铝芯聚氯乙烯绝缘软电线
	RVB	铜芯聚氯乙烯绝缘平行软线
	RVS	铜芯聚氯乙烯绝缘绞形软线
	RVV	铜芯聚氯乙烯绝缘聚氯乙烯护套软线
橡皮绝缘导线	BX	铜芯橡皮绝缘线
	BLX	铝芯橡皮绝缘线
	BBX	铜芯玻璃丝织橡皮绝缘线
	BBLX	铝芯玻璃丝织橡皮绝缘线
	BXR	铜芯橡皮绝缘软线
	BXS	棉纱织双绞绝缘软线

3. 常用低压控制和保护电器

低压电器指电压在 500 V 以下的各种控制设备、继电器及保护设备等。工程中常用的低压电气设备有刀开关、熔断器、低压断路器、接触器、磁力启动器、漏电保护器（漏电开关）及各种继电器等。

（1）刀开关：最简单的控制设备，其作用是不频繁地接通电路。

（2）低压断路器：工程中应用最广泛的一种控制设备，也称自动开关或空气开关。它具有短路和过载两种保护性能，并且断流能力强，灭弧系统完善。常用作配电箱中的总开关或分路开关。

（3）继电器：分为热继电器、时间继电器和中间继电器。热继电器主要用于电动机和电气设备的过负荷保护；时间继电器用于电路中控制动作时间；中间继电器通过通电或断电，使接点接通或断开以控制各个电路。

（4）漏电保护器：又称漏电保护开头。它是防止人身误触带电体漏电而造成人身触电事故的一种保护装置，它也可以防止由漏电而引起的电气火灾和电气设备损坏事故。

4. 照明器具

（1）根据光源种类，可分为白炽灯、荧光灯、碘钨灯、钠灯、汞灯等。常用电光源种类代号见表 5.4。

表 5.4 常用电光源种类代号

电光源类型	代 号	电光源类型	代 号
白炽灯	IN	钠灯	Na
荧光灯	FL	汞灯	Hg
碘钨灯	I		

（2）根据灯具用途不同，通常分为以下几种：

① 普通灯具：圆球吸顶灯、半圆球吸顶灯、方形吸顶灯、防水吊灯、一般弯脖灯、一般墙壁灯、软线吊灯、应急灯等。

② 工厂灯具：工厂罩灯、防水防尘灯、防潮灯、碘钨灯、混光灯、防爆灯等。

③ 装饰灯具：吊式艺术灯、吸顶式艺术灯、荧光艺术荧光灯具、标志诱导装饰灯具、点光源艺术装饰灯具、草坪灯具、歌舞厅灯具、霓虹灯等。

④ 荧光灯：组装型、成套型荧光灯具等。

⑤ 医疗专用灯。

⑥ 一般路灯。

（3）常用灯具类型及代号见表 5.5。

表 5.5 常用灯具类型及代号

灯具类型	代 号	灯具类型	代 号
花灯	H	防水防尘灯	F
吸顶灯	D	搪瓷伞罩灯	S
壁灯	B	隔爆灯	G
普照通吊灯	P	柱灯	Z
荧光灯	Y	投光灯	T

（三）电气照明系统安装

1. 配管配线

（1）配管

配管工程是配管配线工程的重要组成部分。常用管材有钢管、防爆钢管、电线管、可挠金属管、金属软管、塑料管等。其中塑料管又包括硬质聚氯乙烯管、刚性阻燃管、半硬质阻燃管等。钢管具有较好的防潮、防火、防爆性能，硬塑料管具有较好的防潮和抗酸性能。配管的方式有明配和暗配两种方式。

① 明配

明配管通常用管卡子固定于砖、混凝土结构上或固定于钢结构支架及钢索上。管子明配施工方便，造价较低，但影响美观，故多用于工业厂房内。

② 暗配

暗配管是在土建施工时将管子预埋入墙壁、楼板或天棚内。暗配管施工复杂，造价较高，但使用年限长，不影响建筑美观，广泛应用于工业与民用建筑中。

配管时，为了便于施工穿线，线管应尽量沿最短线路敷设，并减少弯曲。根据《民用建筑电气设计规范》（JGJ 16—2008），当线管布线较长或转弯较多时，宜适当加装接线盒，两个接线盒间的距离应符合以下规定：

对于无弯的管路，不超过 30 m；

有一个转弯时，不超过 20 m；

有两个转弯时，不超过 15 m；

有三个转弯时，不超过 8 m。

当加装接线盒有困难时，也可适当加大管径。

（2）管内穿线

配管工程完成后，进行线管内穿绝缘导线。导线在线管内不得有接头和扭结；两根绝缘电线穿于同一根导管时，导管内径不应小于两根电线外径之和的 1.35 倍；三根及以上绝缘电线穿于同一根导管时，其总截面积（包括外护层）不应超过线管内截面积的 40%。

（3）线路敷设符号

线路敷设方式符号见表 5.6，线路敷设部位符号见表 5.7。

表 5.6　线路敷设方式符号

敷设方式	字母代号	敷设方式	字母代号
用硬质塑料管敷设	PC	用金属线槽敷设	MR
用半硬质塑料管敷设	EPC	用电缆桥架敷设	CT
用聚氯乙烯塑料波纹管敷设	KPC	用塑料线槽敷设	PR
用电线管敷设	TC	用塑料夹敷设	PCL
用水煤气管敷设	SC	用金属软管敷设	CP

表 5.7　线路敷设部位符号

敷设方式	字母代号	敷设方式	字母代号
沿钢索敷设	SR	暗敷在梁内	BC
沿屋架或层架下弦明敷设	BE	暗敷在柱内	CLC
沿柱明敷设	CLE	暗敷在屋面内板或顶板内	CC
沿墙明敷设	WE	暗敷在地面内或地板内	FC
沿顶棚明敷设	CE	暗敷在不能进人的吊顶内	ACC
在能进人的吊顶内敷设	ACE	暗敷在墙内	WC

2. 灯具安装

灯具的安装方式可分为悬吊式、吸顶式、壁装式等。其中：吊式又有线吊式、链吊式、管吊式三种方式；吸顶式又有一般吸顶式、嵌入吸顶式两种方式。表 5.8 给出了灯具各种安装方式的表示符号。

表 5.8　灯具安装方式的表示符号

安装方式	字母代号	安装方式	字母代号
壁装式	W	线吊式	CP
吸顶式	C	链吊式	CH
嵌入壁装式	WR	管吊式	P
嵌入吸顶式	CR		

任务二　建筑电气工程施工图识读

识读建筑电气工程图，要熟悉电气图的表达形式、通用画法、图例符号、文字符号和建筑电气工程图的特点，再按照图纸的顺序阅读，就可以比较迅速、全面地读懂图纸。

（一）电气工程常用图例

电气工程常用图例见表 5.9。

表 5.9　电气工程常用图例

名　称	图形符号	名　称	图形符号
单相插座 暗装 密闭（防水） 防爆		单极开关 暗装 密闭（防水） 防爆	

续表

名　称	图形符号	名　称	图形符号
带接地插孔的单相插座 暗装 密闭（防水） 防爆		双极开关 暗装 密闭（防水） 防爆	
带接地插孔的三相插座 暗装 密闭（防水） 防爆		三极开关 暗装 密闭（防水） 防爆	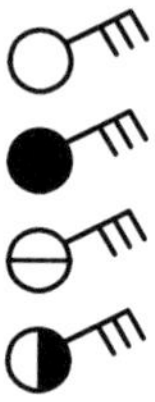
具有单极开关的插座		单极双控拉线开关	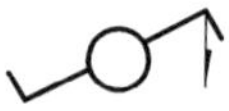
插座箱（板）		单极拉线开关	
多个插座（示出 3 个）		双控开关（单极三线）	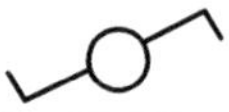
		具有指示灯的开关	
		多拉开关（如用于不同照度）	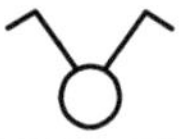
动力或动力-照明配电箱 注：需要时符号内可标示电流种类符号		照明配电箱（屏） 注：需要时允许涂红	
信号板、信号箱（屏）		事故照明配电箱（屏）	
多种电源配电箱（屏）		限制接近的按钮（玻玻罩等）	
灯或信号灯的一般符号		聚光灯	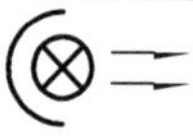
投光灯一般符号		泛光灯	
深照型灯		广照型灯（配照型灯）	
荧光灯一般符号 三管荧光灯 五管荧光灯	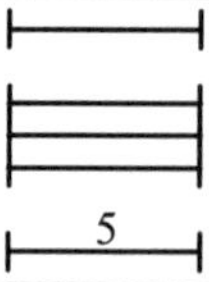	防水防尘灯	
		球型灯	
防爆荧光灯		局部照明灯	

续表

名　称	图形符号	名　称	图形符号
刀开关箱		防爆灯	
矿山灯		顶棚灯	
安全灯		弯灯	
花灯		壁灯	

（二）电气工程施工图组成

电气施工图一般包括变配电工程图、动力工程图、照明工程图、外电工程图、防雷接地工程图和弱电工程图等。其中，室内电气施工图的内容包括首页、电气系统图、平面布置图、安装接线图以及大样图和标准图等。

（1）首页

内容包括目录、设计说明、设备明细表、图例等。

通过首页内容，应该了解工程的总体概况、设计依据、要求，使用的材料规格、施工安装要求及工程施工质量验收规范等；供电电源的来源、电压等级、线路敷设方法、设备安装高度及安装方式、补充使用的非国标图形符号、施工时应注意的事项等。

（2）电气系统图

主要表示整个工程或其中某一项的供电方案和供电方式的图纸，它用单线把整个工程的供电线路示意性地连接起来，可以集中地反映整个工程的规模，还可以表示某一装置各主要组成部分的关系。

通过阅读电气系统图可以了解电气工程以下内容：

① 进线电源的电压等级，电气工程系统的保护接地类型，电源引入导线的规格、型号和敷设方式。

② 整个变配电工程系统的连接方式，从主干线至各分支回路有几级控制，共有多少条干线和多少个分支回路。

③ 主要变电设备、配电设备的名称、型号、规格和数量。

④ 配电柜、箱、盘内的电气元件名称、型号、规格和数量。

⑤ 干线、支线的型号、规格和敷设方式。

（3）平面布置图

通过阅读平面图可知以下内容：

① 建筑物的平面布置、轴线、尺寸及比例。

② 各种变配电、用电设备的编号、名称及它们在平面上的位置。

③ 各种变配电线路的起点、终点、敷设方式及在建筑物中的走向。

（4）安装接线图

安装接线图是表现某一设备内部各种电气元件之间位置及连线的图纸，用来指导电气安装接线、查线。

（5）大样图和标准图

大样图是表示电气工程中某一部分或某一部件的安装要求和做法的图纸，一般不绘制，只在没有标准图可用而又有特殊情况时绘出。

（三）电气工程施工图表示

1. 供电电源的种类及表示方式

建筑照明通常采用 220 V 的单相交流电源。若负荷较大，采用 380/220 V 的三相四线制电源供电。在系统图中，电源用下面的形式表示：

$$m \sim fV$$

式中 m——相数；

f——频率（Hz）；

V——电压（V）。

如 3 N ~ 50 Hz　380/220 V，即表示三相四线制（N 代表零线）电源供电，电源频率为 50 Hz，电源电压为 380/220 V。

2. 导线的安装及敷设表示方式

在系统图中，配电导线的表示方法为：

$$a-b\,(c\times d + c\times d)\,e-f$$

式中 a——回路编号（回路少时可省略）；

b——导线型号（见表 5.3）；

c——导线根数；

d——导线截面；

e——导线敷设方式（见表 5.6）及管材管径（mm）；

f——导线敷设部位（见表 5.7）。

举例如下：

$$\mathrm{BV}3\times 6+1\times 2.5-\mathrm{SC}50-\mathrm{FC}$$

表示铜芯聚氯乙烯绝缘线，共 4 根，其中 3 根截面积 6 mm^2，1 根截面积为 2.5 mm^2，穿 DN50 水煤气管暗敷设在地面内。

3. 配电线路表示方式

照明线路在系统图和平面图上的表示方法分为多线表示法、单线表示法和混合表示法。每根导线各用一条图线表示为多线表示法；两根或两根以上的导线只用一条线表示即为单线表示法。同一图中，单线表示法和多线表示法同时使用即为混合表示法。

电气照明系统图和平面图上的电气线路多是用单线表示的。即每一回路的线路只画一根导线，实际的导线根数可在单线上打斜短线表示或者用一根斜短线和标注阿拉伯数字的方法表示。如 3 根导线，用“—///—”或“—/—3”表示。

4. 灯具表示方式

灯具标注的一般形式如下所示：

$$a-b\frac{c\times d\times L}{e}f$$

式中　a——灯具数量；

b——型号；

c——每盏灯的灯泡数或灯管数；

d——灯泡容量（W）；

e——安装高度（m）；

f——安装方式（见表 5.8）；

L——光源种类（见表 5.4）。

举例如下：

$$\text{YG2-1}\ 100\frac{2\times 20}{2.5}\text{Ch}$$

表示简 YG2-1 型日光灯 100 套，每套 2 根 20 W 日光灯管，安装高度为 2.5 m，链吊式。

5. 常用照明控制线路在平面图上的表示方法

（1）一只开关控制一盏灯

一只开关控制一盏灯是最简单的照明控制线路，平面图的表示如图 5.5（a），而实际接线图则为图 5.5（b），从图 5.5（b）可知，电源进线、接入开关和灯座都是两根线。

（a）平面图　　（b）实际接线图

图 5.5　一只开关控制一盏灯的控制线路

（2）多只开关控制多盏灯

图 5.6（a）照明平面图中，某房间装有 3 盏灯和 3 个开关，一只开关控制一盏灯。图 5.6（b）是该平面图的实际接线图。可以看到，在不装接线盒的情况下，左边两盏灯间线管中须穿 3 根线，左边两开关与灯具间连接管中须穿 4 根线。

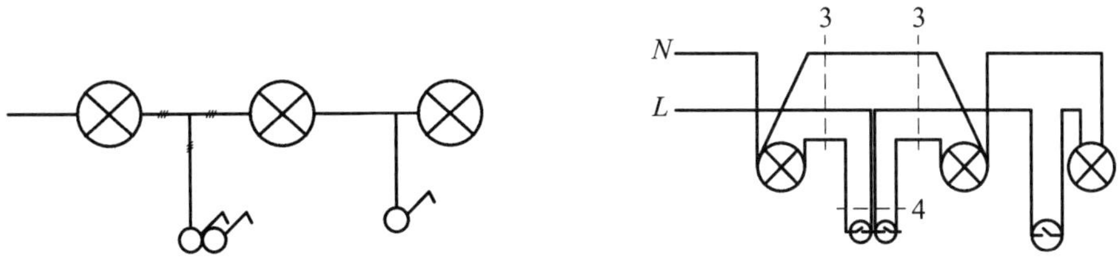

（a）平面图　　（b）实际接线图

图 5.6　多只开关控制多盏灯的控制线路

（3）两只双控开关在两处控制一盏灯

在楼梯间，通常会用到两只双控开关在两处控制一盏灯的情况，其平面图和原理接线图如图 5.7 所示。在图 5.7（b）所示开关位置下，灯不亮。但此时无论扳动哪一只开关，灯都会亮。

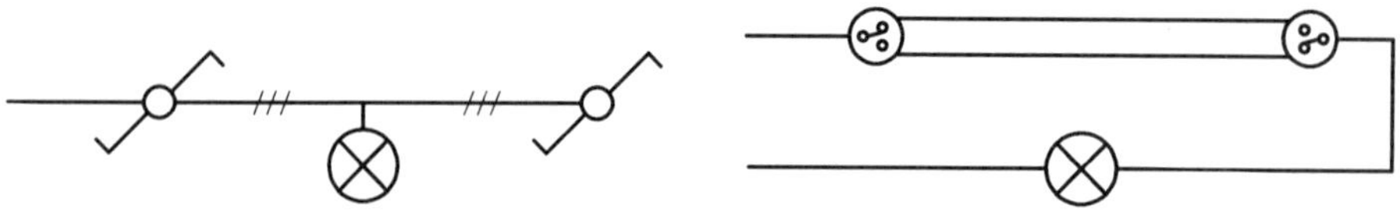

（a）平面图

（b）原理接线图

图 5.7　两只双控开关在两处控制一盏灯的控制线路

（四）电气工程施工图识读

1. 识读室内电气施工图的顺序

（1）首先看设计说明、图例和文字符号，掌握图例和符号的含义，电气设备规格、容量的标示方法，了解施工图的内容等。

（2）再看系统图，了解配电方式和回路，以及各回路装置间的关系。

（3）结合系统图看各平面图中的配电回路，各回路导线敷设走向、根数及灯具的型号、位置、数量等。

（4）看安装大样图，详细了解设备的安装方法。

（5）看设备材料表，查看工程所使用的设备、材料的型号、规格，作为施工图预算的依据之一。

以上识读顺序，可自行掌握。另外，识读电气工程图纸时，还要配合识读有关施工质量验收规范、质量评定标准以及全国通用电气装置标准图集，详细了解安装技术及安装方法。

2. 室内电气照明工程系统图的识读

电气照明工程系统图是表明照明的供电方式、配电线路的分布和相互联系情况的示意图，图上标有进户线型号、芯数、截面积以及敷设方法和所需保护管的尺寸，总电表箱和分电表箱的型号与供电线路的编号、敷设方法、容量和管线的型号规格。

阅读系统图时，一般从进线开始读至室内各配电箱以及各用电回路的接线关系，各配电箱中电气设备及器具的规格、型号。这是电气施工图的基础。读懂系统图，可初步了解电气工程全貌。

3. 室内电气照明工程平面图的识读

根据平面图标示的内容，识读平面图要按电源、引入线、配电箱、引出线、用电器具这样沿“线”来读。在识读过程中，要注意了解导线根数、敷设方式，灯具型号、数量、安装方式及高度，插座和开关安装方式、安装高度等内容。看图时，依据从上至下或从左至右一个回路、一个回路阅读。从电气平面图中，可以了解电气工程的全貌和局部细节。

任务三　建筑电气工程清单项目设置及工程量计算

本节摘录《通用安装工程工程量计算规范》（GB 50856—2013）中附录 D 电气设备安装工程中常用项目设置及工程量计算规则。

（一）控制设备及低压电器安装

控制设备及低压电器安装，工程量清单项目设置及工程量计算规则，应按表 5.10 的规定执行。

表 5.10　控制设备及低压电器安装（编码：030404）

<table>
<tr><th>项目编码</th><th>项目名称</th><th>项目特征</th><th>计量单位</th><th>工程量计算规则</th><th>工作内容</th></tr>
<tr><td>030404017</td><td>配电箱</td><td>1. 名称
2. 型号
3. 规格
4. 基础形式、材质、规格
5. 接线端子材质、规格
6. 端子板外部接线材质、规格
7. 安装方式</td><td>台</td><td rowspan="5">按设计图示数量计算</td><td>1. 本体安装
2. 基础型钢制作、安装
3. 焊、压接线端子
4. 补刷（喷）油漆
5. 接地</td></tr>
<tr><td>030404031</td><td>小电器</td><td>1. 名称
2. 型号
3. 规格
4. 接线端子材质、规格</td><td>个
（套、台）</td><td>1. 本体安装
2. 焊、压接线端子
3. 接线</td></tr>
<tr><td>030404032</td><td>端子箱</td><td>1. 名称
2. 型号
3. 规格
4. 安装部位</td><td>台</td><td rowspan="3">1. 本体安装
2. 接线</td></tr>
<tr><td>030404034</td><td>照明开关</td><td>1. 名称
2. 材质
3. 规格
4. 安装方式</td><td>个</td></tr>
<tr><td>030404035</td><td>插座</td><td>1. 名称
2. 材质
3. 规格
4. 安装方式</td><td>个</td></tr>
</table>

（二）电缆安装

电缆安装，工程量清单项目设置及工程量计算规则，应按表 5.11 规定执行。

表 5.11 电缆安装（编码：030408）

项目编码	项目名称	项目特征	计量单位	工程量计算规则	工作内容
030408001	电力电缆	1. 名称 2. 型号 3. 规格 4. 材质 5. 敷设方式、部位 6. 电压等级（kV） 7. 地形	m	按设计图示尺寸以长度计算（含预留长度及附加长度）	1. 电缆敷设 2. 揭（盖）盖板
030408002	控制电缆				
030408007	控制电缆头	1. 名称 2. 型号 3. 规格 4. 材质、类型 5. 安装方式	个	按设计图示数量计算	1. 电力电缆头制作 2. 电力电缆头安装 3. 接地

（三）防雷及接地装置

防雷及接地装置，工程量清单项目设置及工程量计算规则，应按表 5.12 规定执行。

表 5.12 防雷及接地装置（编码：030409）

项目编码	项目名称	项目特征	计量单位	工程量计算规则	工作内容
030409001	接地极	1. 名称 2. 型号 3. 规格 4. 土质 5. 基础接地形式	根（块）	按设计图示数量计算	1. 接地极（板、桩）制作、安装 2. 基础接地网安装 3. 补刷（喷）油漆
030409002	接地母线	1. 名称 2. 材质 3. 规格 4. 安装部位 5. 安装形式	m	按设计图示尺寸以长度计算（含附加长度）	1. 接地母线制作、安装 2. 补刷（喷）油漆
030409005	避雷网	1. 名称 2. 材质 3. 规格 4. 安装形式 5. 混凝土块标号			1. 避雷网制作、安装 2. 跨接 3. 混凝土块制作 4. 补刷（喷）油漆

（四）配管、配线

配管、配线，工程量清单项目设置及工程量计算规则，应按表 5.13 规定执行。

表 5.13　配管、配线（编码：030411）

<table>
<tr><th>项目编码</th><th>项目名称</th><th>项目特征</th><th>计量单位</th><th>工程量计算规则</th><th>工作内容</th></tr>
<tr><td>030411001</td><td>配管</td><td>1. 名称
2. 材质
3. 规格
4. 配置形式
5. 接地要求
6. 钢索材质、规格</td><td rowspan="2">m</td><td>按设计图示尺寸以长度计算</td><td>1. 电线管路敷设
2. 钢索架设（拉紧装置安装）
3. 预留沟槽
4. 接地</td></tr>
<tr><td>030411004</td><td>配线</td><td>1. 名称
2. 配线形式
3. 型号
4. 规格
5. 材质
6. 配线部位
7. 配线线制
8. 钢索材质、规格</td><td>按设计图示尺寸以单线长度计算（含预留长度）</td><td>1. 配线
2. 钢索架设（拉紧装置安装）
3. 支持体（夹板、绝缘子、槽板等）安装</td></tr>
</table>

（五）照明器具安装

照明器具安装，工程量清单项目设置及工程量计算规则，应按表 5.14 的规定执行。

表 5.14　照明器具安装（编码：030412）

<table>
<tr><th>项目编码</th><th>项目名称</th><th>项目特征</th><th>计量单位</th><th>工程量计算规则</th><th>工作内容</th></tr>
<tr><td>030412001</td><td>普通灯具</td><td>1. 名称
2. 型号
3. 规格
4. 类型</td><td rowspan="3">套</td><td rowspan="3">按设计图示数量计算</td><td rowspan="3">本体安装</td></tr>
<tr><td>030412004</td><td>装饰灯</td><td rowspan="2">1. 名称
2. 型号
3. 规格
4. 安装形式</td></tr>
<tr><td>030412005</td><td>荧光灯</td></tr>
</table>

（六）电气调整试验

电气调整试验，工程量清单项目设置及工程量计算规则，应按表 5.15 的规定执行。

表 5.15　电气调整试验（编码：030414）

项目编码	项目名称	项目特征	计量单位	工程量计算规则	工作内容
030414002	送配电装置系统	1. 名称 2. 型号 3. 电压等级（kV） 4. 类型	系统	按设计图示系统计算	系统调试
030414011	送配电装置系统	1. 名称 2. 类别	1. 系统 2. 组	1. 按系统计量，按设计图示系统计算 2. 按组计量，按设计图示数量计算	接地电阻测试
030414015	电缆试验	1. 名称 2. 电压等级（kV）	次（根、点）	按设计图示数量计算	试验

（七）其他相关问题

（1）"电气设备安装工程"适用于 10 kV 以下变配电设备及线路的安装工程、车间动力电气设备及电气照明、防雷及接地装置安装、配管配线、电气调试等。

（2）挖土、填土工程，应按《房屋建筑与装饰工程工程量计算规范》相关项目编码列项。

（3）开挖路面，应按《市政工程工程量计算规范》相关项目编码列项。

（4）过梁、墙、楼板的钢（塑料）套管，应按本规范附录 K 采暖、给排水、燃气工程相关项目编码列项。

（5）除锈、刷漆（补刷漆除外）、保护层安装，应按本规范附录 M 刷油、防腐蚀、绝热工程相关项目编码列项。

（6）由国家或地方检测验收部门进行的检测验收应按本规范附录 N 措施项目编码列项。

（7）本附录中的预留长度及附加长度表见表 5.16 ~ 5.18。

表 5.16　电缆敷设预留及附加长度

序号	项　目	预留（附加）长度	说明
1	电缆敷设弛度、波形弯度、交叉	2.5%	按电缆全长计算
2	电缆进入建筑物	2.0 m	规范规定最小值
3	电缆进入沟内或吊架时引上（下）预留	1.5 m	规范规定最小值
4	变电所进线、出线	1.5 m	规范规定最小值
5	电力电缆终端头	1.5 m	检修余量最小值
6	电缆中间接头盒	两端各留 2.0 m	检修余量最小值
7	电缆进控制、保护屏及模拟盘、配电箱等	高 + 宽	按盘面尺寸
8	高压开关柜及低压配电盘、箱	2.0 m	盘下进出线
9	电缆至电动机	0.5 m	从电动机接线盒起算
10	厂用变压器	3.0 m	从地坪起算
11	电缆绕过梁柱等增加长度	按实计算	按被绕物的断面情况计算增加长度
12	电梯电缆与电缆架固定点	每处 0.5 m	规范规定最小值

表 5.17 接地母线、引下线、避雷网附加长度 单位：m

项 目	附加长度	说 明
接地母线、引下线、避雷网附加长度	3.9%	接地母线、引下线、避雷网全长计算

表 5.18 配线进入箱、柜、板的预留长度 单位：m/根

序号	项 目	预留长度/m	说 明
1	各种开关箱、柜、板	高＋宽	盘面尺寸
2	单独安装（无箱、盘）的铁壳开关、闸刀开关、启动器、线槽进出线盒等	0.3	从安装对象中心算起
3	由地面管子出口引至动力接线箱	1.0	从管口计算
4	电源与管内导线连接（管内穿线与软、硬母线接点）	1.5	从管口计算
5	出户线	1.5	从管口计算

任务四 某办公室电气照明工程量清单及清单计价编制

（一）项目内容

某办公室电气照明工程

1. 设计及施工说明

（1）工程概况：本工程为某办公室电气照明工程，建筑层高为 4 m。共 1 层，女儿墙高度 0.6 m，室内外高差 0.45 m。女儿墙顶敷设ϕ8 镀锌圆钢避雷网，ϕ8 镀锌圆钢引下线从两角引下，在距室外自然地坪 1.0 m 处断开，在距建筑物 3 m 处设 2.5 m 长 ∟50×5 角钢接地极，打入地下 0.5 m，顶部用 –40×4 镀锌扁钢在引下线断接处和引下线连接。

（2）电源由低压屏引来，从距外墙 2 m 处穿钢管 DN20 埋地敷设引来，管内穿 BV-3×6 mm^2 电线。

（3）照明配电箱为长×高×厚＝300 mm×270 mm×130 mm PZ30 箱，下口距地为 1.5 m；墙厚 300 mm。

（4）全部插座、照明线路 BV-2.5 mm^2 线，穿管径为 15 mm 的半硬质阻燃管暗敷设。

（5）跷板单、双联开关安装高度距地 1.6 m。

（6）单相五孔插座为 86 系列，安装高度距地 0.4 m。

（7）YLM47 为空气开关。

（8）未尽事宜，按现行施工及验收规范的有关内容执行。

2. 施工图纸

电气照明工程平面图及系统图见图 5.8 和图 5.9 所示。

3. 任　务

（1）针对上述办公室电气照明工程，根据电气照明工程施工图识读的步骤，识读图 5.8、图 5.9。

（2）现假设你在具有编制能力的招标方或受招标方委托具有相应资质的工程造价咨询方工作，试编制本项目的电气照明工程量清单。

（3）投标人在领取招标文件后，编写投标报价书时应按招标人提供的工程量清单填报价格，且其填写的项目编码、项目名称、项目特征、计量单位、工程量必须与招标人提供的一致。现假设你在具有编制能力的投标方或受投标方委托具有相应资质的工程造价咨询方工作，试采用 2020 年《四川省建设工程工程量清单计价定额　通用安装工程》及市场造价信息，编制本项目的投标报价书。

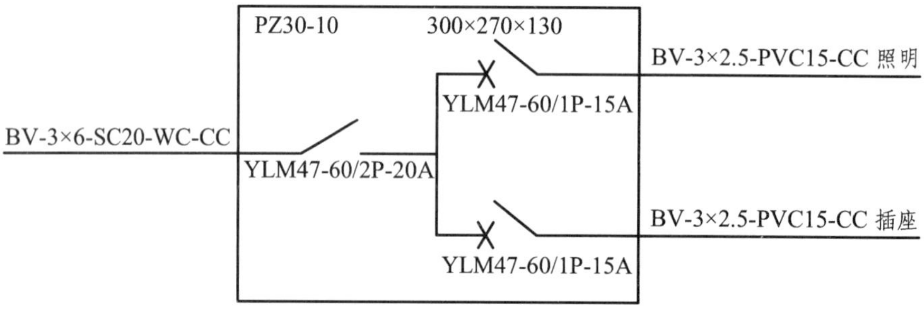

图 5.8　电气照明系统图

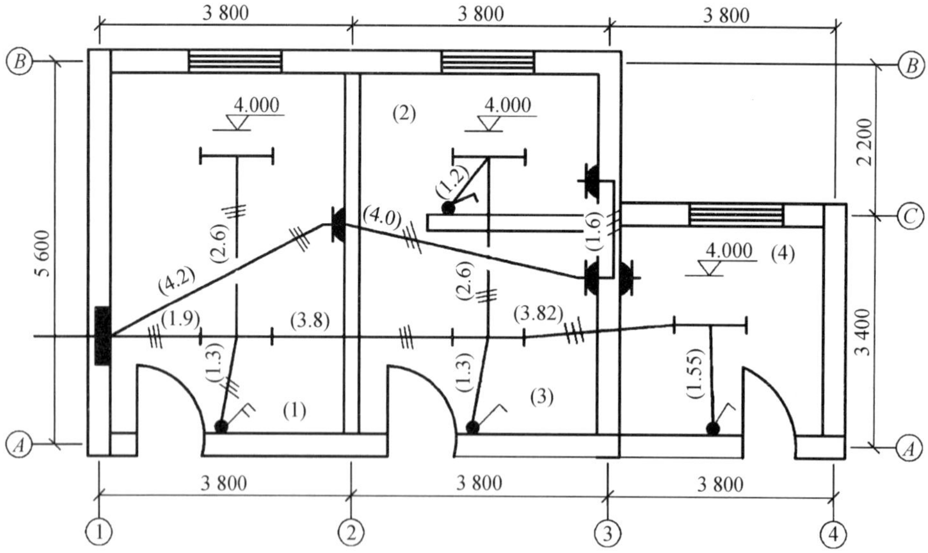

图 5.9　电气照明平面图

（二）某办公室电气照明工程电气工程识图

针对上述办公室电气照明工程，根据电气照明工程施工图识读的步骤，识读图 5.8、图 5.9。识读过程如下：

（1）首先看设计说明、图例和文字符号，掌握图例和符号的含义，电气设备规格、容量的标示方法，了解施工图的内容等。

根据设计及施工说明，了解到本项目为某办公室电气照明工程，建筑层高为 4 m。电气系统进户线为 3 根 6 mm^2 铜芯聚氯乙烯绝缘电线穿 DN20 钢管埋地敷设，照明配电箱规格为长 × 高 × 厚 = 300 mm × 270 mm × 130 mm，下口距地为 1.5 m，全部插座、照明线路采用 2.5 mm^2 铜芯聚氯乙烯绝缘电线穿 $\phi 15$ 塑料管暗敷设，跷板单、双联开关安装高度距地 1.6 m，单相五孔插座为 86 系列，安装高度距地 0.4 m。

在屋面女儿墙顶敷设了 $\phi 8$ 镀锌圆钢的避雷网，两角引下 $\phi 8$ 的镀锌圆钢引下线，在距室外自然地坪 1.0 m 处断开，在距建筑物 3 m 处设了共 6 处 2.5 m 长 ∟50 × 5 角钢接地极，打入地下 0.5 m，顶部用 – 40 × 4 镀锌扁钢的接地母线与之连接。

（2）再看系统图，了解配电方式和回路，以及各回路装置间的关系。

从图 5.8 中可以了解到，进户线首先进入照明配电箱 PZ30-10，空气开关 YLM47-60/2P-20A 控制整个电路的开闭。PZ30-10 配电箱内共有两个回路，一个回路经空气开关 YLM47-60/1P-6A 供照明用电，另一个回路经空气开关 YLM47-60/1P-6A 供插座用电，管线敷设采用的都是 3 根 2.5 mm^2 铜芯聚氯乙烯绝缘电线穿 $\phi 15$ 塑料管沿顶棚暗敷设。

（3）结合系统图看平面图中的配电回路，各回路导线敷设走向、根数及灯具的型号、位置、数量等。

① 建筑平面布置。本项目共有 4 间办公室，为了读图方便，我们将房间进行编号，如图 5.9 所示。

② 线路走向。照明配电箱 PZ30-10 装于房间（1）内，从配电箱共引出两路线：一路接至各房间灯具及开关，一路接至各房间插座。

从配电箱引出的照明线路，首先进入（1）号房间，并分别用 3 根导线连接另一灯具和开关；然后引至（3）号房灯具及开关，并分支接至（2）号房灯具及开关，（2）号房灯具及开关间用 2 根导线连接；最后接至（4）号房灯具及开关。

从配电箱引出的插座线路，首先进入（1）号房间插座，然后引至（3）号房间插座，并分支接至（2）号房间插座；最后接至（4）号房间插座，插座间连接采用 3 根导线。

③ 用电设备。

灯具：每个房间各安装荧光灯 1 个，安装高度为 4 m。

开关、插座：（1）号房间暗装双联开关 1 个，五孔插座 1 个；其余房间均为 1 个开关和 1 个五孔插座。

④ 其他。由于本项目较简单，没有安装大样图及详图。如果还有不太清楚的地方，可查阅电气设计及施工相关规范，或者联系设计院解答。

（三）某办公室电气照明工程工程量清单编制

现假设你在具有编制能力的招标方或受招标方委托、具有相应资质的工程造价咨询方工作，试编制本项目的电气照明工程量清单。

由于前面已经编制了给排水及通风空调工程的工程量清单，本项目工程量清单编制主要列出电气照明工程工程量计算的部分。某办公室电气照明工程工程量清单编制工作过程如下。

1. 编制依据

（1）《建设工程工程量清单计价规范》（GB 50500—2013）；
（2）《通用安装工程工程量计算规范》（GB 50856—2013）；
（3）国家或省级、行业建设主管部门颁发的计价办法；
（4）建设工程设计文件及相关资料；
（5）与建设项目相关的标准、规范等技术资料；
（6）市场价格信息或工程造价管理机构发布的工程造价信息；
（7）其他的相关资料。

2. 清单项目设置

通过读图 5.8 和图 5.9，根据“任务三　电气工程清单项目设置及工程量计算”，进行项目列项。本工程项目主要包括分部分项内容有：配电箱、配管、配线、接线盒、荧光灯、五孔插座、单联开关、双联开关、接地极、接地母线、避雷引下线、避雷网、送配电系统调试、接地装置系统调试等。把这些项目根据项目特征进行划分，将项目名称、项目编码、项目特征描述和计量单位按《通用安装工程工程量计算规范》的规定填入分部分项工程量清单与计价表。其中项目编码前九位应按《通用安装工程工程量计算规范》的规定设置，具体列项可参阅本节清单计价实例中分部分项工程量清单与计价表。

3. 工程量计算

照明工程量计算程序是：根据照明平面图和系统图，按进户线，总配电箱，向各照明分配电箱配线，经各照明分配电箱向灯具、用电器具的顺序逐项进行计算。避免重算和漏算。

在电气照明系统的工程量计算中，主要是配管配线工程量的计算和防雷接地系统工程量的计算。

配管配线工程量的计算，一般先算干线，后算支线，按不同的敷设方式、不同型号和规格的导线分别进行计算。管线计算时，应“先管后线”，可按回路编号依次进行，也可按管径大小排列顺序计算；管内穿线根数在配管计算时，用符号表示，以便简化和校核。防雷接地系统工程量的计算，一般按项目名称一项一项进行计算。

（1）配管工程量计算

① 工程量计算规则：按设计图示尺寸以长度计算。不扣除管路中间的接线箱（盒）、灯头盒、开关盒所占长度。

② 工程量计算方法：分两步走，先算水平配管，再算垂直配管。

a. 水平方向敷设的线管。水平方向敷设的线管以施工平面布置图的线管走向和敷设部位为依据，并借用建筑物平面图所标墙、柱轴线尺寸进行线管长度的计算。

b. 垂直方向敷设的线管。垂直方向敷设的线管（沿墙、柱引上或引下），其工程量计算与楼层高度及箱、柜、盘、板、开关等设备安装高度有关。例如，垂直配管敷设是从顶棚沿墙敷设下来的，其长度为：

$$垂直配管敷设长度=楼层高度-配电箱下口距地高度-配电箱自身高度$$

通常情况下，拉线开关距顶棚 200 ~ 300 mm，跷板开关、插座距地面距离为 1 300 mm，配电箱底部距地面距离为 1 500 mm。

c. 当埋地配管时，水平方向的配管按墙、柱轴线尺寸及设备定位尺寸进行计算。穿出地面向设备或向墙上电气开关配管时，按埋置深度和引向墙、柱的高度进行计算。

不论明配管还是暗配管，其工程量均以管子轴线为理论长度。

配管工程量 = 水平长度 + 垂直长度

③ 本项目配管工程量计算。

a. 电气配管 SC20

$[2 + 0.15$（半墙厚）$+ 1.5$（配电箱安装高度）$]_3$ m = 3.65 m

b. 电气配管 PVC15

照明回路：

水平长度：L1 = [1.9（配电箱至房间（1）开关附近那盏灯水平距离）$]_3$ + [3.8（房间（1）与房间（3）间灯的距离）$]_3$ + [3.82（房间（3）与房间（4）间灯的距离）$]_3$ + [2.6（房间（1）内两盏灯间距离）$]_3$ + [1.3（房间（1）内灯至开关水平距离）$]_3$ + [1.3（房间（3）内灯至开关水平距离）$]_2$ + [2.6（房间（2）与房间（3）间灯的距离）$]_3$ + [1.2（房间（2）内灯至开关水平距离）$]_2$ + [1.55（房间（4）内灯至开关水平距离）$]_2$ = 20.07 m

垂直长度：L2 = [（4 − 1.5 − 0.27）（配电箱至顶棚高度）$]_3$ + [（4 − 1.6）× 3（房间（2）（3）（4）的开关至顶棚距离）$]_2$ + [（4 − 1.6）（房间（1）的开关至顶棚距离）$]_3$ = 11.83 m

插座回路：

水平长度：L1 = [4.2（配电箱至房间（1）插座水平距离）$]_3$ + [4（房间（1）与房间（3）间插座的距离）$]_3$ + [1.6（房间（2）与房间（3）间插座的距离）$]_3$ + [0.3（房间（3）与房间（4）间插座的距离）$]_3$ = 10.1 m

垂直长度：L2 = [（4 − 1.5 − 0.27）（配电箱至顶棚高度）$]_3$ + [（4 − 0.4）（插座至顶棚距离）× 2$]_3$ = 9.43 m

PVC15 总计管长：20.07 + 11.83 + 10.1 + 9.43 = 51.43 m

（2）配线工程量计算

① 工程量计算规则：按设计图示尺寸以单线延长米计算。

② 工程量计算方法：应以配管工程量为基础，结合配管中的电线根楼及所穿电线的型号、规格，计算配线工程量。同时按设计要求、规范、施工工艺规定的预留量及附加长度计入工程量。

配线工程量 = 水平长度 + 垂直长度 + 预留或附加长度

③ 本项目配线工程量计算。本工程有一配电箱，需考虑配线的预留长度。

a. 进户线：BV-6 mm^2

SC20 管内穿 3 根 6 mm^2 导线，进入配电箱时，预留长度为盘面尺寸的半周长。

故导线长度 = 水平长度 + 垂直长度 + 预留长度 = [3.65 +（0.3 + 0.27）] × 3 = 12.66 m

b. BV-2.5 mm^2

照明回路：PVC15 管内，除房间（2）（3）（4）内灯具至开关间管内穿线为 2 根外，其余管均为 3 根，从配电箱出线时，预留电线的长度为盘面尺寸的半周长。

$$故导线长度 = [20.07 - 1.2 - 1.3 - 1.55 + 11.83 - (4 - 1.6) \times 3 + (0.3 + 0.27)] \times 3 + [1.2 + 1.3 + 1.55 + (4 - 1.6) \times 3] \times 2 = 86.16\ m$$

插座回路：均为穿 3 根线，从配电箱出线时，预留电线的长度为盘面尺寸的半周长。

$$故导线长度 = [19.53 + (0.3 + 0.27)] \times 3 = 60.3\ m$$

BV-2.5 mm^2 总长：86.16 + 60.3 = 146.46 m

（3）避雷网工程量计算

① 工程量计算规则：按设计图示尺寸以长度计算（含附加长度）。

② 工程量计算方法：按沿混凝土块敷设、沿墙明敷设、沿折板支架敷设、混凝土块制作、利用圈梁钢筋均压环敷设和柱子主筋与圈梁钢筋焊接划分。工程量按施工图图示延长米计算，其长度按施工图设计水平和垂直规定长度另加 3.9%的附加长度（包括转弯、上下波动、避绕障碍物、搭接头所占长度）计算。

$$避雷网敷设长度（m）= 施工图设计长度（m）\times (1 + 3.9\%)$$

③ 本项目避雷网工程量计算。

沿女儿墙四周敷设，采用ϕ8 镀锌圆钢，其施工图设计长度 = 3.8 × 3（A 轴全长） + 3.4（4 轴全长） + 3.8（C 轴全长） + 2.2（3 轴部分） + 3.8 × 2（B 轴全长） = 34 m。

避雷网敷设长度 = 34 ×（1 + 3.9%） = 35.326 m。

（4）避雷引下线工程量计算

① 工程量计算规则：按设计图示尺寸以长度计算（含附加长度）。

② 工程量计算方法：按施工图建筑物高度计算，以“延长米”计量。其引下线工程量按下式计算：

$$引下线长度 = 施工图设计长度 \times (1 + 3.9\%)$$

③ 本项目引下线工程量计算。

沿墙两角敷设，采用ϕ8 镀锌圆钢，其施工图设计长度 = [（4 + 0.6 + 0.45）（楼总高） - 1.0（断接卡子距室外地坪高）] × 2（引下线根数） = 10.1 m。

避雷引下线敷设长度（m） = 9.1 ×（1 + 3.9%） = 10.494 m。

（5）接地母线工程量计算

① 工程量计算规则：按设计图示尺寸以长度计算（含附加长度）。

② 工程量计算方法：接地母线分室内与室外安装，以“延长米”计量。工程量计算公式如下：

$$接地母线长度 = 施工图设计长度 \times (1 + 3.9\%)$$

③ 本项目接地母线工程量计算。

接地母线一端与避雷引下线连接，又与距建筑物 3 m 处的接地极相接，采用 - 40 × 4 镀锌扁钢敷设，其施工图设计长度 = [3（距墙）+ 0.5（埋深）+ 1.0（断接点高）] ×2（2 处）+ 3.5（地极间距）×4（4 段）= 23 m。

接地母线长度 = 23 ×（1 + 3.9%）= 23.897 m。

（6）接地极工程量计算

① 工程量计算规则：按设计图示数量计算。

② 工程量计算方法：工程量按施工图图示数量计算，其长度按设计长度计算，设计无规定时，每根长度按 2.5 m 计算。

③ 本项目接地极工程量计算。

接地极采用 2.5 m 长 ∟50 × 5 角钢敷设，其施工图数量为 2（处）×3（个）= 6 根。

4. 将工程量计算结果填入分部分项工程量清单与计价表

5. 根据本项目实际情况，完成其余内容的编制

此处略去某办公室电气照明工程工程量清单的具体内容，分部分项工程量清单与计价表可参照本节清单计价实例表格内容。

（四）某办公室电气照明工程工程量清单计价

投标人在领取招标文件后，编写投标报价书时应按招标人提供的工程量清单填报价格，且其填写的项目编码、项目名称、项目特征、计量单位、工程量必须与招标人提供的一致。现假设你在具有编制能力的投标方或受投标方委托、具有相应资质的工程造价咨询方工作，试采用 2020 年《四川省建设工程工程量清单计价定额　通用安装工程》及市场造价信息，编制本项目的投标报价书。

某办公室电气照明工程工程量清单计价书编制工作过程如下。

1. 收集、整理相关规范及工程资料

（1）《建设工程工程量清单计价规范》（GB 50500—2013）；

（2）《通用安装工程工程量计算规范》（GB 50856—2013）；

（3）国家或省级、行业建设主管部门颁发的计价办法；

（4）2020 年《四川省建设工程工程量清单计价定额　通用安装工程》；

（5）招标文件、工程量清单及其补充通知、答疑纪要；

（6）建设工程设计文件及相关资料；

（7）施工现场情况、工程特点及拟定的投标施工组织设计或施工方案；

（8）与建设项目相关的标准、规范等技术资料；

（9）市场价格信息或工程造价管理机构发布的工程造价信息；

（10）其他的相关资料。

2. 复核工程量清单的工程数量

为把握投标机会，重新计算或复核工程量，确定投标策略。

3. 分析计算各分部分项工程量清单项目的综合单价

分析工程量清单项目的项目特征及工作内容，确定综合单价分析用组价定额项目。

4. 计算分部分项工程费

分部分项工程费 = $\sum$（分部分项项目的工程数量 × 分部分项工程项目的综合单价）

5. 计算完成其余项目费

措施费、其他项目费、规费、税金的计算，按照表格要求，以计费基数按照费率计算得出。

6. 某住宅楼电气工程清单计价书

限于篇幅原因，本清单计价书中只列出了分部分项工程量清单与计价表内容。

分部分项工程量清单与计价表

工程名称：某办公室电气照明工程　　　　　　　　标段：

序号	项目编码	项目名称	项目特征描述	计量单位	工程数量	金额/元				
						综合单价	合价	其中		
								定额人工费	定额机械费	暂估价
1	030404017001	配电箱 PZ30-10	1. 名称：配电箱 PZ30-10 2. 规格：300 mm × 270 mm × 130 mm 3. 安装方式：挂墙暗装，距地1.5 m 4. 附件配置：铜接线端子制安 5. 柜（箱）内配置：其元器件按设计要求 6. 其他：箱体开孔、接地、箱体设明显标志 7. 其他满足设计及规范要求	台	1	234.12	234.12	146.79		
2	030404034002	双联跷板式暗开关	1. 名称：双联跷板式暗开关 2. 型号、规格：250 V 10 A 3. 其他满足设计及规范要求，安装高度距地 1.6 m	个	1	21.21	21.21	6.36		
3	030404034003	单联跷板式暗开关	1. 名称：单联跷板式暗开关 2. 型号、规格：250 V 10 A 3. 其他满足设计及规范要求，安装高度距地 1.6 m	个	3	20.09	60.27	19.08		
4	030404035004	单相五孔暗插座	1. 名称：单相五孔暗插座 2. 型号、规格：250 V 10 A 3. 其他满足设计及规范要求，安装高度距地 0.4 m	个	4	17.24	68.96	25.44		
5	030409002005	接地母线镀锌扁钢 −40×4	1. 名称：接地母线 2. 材质：镀锌扁钢 3. 规格：−40×4 4. 安装部位：室外	m	23. 90	40.58	969.86	656.77	10.76	
6	030409001017	接地极	1. 名称：接地极 2. 材质：角钢 3. 规格：∟50×5 4. 土质：一般 5. 基础接地形式：综合考虑	根	6	44.22	265.32	130.50	65.10	

续表

序号	项目编码	项目名称	项目特征描述	计量单位	工程数量	金额/元				
						综合单价	合价	其中		
								定额人工费	定额机械费	暂估价
7	030409005018	避雷网	1. 名称：避雷网 2. 材质：镀锌圆钢 3. 规格：Φ8 4. 安装形式：沿墙明敷设 5. 混凝土块标号	m	35.33	17.78	628.17	338.11	27.56	
8	030409003008	避雷引下线Φ8镀锌圆钢	1. 名称：避雷引下线 2. 利用Φ8镀锌圆钢 3. 其他满足设计及规范要求	m	10.49	14.98	157.14	67.66	15.63	
9	030411001009	配管SC20	1. 名称：配管 2. 材质：镀锌钢管 3. 规格：DN20 mm 4. 配置形式及部位：暗装沿墙、顶棚等综合考虑 5. 其他：含支架制作、安装、钢管接地跨接等	m	3.65	14.94	54.53	18.87		
10	030411001010	配管PVC15	1. 名称：配管 2. 材质：半硬质阻燃管 3. 规格：DN15 mm 4. 配置形式及部位：暗装沿顶棚等综合考虑 5. 其他：含支架制作、安装、钢管接地跨接等	m	51.43	5.54	284.92	153.78		
11	030411004011	电气配线BV-6 mm^2	1. 配线形式：电气配线 2. 导线型号、材质、规格：BV-0.45/0.75-6 mm^2 3. 敷设方式：穿管沿墙、顶棚暗装敷设，综合考虑 4. 其他：综合考虑双色线 5. 其他：满足设计、规范要求	m	12.66	5.71	72.29	7.85		
12	030411004012	电气配线BV-2.5 mm^2	1. 配线形式：电气配线 2. 导线型号、材质、规格：BV-0.45/0.75-2.5 mm^2 3. 敷设方式：穿管沿顶棚暗装敷设，综合考虑 4. 其他：综合考虑双色线 5. 其他：满足设计、规范要求	m	146.46	3.23	473.07	134.74		
13	030411006013	钢制接线盒	1. 名称：钢制接线盒、开关盒 2. 材质：钢制 3. 规格：86H型 4. 安装形式：暗装 5. 其他：满足设计及规范要求	个	20	7.16	143.20	76.20		
14	030412005014	单管荧光灯	1. 名称：单管荧光灯 2. 型号、规格：HQ38T5-1（1×28W） 3. 安装型式：综合考虑 4. 其他：满足设计及规范要求	套	5	72.73	363.65	79.05		
15	030414002015	低压送配电装置系统调试	1. 名称：低压送配电装置系统调试 2. 电压等级（kV）：≤1 kV	系统	1	346.01	346.01	236.43	44.01	
16	030414011016	接地装置调试	1. 名称：接地装置调试	组	1	456.08	456.08	273.57	89.40	
合计							4 598.80	2 371.20	252.46	

任务五　某住宅楼电气照明工程计量与计价实训

（一）项目内容

1. 设计及施工说明

（1）工程概况。本工程是一栋 3 层 3 个单元的居民砖混住宅楼的电气照明工程。图纸中给出了电气照明系图及一单元二层电气照明平面图，其他各单元各层均与此相同，每个开间均为 3 m，建筑层高为 3.6 m。

（2）电源线架空引入，采用三相四线制电源供电，进户线沿二层地板穿管暗敷设。进户点距室外地面高度 H 大于等于 3.6 m，进户线要求重复接地，接地电阻 R 小于等于 10 Ω。进户横担为两端埋设式，规格是 ∟50 × 5 × 800。

（3）本工程共有 9 个配电箱，分别在每单元的每层设置。MX1 为总配电箱兼一单元第二层的分配电箱，设在一单元第二层，规格为长 × 高 × 厚 = 800 mm × 400 mm × 125 mm。MX2 为二、三单元第二层的分配电箱，规格为长 × 高 × 厚 = 500 mm × 400 mm × 125 mm。MX3 为三个单元第一、三层的分配电箱，规格为长 × 高 × 厚 = 350 mm × 400 mm × 125 mm。

（4）安装高度：配电箱底距楼地面 1.4 m，跷板开关距地 1.3 m、距门框 0.2 m，插座距地 1.8 m。

（5）导线未标者均为 BLX-500V-2.5 mm^2 穿钢管暗敷。

（6）配电箱采购成品配电箱。

（7）未尽事宜，按现行施工及验收规范的有关内容执行。

2. 施工图纸

电气照明系统图及平面图如图 5.10、图 5.11 所示。

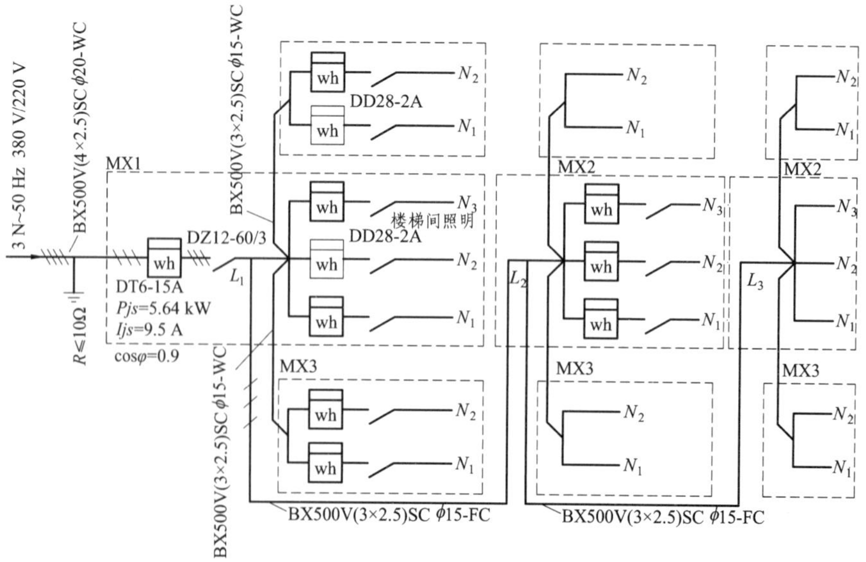

图 5.10　电气照明系统图

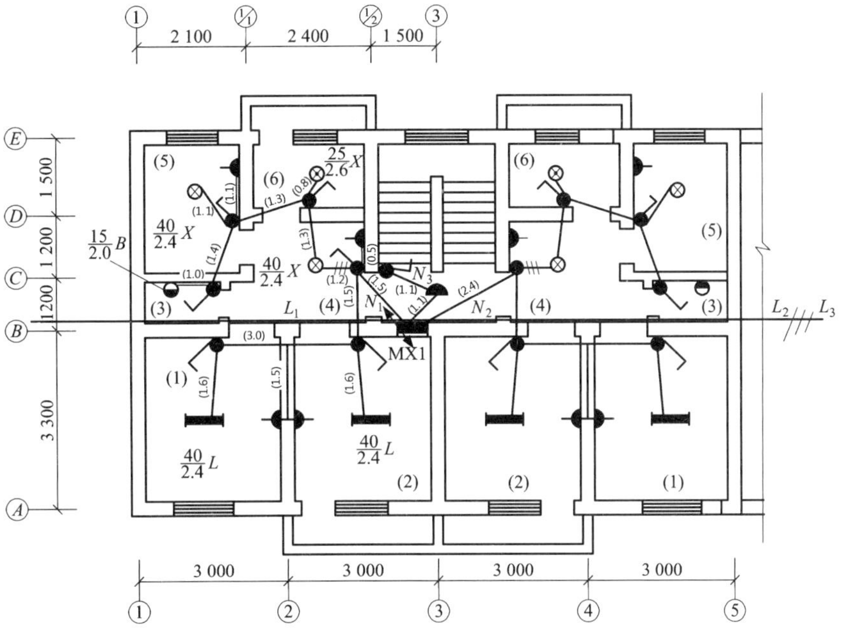

图 5.11　电气照明平面图

3. 任　务

（1）识读本住宅楼电气照明工程施工图。

（2）编制本住宅楼电气照明工程工程量清单。

（3）编制本住宅楼电气照明工程工程量清单计价书。

（二）任务资讯

在电气照明工程量清单计价书编制过程中，需要经常翻阅 2020 年《四川省建设工程工程量清单计价定额　通用安装工程（二）》中的 D《电气设备安装工程》分册，现摘录本课程例题需要用的内容以供前期课程学习，工程报价实际操作时请以四川省住房和城乡建设厅出版的实时定额为准。

1. D 《电气设备安装工程》分册说明

（1）《电气设备安装工程》（以下简称本分册定额）适用于工业与民用电压等级≤10 kV 变配电设备及线路安装、车间动力电气设备及电气照明器具、防雷及接地装置安装、配管配线、电气调整试验等安装工程。包括：变压器、配电装置、母线、绝缘子、配电控制与保护及直流装置、蓄电池、发电机与电动机检查接线、金属构件、穿墙套板、滑触线、电缆、防雷接地装置、电压等级≤10 kV 架空输电线路、配管、配线、照明器具、低压电器设备、运输设备与电梯电气装置等安装及电气设备调试内容。

（2）本分册定额除各章另有说明外，均包括下列工作内容。

施工准备、设备与器材及工器具的场内运输、开箱检查、安装、设备单体调整试验、结尾清理、配合质量检验、不同工种间交叉配合、临时移动水源与电源等工作内容。

（3）本定额不包括以下内容：

电压等级 > 10 kV 配电、输电、用电设备及装置安装，应执行电力行业相应的定额。

电气设备及装置配合机械设备进行单体试运和联合试运工作内容。

（4）下列费用按系数分别计取：

① 脚手架搭拆费按定额人工费（不包括“D.17 电气设备调试工程”中人工费）5%计算，其费用中人工占 35%，机械占 5%。电压等级≤10 kV 架空输电线路工程、直埋敷设电缆工程、路灯工程不单独计算脚手架费用。

② 操作高度增加费：安装高度距离楼面或地面 > 5 m 时，超过部分工程量按定额人工费乘以系数 1.1 计算（已经考虑了超高因素的定额项目除外，如：小区路灯、投光灯、氙气灯、烟囱或水塔指示灯、装饰灯具），室外电缆工程、电压等级≤10 kV 架空输电线路工程不执行本条规定。

③ 建筑物超高增加费：在檐口高度 20 m 以上的工业与民用建筑物进行安装增加的费用，按 ± 0 以上部分的定额人工费乘以下表系数计算，费用全部为人工。

建筑物檐高	≤40 m	≤60 m	≤80 m	≤100 m	≤120 m	≤140 m	≤160 m	≤180 m	≤200 m	200 m 以上每增加 20 mm
建筑物超高系数/%	2	5	9	14	20	26	32	38	44	增加 6

④ 在地下室内（含地下车库）、暗室内、净高 < 1.6 m 楼层、断面 < 4 m² 且 > 2 m² 隧道或洞内进行安装的工程，定额人工费乘以系数 1.12。

⑤ 在电井内、竖井内、断面≤2 m² 隧道或洞内、封闭吊顶天棚内进行安装的工程（竖井内敷设电缆项目除外），定额人工费乘以系数 1.16。

（5）本分册定额中安装所用螺栓是按照厂家配套供应考虑，定额不包括安装所用螺栓费用。如果工程实际由安装单位另行采购配置安装所用螺栓时，根据实际安装所用螺栓用量加 3%损耗率计算螺栓主材费用。现场加工制作的金属构件定额中，螺栓按照未计价材料考虑，包括安装用的螺栓。

（6）电气工程的“抗震支架、剔堵槽（沟）、压（留）槽、预留孔洞、堵洞、打洞”执行 N《通用项目及措施项目》相应项目。

2. D.2 配电装置安装工程（编码：030402）

（1）说明摘录

① 成套配电柜和箱式变电站安装不包括基础槽（角）钢安装；成套配电柜安装不包括母线及引下线的配制与安装。

② 配电设备基础槽（角）钢、支架、抱箍、延长环、套管、间隔板等安装，执行本分册定额“D.16 金属构件及辅助项目安装工程”相关定额。

③ 成品配套空箱体安装执行相应的“成套配电箱”安装定额乘以系数 0.5。

（2）定额摘录

D.2.10　成套配电箱安装（编码：030404017）

工作内容：测定、打孔、固定、接线、开关及机构调整、接地。

定额编号	项目名称	单位	综合基价/元	其中					未计价材料		
				人工费	材料费	机械费	管理费	利润	名称	单位	数量
CD0106	落地式	台	415.62	266.70	13.71	60.59	22.91	51.71			
CD0107	悬挂嵌入式配电箱半周长0.5 m	台	116.22	79.59	18.48	—	5.57	12.58			
CD0108	悬挂嵌入式配电箱半周长1.0 m	台	170.22	119.25	23.78	—	8.35	18.84			
CD0109	悬挂嵌入式配电箱半周长1.5 m	台	213.91	153.15	25.84	—	10.72	24.20			
CD0110	悬挂嵌入式配电箱半周长2.5 m	台	272.83	185.67	37.44	6.01	13.42	30.29			

3. D.10 防雷及接地装置（编码：030409）

（1）说明

① 本章内容包括避雷针制作与安装、避雷引下线敷设、避雷网安装、接地极（板）制作与安装、接地母线敷设、接地跨接线安装、桩承台接地、设备防雷装置安装、阴极保护接地、等电位装置安装及接地系统、电涌保护器及等电位连接，配电箱电涌保护器、信号电涌保护器、智能检测系统工程的安装和调试。

② 本章定额适用于建筑物与构筑物的防雷接地、电气系统接地、设备接地、等电位接地及过电压保护等装置安装。

③ 接地极安装与接地母线敷设定额不包括采用爆破法施工、接地电阻率高的土质换土、接地电阻测定工作。工程实际发生时，执行相应定额。

④ 避雷针制作、安装定额不包括避雷针底座及埋件的制作与安装。工程实际发生时，应根据设计划分，分别执行相应定额。

⑤ 避雷针安装定额综合考虑了高空作业因素，执行定额时不做调整。避雷针安装在木杆和水泥杆上时，包括了 2 m 内避雷引下线安装及材料费。

⑥ 独立避雷针安装包括避雷针塔架、避雷引下线安装，不包括基础浇筑。塔架制作执行本分册定额“D.16 金属构件及辅助项目安装工程”制作定额。

⑦ 利用建筑结构钢筋作为接地引下线安装定额是按照每根柱子内两根主筋编制的，当主筋超过两根时，按照比例调整定额安装费。防雷均压环是利用建筑物梁内主筋作为防雷接地

连接线考虑的，每一梁内按两根主筋编制；当主筋数超过两根时，按比例调整定额安装费。如果采用单独扁钢或圆钢明敷设作为均压环时，执行户内接地母线敷设相应定额。

⑧ 利用铜绞线作为接地引下线时，其配管、穿铜绞线执行同规格配管、配线相应定额。

⑨ 各类工业与民用建筑物的避雷网沿女儿墙及屋面敷设，均执行避雷网沿混凝土块敷设子目；支架制作安装另计。避雷网安装沿折板支架敷设定额包括了支架制作安装，不得另行计算。

⑩ 高层建筑物屋顶防雷接地装置安装应执行避雷网安装定额。

⑪ 利用基础梁内两根主筋焊接连通作为接地体时，执行“均压环敷设”定额。

⑫ 沿桥架、电缆支架的接地线安装执行“户内接地母线敷设”定额。

⑬ 户外接地母线敷设定额是按照室外整平标高和一般土质综合编制的，包括地沟挖填土和夯实，执行定额时不再计算土方工程量。户外接地沟挖深为 0.75 m，每米沟长土方量为 0.34 m^3。如设计要求埋设深度与定额不同时，应按照实际土方量调整。如遇有石方、矿渣、积水、障碍物等情况时应另行计算。

⑭ 利用建（构）筑物梁、柱、桩承台等接地时，柱内主筋与梁、柱内主筋与桩承台跨接不另行计算，其工作量已经综合在相应的项目中。

⑮ 阴极保护接地等定额适用于接地电阻率高的土质地区接地施工。包括挖接地井、安装接地电极、安装接地模块、换填降阻剂、安装电解质离子接地极等。

⑯ 本章定额不包括固定防雷接地设施所用的预制混凝土块制作（或购置混凝土块）与安装费用。工程实际发生时，执行 2020 年版《四川省建设工程工程量清单计价定额　房屋建筑与装饰工程》相应项目。

⑰ 本章防雷、接地装置按成套供应考虑。

⑱ 等电位接地线安装，执行户内接地母线安装相应项目。

⑲ 均压环敷设利用圈梁钢筋，如需加钢筋连通，增加的钢筋（扁钢）执行“户内接地母线安装”项目。

⑳ 利用建筑物内主筋作接地引下线、利用圈梁内主筋作均压环接地连线，如需用钢筋对引下线、均压环螺纹连接处进行跨接，执行柱主筋与圈梁筋连接子目。每处按两根主筋或两根圈梁钢筋焊接连接计算。

㉑ 钢、铝窗接地定额已含 0.8 m 跨接线，如需从柱主筋、圈梁内主筋引线跨接，引线执行户内接地母线相关项目。

（2）部分常用定额

D.10.2　避雷引下线（编码：030409003）

工作内容：平直、下料、测位、打眼、埋卡子、焊接、固定、刷漆。

定额编号	项目名称	单位	综合基价/元	其中					未计价材料		
				人工费	材料费	机械费	管理费	利润	名称	单位	数量
CD0946	利用金属构件引下	m	2.34	1.17	0.35	0.45	0.11	0.26			
CD0947	利用建筑物主筋引下	m	10.08	6.45	1.05	1.49	0.56	1.25	引下线	根	1.050
CD0948	利用建筑物结构钢筋引下	m	12.38	5.64	0.78	3.81	0.66	1.49			

D.10.3 断接卡、箱

工作内容：测位、安装。

定额编号	项目名称	单位	综合基价/元	其中					未计价材料		
				人工费	材料费	机械费	管理费	利润	名称	单位	数量
CD0949	断接卡子制作安装	套	32.34	24.75	1.94	0.01	1.73	3.91			
CD0950	接地测试板安装	块	48.93	30.96	4.02	5.61	2.56	5.78			

D.10.4 避雷网安装（编码：030409005）

工作内容：平直、下料、测位、打眼、埋卡子、焊接、固定、刷漆。

定额编号	项目名称	单位	综合基价/元	其中					未计价材料		
				人工费	材料费	机械费	管理费	利润	名称	单位	数量
CD0951	沿混凝土块敷设	m	13.60	9.57	0.89	0.78	0.72	1.64	镀锌圆钢 ϕ16	m	1.050
CD0952	沿折板支架敷设	m	26.84	18.63	2.06	1.55	1.41	3.19	镀锌圆钢 ϕ16	m	1.050

D.10.6 接地极（板）制作与安装（编码：030409001）

工作内容：尖端及加固帽加工、接地极打入地下及埋设、下料、加工、焊接。

定额编号	项目名称	单位	综合基价/元	其中					未计价材料		
				人工费	材料费	机械费	管理费	利润	名称	单位	数量
CD0954	钢管接地极普通土	根	61.35	31.41	2.78	16.28	3.34	7.54	接地极	根	1.050
CD0955	钢管接地极坚土	根	66.43	35.55	2.78	16.28	3.63	8.19	接地极	根	1.050
CD0956	角钢接地极普通土	根	42.38	21.75	2.35	10.85	2.28	5.15	接地极	根	1.050
CD0957	角钢接地极坚土	根	46.95	25.47	2.35	10.85	2.54	5.74	接地极	根	1.050
CD0958	圆钢接地极普通土	根	32.17	15.90	1.54	9.04	1.75	3.94	接地极	根	1.050
CD0959	圆钢接地极坚土	根	48.96	29.58	1.54	9.04	2.70	6.10	接地极	根	1.050

D.10.8 接地母线（编码：030409002）

工作内容：接地母线平直、下料、测位、打眼、埋卡子、煨弯、敷设、焊接、刷漆。

定额编号	项目名称	单位	综合基价/元	其中					未计价材料		
				人工费	材料费	机械费	管理费	利润	名称	单位	数量
CD0965	户内接地母线敷设	10 m	13.09	9.45	0.68	0.65	0.71	1.60	镀锌扁钢	根	1.050
CD0965	户外接地母线敷设	10 m	34.54	27.48	0.24	0.45	1.96	4.41	镀锌扁钢	根	1.050
CD0965	户外铜接地绞线敷设	10 m	34.58	26.91	1.54	—	1.88	4.25	接地铜导线	根	1.050

4. D.12 配管工程

（1）说明

① 本章内容包括套接紧定式镀锌钢导管（JDG）、镀锌钢管、防爆钢管、可挠金属套管、塑料管、金属软管、金属线槽的敷设等内容。

② 配管定额中钢管材质是按照镀锌钢管考虑的，定额不包括采用焊接钢管刷油漆、刷防火漆或防火涂料、管外壁防腐保护以及接线箱、接线盒、支架的制作与安装。焊接钢管刷油漆、刷防火漆或涂防火涂料、管外壁防腐保护执行 M《刷油、防腐蚀、绝热工程》相应定额；接线箱、接线盒安装执行本分册定额“D. 13 配线工程”相应定额；支架的制作与安装执行本分册定额“D.16 金属构件及辅助项目安装工程”相应定额。

③ 工程采用镀锌电线管时，执行镀锌钢管定额计算安装费。

④ 工程采用扣压式薄壁钢导管（KBG）时，执行套接紧定式镀锌钢导管（JDG）定额计算安装费；扣压式薄壁钢导管（KBG）主材费按照镀锌钢管用量另行计算。计算其主材费时，管件按实际用量乘 1.03（损耗率）计算。

⑤ 定额中刚性阻燃管为刚性 PVC 难燃线管，管材长度一般为 4 m/根，管子连接采用专用接头插入法连接，接口密封；半硬质塑料管为阻燃聚乙烯软管，管子连接采用自制套管接头抹塑料胶后粘接。工程实际安装与定额不同时，执行定额不做调整。

⑥ 配管定额是按照各专业间配合施工考虑的，定额中不考虑凿槽、刨沟、凿孔（洞）等费用，剔、凿、刨、堵槽（沟）、压（留）槽、预留孔洞、堵洞、打洞执行本定额 N《通用项目及措施项目》相应项目。

⑦ 室外埋设配线管的土石方施工，参照“D.9.1.2 沟槽挖填”定额执行。室内埋设配线管的土石方原则上不单独计算。

⑧ 吊顶天棚板内敷设电线管根据管材介质执行“砖、混凝土结构明配”相应定额。

⑨ 钢管敷设，若设计或质检部门要求采用专用接地卡时，按实计算专用接地卡材料费。

⑩ 密闭、防水防溅接线盒执行防爆接线盒相应定额。

⑪ 灯制叠具接线盒执行接线盒子目。

⑫ 在预合楼板（PC）上现浇混凝土内预埋电气配管，执行相应电气配管砖混凝土结构内暗配定额，定额人工费乘以系数 1.30，其余不变。

（2）部分常用定额

D.12.1.2 镀锌钢管敷设

D.12.1.2.2 砖、混凝土结构暗配

工作内容：测位、划线、锯管、套丝、煨弯、沟坑修整、配管、接地、穿引线、补漆。

定额编号	项目名称	单位	综合基价/元	其中					未计价材料		
				人工费	材料费	机械费	管理费	利润	名称	单位	数量
CD1409	公称直径（DN）≤15	10 m	77.72	51.72	14.21	—	3.62	8.17	镀锌钢管	m	10.300
CD1410	公称直径（DN）≤20	10 m	80.14	51.72	16.63	—	3.62	8.17	镀锌钢管	m	10.300
CD1411	公称直径（DN）≤25	10 m	106.56	61.65	30.85	—	4.32	9.74	镀锌钢管	m	10.300

D.12.1.2.6 埋地敷设

工作内容：测位、锯管、套丝、煨弯、配管、接地、穿引线、补漆。

定额编号	项目名称	单位	综合基价/元	其中					未计价材料		
				人工费	材料费	机械费	管理费	利润	名称	单位	数量
CD1441	公称直径（DN）≤15	10 m	63.05	40.92	12.80	—	2.86	6.47	镀锌钢管	m	10.300
CD1442	公称直径（DN）≤20	10 m	68.19	43.62	14.63	—	3.05	6.89	镀锌钢管	m	10.300

D.12.1.5 塑料管敷设

D.12.1.5.1 刚性阻燃管敷设

D.12.1.5.1.2 砖、混凝土结构暗配

工作内容：测位、划线、接管、配管、固定、穿引线。

定额编号	项目名称	单位	综合基价/元	其中					未计价材料		
				人工费	材料费	机械费	管理费	利润	名称	单位	数量
CD1507	外径（mm）16	10 m	71.23	55.98	2.49	—	3.92	8.84	刚性阻燃管	m	11.200
CD1508	外径（mm）20	10 m	76.96	59.76	3.58	—	4.18	9.44	刚性阻燃管	m	11.200

D.12.1.5.1.3 埋地敷设

工作内容：测位、锯管、接管、配管、穿引线。

定额编号	项目名称	单位	综合基价/元	其中					未计价材料		
				人工费	材料费	机械费	管理费	利润	名称	单位	数量
CD1507	外径（mm）16	10 m	55.50	43.62	1.94	—	3.05	6.89	刚性阻燃管	m	11.200
CD1508	外径（mm）20	10 m	61.65	47.94	2.78	—	3.36	7.57	刚性阻燃管	m	11.200

5. D.13 配线工程

（1）说明

① 本章内容包括管内穿线、绝缘子配线、线槽配线、塑料护套线明敷设、绝缘导线明敷设、车间配线、接线箱安装、接线盒安装、盘（柜、箱、板）配线等内容。

② 照明线路中导线截面面积 > 6 mm^2 时，执行“穿动力线”相应的定额。

③ 车间配线定额包括支架安装、绝缘子安装、母线平直与连接及架设、刷分相漆。定额不包括母线伸缩器制作与安装。

④ 接线箱、接线盒安装及盘柜配线定额适用于电压等级≤380V 电压等级用电系统。

⑤ 暗装接线箱、接线盒定额中槽孔按照事先预留考虑。

⑥ 各种形式的配线（除有规定者外）子目中均未包括支架制作、钢索架设及拉紧装置制作、安装。

⑦ 灯具接线盒执行接线盒子目。

⑧ 墙内接线盒延接边框定额乘以系数 1.8。

（2）工程量计算规则

① 管内穿线根据导线材质与截面面积，区别照明线与动力线，按照设计图示安装数量以“10 m”为计量单位；管内穿多芯软导线根据软导线芯数与单芯截面面积，按照设计图示安装数量以“10 m”为计量单位。管内穿线的线路分支接头线长度已综合考虑在定额中，不得另行计算。

② 塑料护套线明敷设根据导线芯数与单芯截面面积，区别导线敷设位置（木结构、砖混凝土结构、沿钢索），按照设计图示安装数量以“10 m”为计量单位。

③ 绝缘导线明敷设根据导线截面面积，按照设计图示安装数量以“10 m”为计量单位。

④ 接线箱安装根据安装形式（明装、暗装）及接线箱半周长，按照设计图示安装数量以“个”为计量单位。

⑤ 接线盒安装根据安装形式（明装、暗装）及接线盒类型，按照设计图示安装数量以“个”为计量单位。

⑥ 盘、柜、箱、板配线根据导线截面面积，按照设计图示配线数量以“10 m”为计量单位。配线进入盘、柜、箱、板时每根线的预留长度按照设计规定计算，设计无规定时按照下表规定计算。

配线进入盘、柜、箱、板的预留长度表

序号	项　目	预留长度	说　明
1	各种配电（开关）、箱（柜、板）	宽＋高	盘面尺寸
2	单独安装（无箱、盘）的铁壳开关、闸刀开关、启动器、母线槽进出线盒	0.3 m	从安装对象中心算起
3	由地面管子出口引至动力接线箱	1.0 m	从管口计算
4	电源与管内导线连接（管内穿线与软、硬母线接头）	1.5 m	从管口计算
5	出户线	1.5 m	从管口计算
6	电动机	0.5 m	从管口计算

⑦ 灯具、开关、插座、按钮等器件预留线，已分别综合在相应项目内，不另行计算。如只配线未安装以上器件，每个器件按 0.15 m/根线计入配线工程量。

（3）部分常用定额

D.13.1 配线（编码：030411004）

D.13.4.1 管内穿线

D.13.4.1.1.1 穿照明线

工作内容：扫管、涂滑石粉、穿线、编号、接焊包头。

定额编号	项目名称	单位	综合基价/元	其中					未计价材料		
				人工费	材料费	机械费	管理费	利润	名称	单位	数量
CD1638	铝芯 导线截面（mm^2）≤2.5	10 m	12.48	9.18	1.21	—	0.64	1.45	绝缘电线	m	11.600
CD1639	铝芯 导线截面（mm^2）≤4	10 m	8.07	6.21	0.45	—	0.43	0.98	绝缘电线	m	11.600
CD1640	铝芯 导线截面（mm^2）≤6	10 m	8.18	6.21	0.56	—	0.43	0.98	绝缘电线	m	11.600
CD1641	铜芯 导线截面（mm^2）≤1.5	10 m	11.02	8.10	1.07	—	0.57	1.28	绝缘电线	m	11.600
CD1642	铜芯 导线截面（mm^2）≤2.5	10 m	12.34	9.18	1.07	—	0.64	1.45	绝缘电线	m	11.600
CD1643	铜芯 导线截面（mm^2）≤4	10 m	8.62	6.21	1.00	—	0.43	0.98	绝缘电线	m	11.600
CD1644	铜芯 导线截面（mm^2）≤6	10 m	8.93	6.21	1.31	—	0.43	0.98	绝缘电线	m	11.600

D.13.8 接线盒安装（030411006）

工作内容：测位、固定、修孔。

定额编号	项目名称	单位	综合基价/元	其中					未计价材料		
				人工费	材料费	机械费	管理费	利润	名称	单位	数量
CD1824	暗装开关（插座）盒	个	5.22	3.81	0.54	—	0.27	0.60	接线盒	个	1.020
CD1825	暗装接线盒	个	5.50	3.45	1.26	—	0.24	0.55	接线盒	个	1.020

6. D.14 照明器具安装工程

（1）说明

① 本章内容包括普通灯具、装饰灯具、荧光灯具、嵌入式地灯、工厂灯、医院灯具、霓虹灯、小区路灯、景观灯的安装，开关、按钮、插座、艺术喷泉照明的安装等内容。

② 灯具引导线是指灯具吸盘到灯头的连线，除注明者外，均按照灯具自备考虑。如引导线需要另行配置时，其安装费不变，主材费另行计算。

③ 小区路灯、投光灯、氙气灯、烟囱或水塔指示灯的安装定额，考虑了超高安装（操作超高）因素，其他照明器具的安装高度＞5 m时，按照册说明中的规定另行计算超高安装增加费。

④ 装饰灯具安装（除标志、诱导灯具、水下艺术灯具、点光源艺术灯具、盆景花木装饰灯具）灯具定额考虑了超高安装因素，并包括脚手架搭拆费用。装饰灯具项目中用Φ表示灯体直径，用Z表示垂吊长度。

⑤ 吸顶式艺术装饰灯具的灯体直径为吸盘最大外缘直径，灯体半周长为矩形吸盘的半周长，灯体垂吊长度为吸盘到灯梢之间的总长度。

⑥ 照明灯具安装除特殊说明外，均不包括支架制作安装。工程实际发生时，执行本分册定额“D.16 金属构件及辅助项目安装工程”相应定额。

⑦ 定额包括灯具组装、安装、利用摇表测量绝缘及一般灯具的试亮工作。

⑧ 小区路灯安装定额包括灯柱、灯架、灯具安装；成品小区路灯基础安装包括基础土方施工，现浇混凝土小区路灯基础及土方施工执行2020年《四川省建设工程工程量清单计价定额 房屋建筑与装饰工程》相应项目。

⑨ 灯具安装定额中灯槽、灯孔按照事先预留考虑。

⑩ 插座箱安装执行相应的配电箱定额。

⑪ 荧光灯具安装定额按照成套型荧光灯考虑，工程实际采用组合式荧光灯时，执行相应的成套型荧光灯安装定额乘以系数1.1。

⑫ 工厂厂区内、住宅小区内路灯的安装执行本分册定额。小区路灯安装定额中不包括小区路灯杆接地，接地参照“10 kV输电电杆接地”定额执行。

⑬ LED灯安装根据其结构、形式、安装地点，执行相应的灯具安装定额。LED灯带执行天棚荧光灯带项目，主材按1.01 m计算。

⑭ 并列安装一套光源双罩吸顶灯时，按照两个单罩周长或半周长之和执行相应的定额；并列安装两套光源双罩吸顶灯时，按照两套灯具各自灯罩周长或半周长执行相应的定额。

（2）部分常用定额

D.14.1 普通灯具安装（编码：030412001）

D.14.1.1 吸顶灯具安装

工作内容：测定、划线、打眼、埋塑料膨胀管、灯具安装、接线、接焊包头、接线。

定额编号	项目名称	单位	综合基价/元	其中					未计价材料		
				人工费	材料费	机械费	管理费	利润	名称	单位	数量
CD1829	灯罩周长（mm）≤800	套	23.96	15.69	4.69	—	1.10	2.48	成套灯具	套	1.010
CD1830	灯罩周长（mm）≤800	套	25.15	15.69	5.88	—	1.190	2.48	成套灯具	套	1.010
CD1831	灯罩周长（mm）≤800	套	26.82	15.69	7.55	—	1.10	2.48	成套灯具	套	1.010

D.14.1.2 其他普通灯具安装

工作内容：测定、划线、打眼、埋塑料膨胀管、上塑料圆台、灯具组装、吊链加工、接线、焊接包头、接地等。

定额编号	项目名称	单位	综合基价/元	其中					未计价材料		
				人工费	材料费	机械费	管理费	利润	名称	单位	数量
CD1834	防水吊灯	套	18.22	6.84	9.82	—	0.48	1.08	成套灯具	套	1.010
CD1835	普通弯脖灯	套	25.13	14.67	7.11	—	1.03	2.32	成套灯具	套	1.010
CD1836	普通壁灯	套	22.71	14.67	4.67	—	1.03	2.32	成套灯具	套	1.010

D.14.3 荧光灯具安装（编码：030412005）

工作内容：测定、划线、打眼、埋塑料膨胀管、上塑料圆台（木台）、吊链、吊管加工、灯具组装、接线、焊接包头。

定额编号	项目名称	单位	综合基价/元	其中					未计价材料		
				人工费	材料费	机械费	管理费	利润	名称	单位	数量
CD2026	吊链式 单管	套	53.24	16.71	32.72	—	1.17	2.64	成套灯具	套	1.010
CD2027	吊链式 双管	套	58.39	20.91	32.72	—	1.46	3.30	成套灯具	套	1.010
CD2029	吊管式 单管	套	34.16	17.52	12.64	—	1.23	2.77	成套灯具 灯具吊杆Φ15	套	1.010 2.040
CD2030	吊管式 双管	套	39.57	21.93	12.64	—	1.54	3.46	成套灯具 灯具吊杆Φ15	套	1.010 2.040
CD2031	吊管式 三管	套	42.96	24.69	12.64	—	1.73	3.90	成套灯具 灯具吊杆Φ15	套	1.010 2.040
CD2032	吸顶式 单管	套	23.85	15.81	4.43	—	1.11	2.50	成套灯具	套	1.010
CD2033	吸顶式 双管	套	28.70	19.77	4.43	—	1.38	3.12	成套灯具	套	1.010

D.14.18 开关、按钮（编码：030404034）

D.14.18.1 普通开关、按钮安装

工作内容：测位、划线、打眼、清扫盒子、上塑料台、缠钢丝弹簧垫、装开关和按钮、接线、装盖、埋塑料膨胀管。

定额编号	项目名称	单位	综合基价/元	其中					未计价材料		
				人工费	材料费	机械费	管理费	利润	名称	单位	数量
CD2206	跷板开关明装	套	13.52	5.92	6.27	—	0.41	0.93	照明开关	套	1.020
CD2207	跷板暗开关单控 ≤3 联	套	9.38	6.36	1.57	—	0.45	1.00	照明开关	套	1.020
CD2208	跷板暗开关单控 ≤6 联	套	12.33	7.98	2.53	—	0.56	1.26	照明开关	套	1.020
CD2209	跷板暗开关双控 ≤3 联	套	10.19	6.84	1.79	—	0.48	1.08	照明开关	套	1.020
CD2210	跷板暗开关双控 ≤6 联	套	12.55	7.98	2.75	—	0.56	1.26	照明开关	套	1.020

D.14.19 插座安装（编码：030404035）

D.14.19.1 普通插座按钮

工作内容：测位、划线、打眼、埋塑料胀管、装插座、接线、装盖。

定额编号	项目名称	单位	综合基价/元	其中					未计价材料		
				人工费	材料费	机械费	管理费	利润	名称	单位	数量
CD2227	单相 暗插座电流（A）≤15	套	9.08	6.36	1.27	—	0.45	1.00	成套插座	套	1.020
CD2228	单相 暗插座电流（A）≤30	套	9.65	6.72	1.40	—	0.47	1.06	成套插座	套	1.020
CD2229	单相带接地暗插座电流（A）≤15	套	11.22	7.86	1.57	—	0.55	1.24	成套插座	套	1.020
CD2230	单相带接地暗插座电流（A）≤30	套	12.09	8.40	1.77	—	0.59	1.33	成套插座	套	1.020
CD2231	三相带接地暗插座电流（A）≤15	套	12.19	8.40	1.87	—	0.59	1.33	成套插座	套	1.020
CD2232	三相带接地暗插座电流（A）≤30	套	13.44	9.21	2.13	—	0.64	1.46	成套插座	套	1.020

7. D.14 电气设备调试工程（编码：030414）

（1）说明

① 本章内容包括发电、输电、配电、太阳能光伏电站、用电工程中电气设备的分系统调试、整套启动调试、特殊项目测试与性能验收试验内容。电动机负载调试定额包括带负载设备的空转、分系统调试期间电动机调试工作。

② 调试定额是按照现行的发电、输电、配电、用电工程启动试运及验收规程进行编制的，标准与规程未包括的调试项目和调试内容所发生的费用，应结合技术条件及相应的规定另行计算。

③ 调试定额中已经包括熟悉资料、编制调试方案、核对设备、现场调试、填写调试记录、整理调试报告等工作内容。

④ 本章定额所用到的电源是按照永久电源编制的，定额中不包括调试与试验所消耗的电量，其电费包含在其他费用（甲方费用）中。当工程需要单独计算调试与试验电费时，应按照实际表计电量计算。

⑤ 分系统调试包括电气设备安装完毕后进行系统联动、对电气设备单体调试进行校验与修正、电气一次设备与二次设备常规的试验等工作内容。非常规的调试与试验执行特殊项目测试与性能验收试验相应的定额子目。

⑥ 输配电装置系统调试中电压等级≤1 kV 的定额适用于所有低压供电回路，如从低压配电装置至分配电箱的供电回路（包括照明供电回路）；从配电箱直接至电动机的供电回路已经包括在电动机的负载系统调试定额内。凡供电回路中带有仪表、继电器、电磁开关等调试元件的（不包括刀开关、保险器），均按照调试系统计算。输配电设备系统调试包括系统内的

电缆试验、绝缘耐压试验等调试工作。桥形接线回路中的断路器、母线分段接线回路中断路器均作为独立的供电系统计算。配电箱内只有开关、熔断器等不含调试元件的供电回路，则不再作为调试系统计算。

⑦ 根据电动机的形式及规格，计算电动机负载调试。

⑧ 接地网测试：

a. 接地网接地电阻的测定。一般的发电厂或变电站连为一体的母网，按一个系统计算；自成母网不与厂区母网相连的独立接地网，另按一个系统计算。

b. 工厂、车间、大型建筑群各有自己的接地网（接地电阻值设计有要求），虽然在最后也将各接地网联在一起，但应按各自的接地网计算，不能作为一个网，具体应按接地网的接地情况（独立的单位工程），套用接地调试定额。

c. 利用基础钢筋作接地和接地极形成网系统的，应按接地网电阻测试以“系统”为单位计算。建筑物、构筑物、电杆等利用户外接地母线敷设（接地电阻值设计有要求的），应按各自的接地测试点（以断接卡为准）以“组”为单位计算。如工程中同时具有上述情况，则分别计算。

d. 避雷针接地电阻的测定。每一避雷针均有单独接地网（包括独立的避雷针、烟囱避雷针等）时，均按一组计算。

e. 独立的接地装置按组计算。如台柱上变压器有一个独立的接地装置，即按一组计算。

f. 配电室自成母网不与工程项目母网相连的独立接地网，单独计算一个系统测试工程量。

g. 其他材料费中包括调试消耗、校验消耗材料费。

（2）部分常用定额

D.17.6 输配电装置系统调整（编码：030414002）

工作内容：自动开关或断路器、隔离开关、常规保护装置、电测量仪表、电力电缆等一、二次回路系统的调试。

定额编号	项目名称	单位	综合基价/元	其中					未计价材料		
				人工费	材料费	机械费	管理费	利润	名称	单位	数量
CD2389	≤1 kV交流供电	套	346.01	236.43	1.63	44.01	19.63	44.31			
CD2390	≤10 kV交流供电带负荷隔离开关	套	653.17	408.96	4.91	118.94	36.95	83.41			
CD2391	≤10 kV交流供电带断路器	套	1 432.36	575.10	4.91	587.32	81.37	183.66			

D.17.27 接地系统装置（编码：030414011）

定额编号	项目名称	单位	综合基价/元	其中					未计价材料		
				人工费	材料费	机械费	管理费	利润	名称	单位	数量
CD2572	独立接地装置≤6根接地线	组	456.08	273.57	10.35	89.40	25.41	57.35			
CD2573	接地网	系统	1 138.25	684.18	23.56	233.55	63.54	143.42			

模块三　安装工程计量与计价软件应用

项目六　认识安装工程计量与计价软件

素质目标

培养应用新技术的能力。

知识目标

认识和熟悉市场上现有的安装工程计量与计价软件的种类和品牌。

能力目标

能选择编制安装工程计量与计价的软件。

任务一　认识软件的作用

对于从事安装工程计量与计价工作的造价人员来说，用手工编制工程量清单及清单计价书，其计算量大、计算错误率高、耗时长。现阶段，随着计算机硬件与软件技术的不断提高，工程造价应用软件的设计水平也越来越高，用计算机辅助编制施工图预算的应用也越来越广泛。这就使得广大的造价从业者，在熟练掌握安装工程计量与计价理论知识、手工计算安装工程工程量及预算价格的基础上，必须能熟练利用一系列造价软件进行工程量计算、综合单价计算、清单计价报价、材料价格汇总等一系列的工作，完成安装工程工程量清单及清单计价书的编制。

任务二　认识软件的分类

从 20 世纪 90 年代开始，我国造价方式逐步过渡到企业自主报价、市场确定报价的方式，实行了造价师职业资格制度和工程造价咨询单位资质审核制度，工程造价软件也从这个时期产生和发展起来。目前，造价市场上使用的软件主要有宏业、鹏业、广联达、清华斯维尔、算王、神机妙算、鲁班等品牌软件。根据软件的功能，安装工程使用的造价软件主要分为两类：一类是安装工程算量软件，另一类是清单计价软件。

（一）安装工程算量软件

近年来，随着造价人员对于安装工程量计算电算化的要求越来越强烈，各软件公司纷纷组织力量突破算量软件的瓶颈，开发了 BIM 安装算量软件。该类型软件通过调入外部 CAD 图纸，进行图元属性定义，来识别、统计并核算安装工程量，能够极大程度地减轻手工计算工程量的负担。目前，随着 BIM 技术在我国的推广使用，BIM 安装算量软件的普及度提升很快。

（二）清单计价软件

最新的清单计价软件，是各软件公司为配合 2013 年的《计价规范》以及各地区最新《计价定额》的颁布实施，开发的建设工程计价配套软件。 该类型软件在功能设计上，除了能完全按照《计价规范》及《计价定额》完成工程量清单及清单计价编制工作外，还可使用传统定额计价功能，满足投标报价的多种模式需求，为建设、施工、审核、招标、投标单位提供全面的解决方案，是广大工程造价人员广泛使用的一类软件。

项目七　安装工程计量软件应用

素质目标

培养应用新技术解决工程问题的能力，推动建筑信息化，助力数字化中国建设。

知识目标

熟悉应用工程计量软件进行清单工程量计算的过程和步骤。

能力目标

能够应用计量软件，进行简单的清单工程量计算。

任务一　认识 BIM 安装算量软件功能

本项目以广联达安装算量软件 GQI2021 为例，进行讲解。GQI 软件具有以下功能。

1. 多种算量模式，与 BIM 设计打通应用

GQI 中可以进行 CAD 图纸算量、PDF 图纸算量、天正实体算量、表格输入算量、描图算量等，各种算量模式满足你不同的算量需求；也可以直接对接基于 BIM-Magicad 设计模型算量应用。

2. 设备一键识别，快速计算工程量

GQI，一键提取图纸中不同类型、不同规格的设备，通过选择楼层可以做到指定楼层或全部楼层一键统计，数以千计的设备数量，我们以“秒”计算！

3. 管道一键提量

电气管线可以通过一键识别将整楼管线识别提量；通风、喷淋、给排水等专业管道均能“自动识别”，自动判断回路走线、自动提取规格型号、自动计算长度与面积。一键提量，品味“智慧”内涵。

4. 内置完善规则，精准计算工程量

计算规则全面与否，直接决定计算结果是否准确。GQI 全面内置了六大专业计算规则，甚至包含了 13 新清单规则。根据工程特点，能够灵活调整。数据的精准，从根本上得到保证。

5. 透视计算过程，详细的路径分析

不管是数量的统计，还是长度的计量，计算过程都可以实时联动查看。

6. 扫除盲角，无遗漏痕迹

GQI 的检查模型中包含漏量检查、漏项检查、碰撞检测、属性检查、设计规范检查多种检查功能，结合专家经验，典型工程数据，总结的检查规则，力保工程量无死角。

7. 三维显示

最逼真 3D 全构件显示，常见设备、管道，以及细小构件，如卡箍、法兰，甚至保温都可以显示，完全还原施工现场。

8. 报表自由设置

GQI 提供工程量报表、系统报表、明细表以及几十种模板供使用。此外，还可以通过万能的报表设置器随心所欲地设置报表。

任务二　BIM 安装算量软件操作

现以本教材项目三中，【例 3.1】的工程项目为例，进行 GQI2021 软件的操作；图纸见图 3.24。

图 3.24　CAD 图纸下载

（一）新建工程

双击桌面“广联达 BIM 安装计量 GQI2021”图标→单击“新建”进入“新建工程”（图 7.1），完成案例工程的工程信息及编制信息。

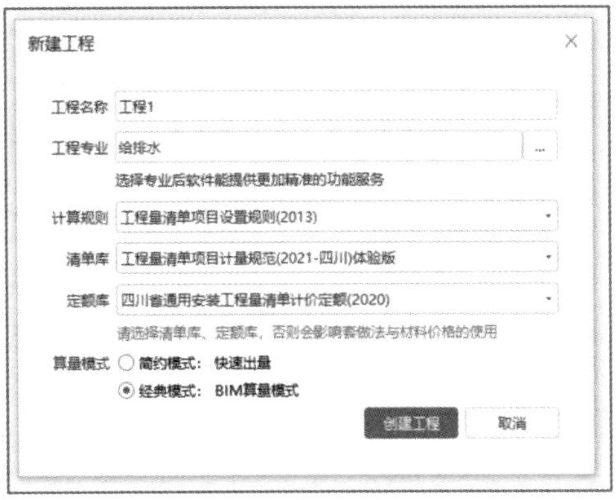

图 7.1　新建工程

【备注】在新建工程中，只需要对工程名称及计算规则进行明确即可，清单库及定额库前期不明确可以在后期匹配。

（二）工程设置

点击功能包“楼层设置”,“计算设置”等，根据案例工程图纸中“设计说明一”和“结构设计说明”的图纸信息，完成案例工程中给排水工程有需要设置的参数项：本次工程案例有基础层和地上一层。接着进行工程信息→楼层设置→设计说明信息→计算设置→其他设置的参数信息填写。

本案例如图 7.2 所示及图 7.3 所示。

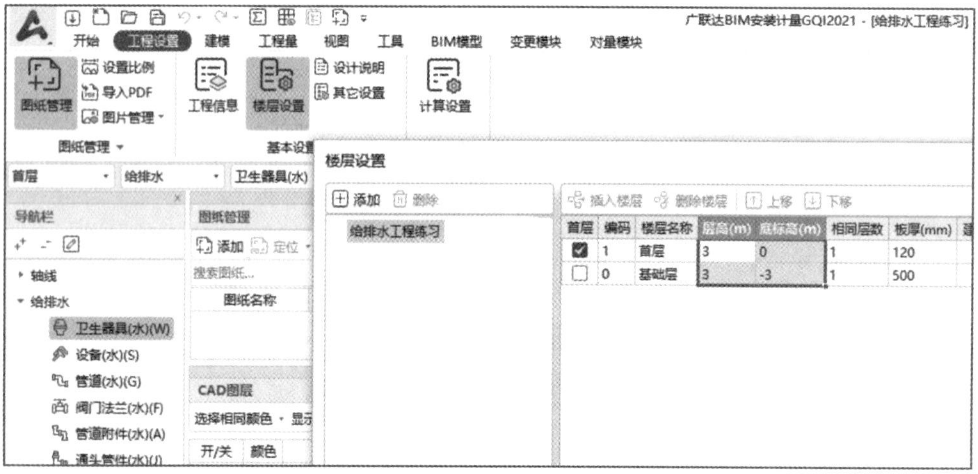

图 7.2 楼层标高设置

【备注】每次设置完成一个单项后记得点击保存，后续操作都一样。

避免工程数据丢失，还可以利用“工具”菜单栏中的“选项”，将文件“自动提示保存”的时间间隔由 15（分钟）根据自己的需要调小。

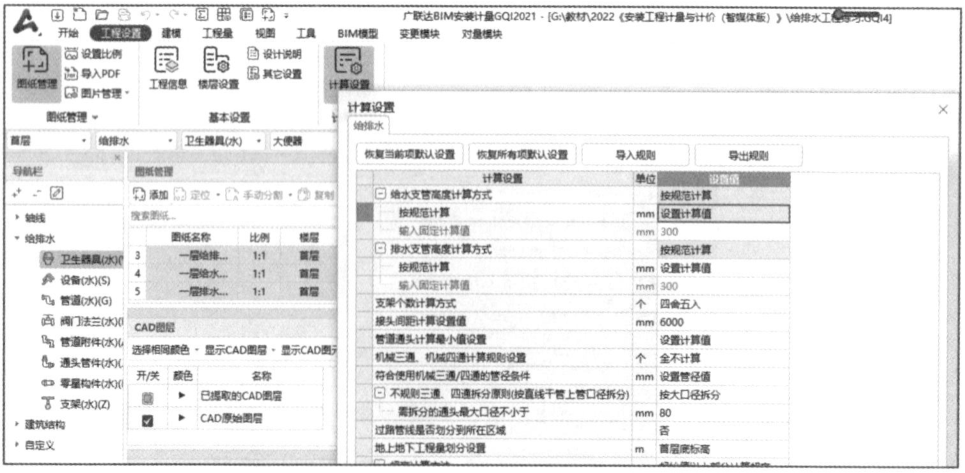

图 7.3 计算设置

【备注】案例工程信息直接参考案例图片信息填写，整个章节都一样。软件按照大家工程量计算过程中不同的使用场景，提供多种工程量计量方式：利用绘图输入界面，通过导入 CAD 图纸识别，进行工程量的计量；利用表格输入界面，模拟手工算量过程，快速计量。

（三）建 模

1. 图纸管理

（1）点击模块导航栏“工程设置”，进入工程设置界面。

（2）点击功能包“图纸管理”，进入图纸管理界面。如图 7.4 所示。

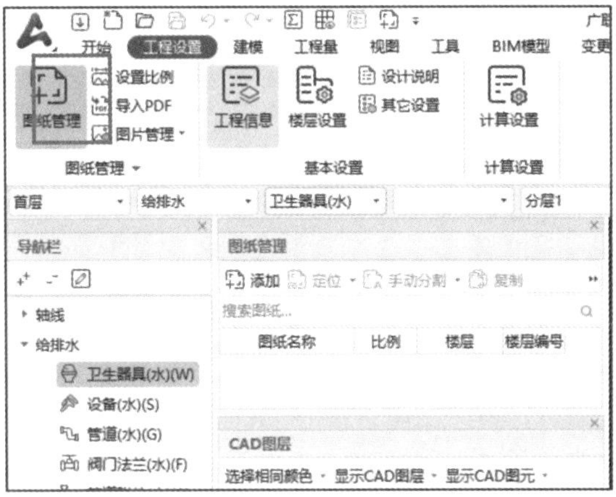

图 7.4 图纸管理

（3）左键点击“添加图纸”，导入对应专业图纸。如图 7.5 所示。

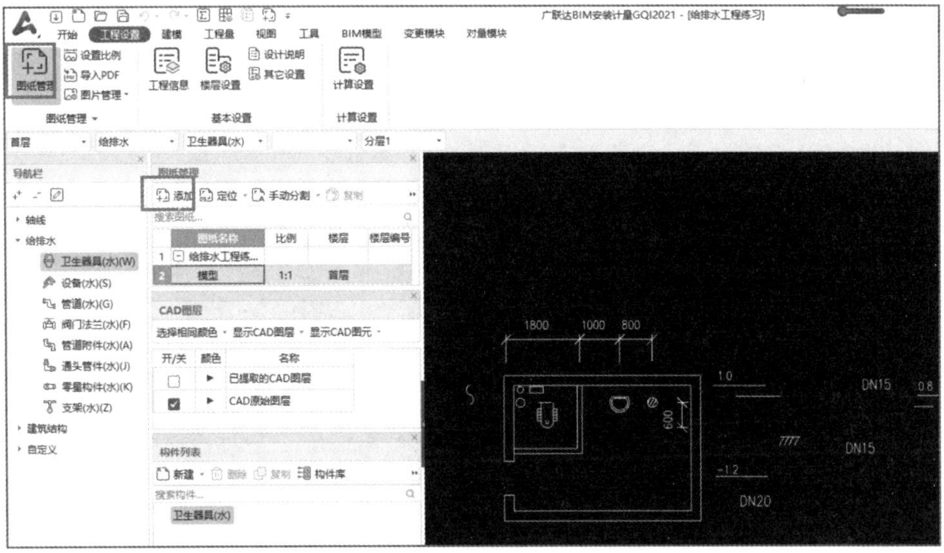

图 7.5 添加图纸

（4）点击“分割定位图纸”，鼠标左键定位图纸，右键确认，框选图纸，右键确认。

2. CAD 识别选项

点击“建模”界面→点击功能包“识别卫生器具”→“CAD 识别选项”，根据图纸设计要求，修改相应的误差值，如图 7.6 所示。

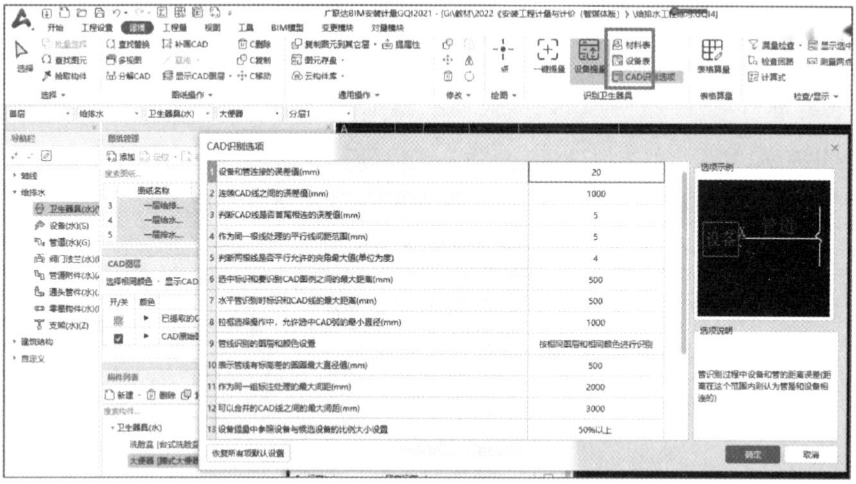

图 7.6　CAD 识别选项

【备注】对于 CAD 识别选项中，拿捏不准的地方，可以借助相应右侧选项示例及选项说明，进行设置。

首先明确一下，智能识别完成给排水专业工程量的计取过程：卫生器具→设备→管道→阀门法兰→管道附件→通头管件→套管（零星构件中）。

3. 卫生器具识别

单击给排水专业中“构件列表”，点击“新建”→“新建卫生器具”，在其属性值中选择对应的器具并修改相应的器具名称，如图 7.7 所示。

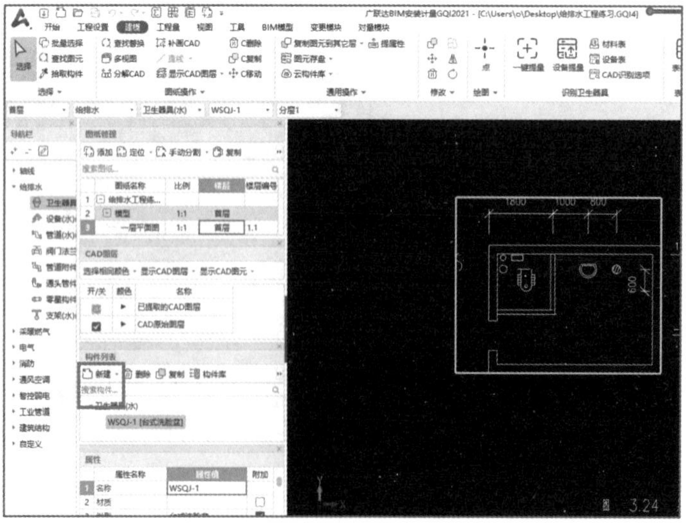

图 7.7　建立卫生器具

根据图纸设计要求新建案例工程中存在的卫生器具，如洗脸盆，在属性编辑器中输入相应的属性值。注意修改卫生器具的类型、距地高度属性，软件中内置有不同类型卫生器具下，常用的距地高度，在修改类型属性时，距地高度会联动显示一个常见值，如果与工程中的实际情况不符，还可以进行手动修改。本案例如图 7.8 所示。

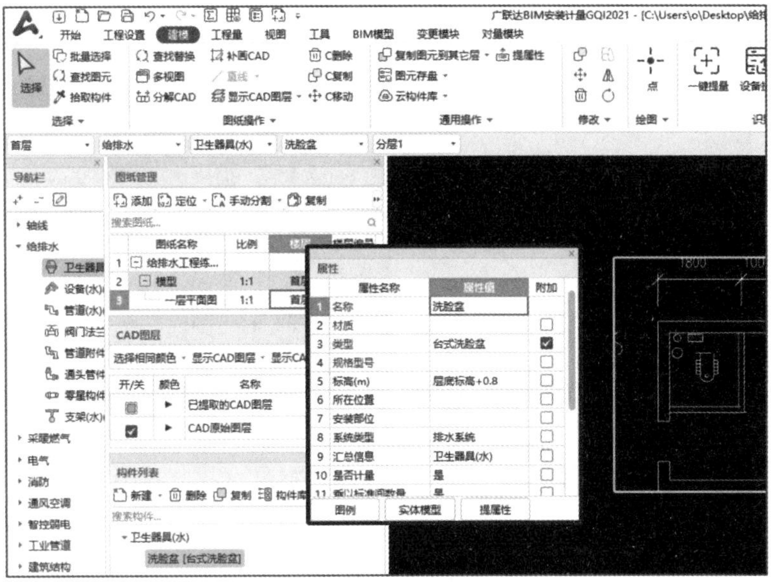

图 7.8　洗脸盆的属性

点击“设备提量”选项对工程中的洗脸盆进行识别。本案例洗脸盆识别完毕如图 7.9 所示。

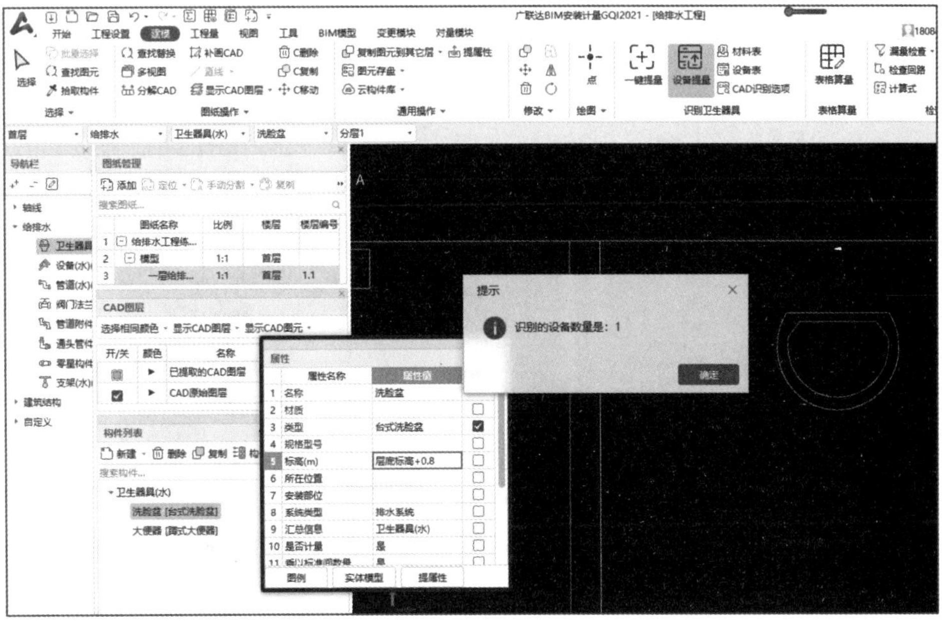

图 7.9　洗脸盆识别结果图

任务要求：完成对大便器的识别，并统计大便器的工程量。

4. 卫生器具提量

点击“工程量”→“图元查量”界面，选择要检查的区域，设备工程量显示如图 7.10 所示。

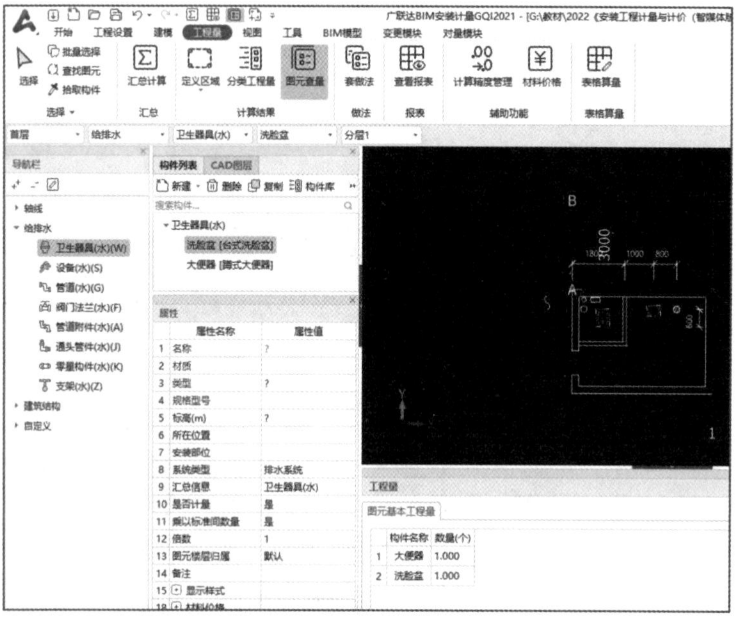

图 7.10　工程提量

5. 管道识别

导航栏中，单击给排水专业中“管道（水）”。

（1）识别水平管，软件提供有“选择识别”、“自动识别”两种方式识别给排水管。在本案例工程中，建议大家采用“选择识别”方式进行管道的识别。案例工程如图 7.11 所示。

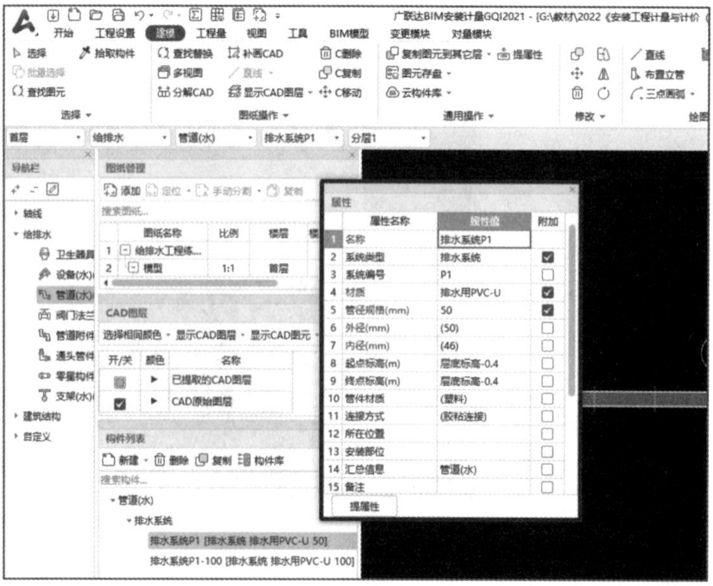

图 7.11　管道的属性

任务要求：完成对整个给排水专业工程的管道识别。

（2）识别布置立管，首先可以点击功能包中“布置立管”选项。如图 7.12 所示。

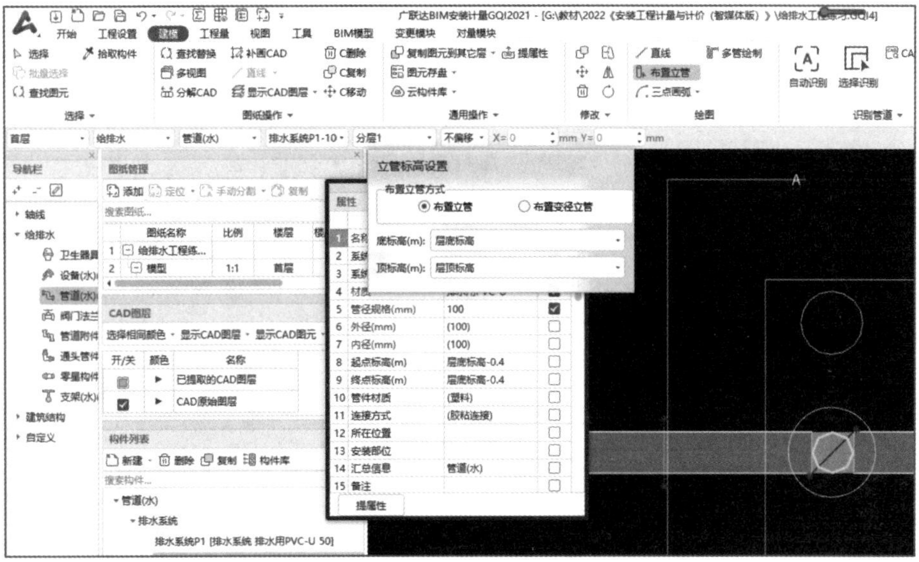

图 7.12　立管的三维立体图

【备注】选择识别：选择一根或多根 CAD 线进行识别；案例工程如图 7.13 所示。

自动识别：选择一根代表管道的 CAD 线和它的对应管径标注（没有也可以不选），一次性可以把该楼层内整个水路的管线识别完毕。

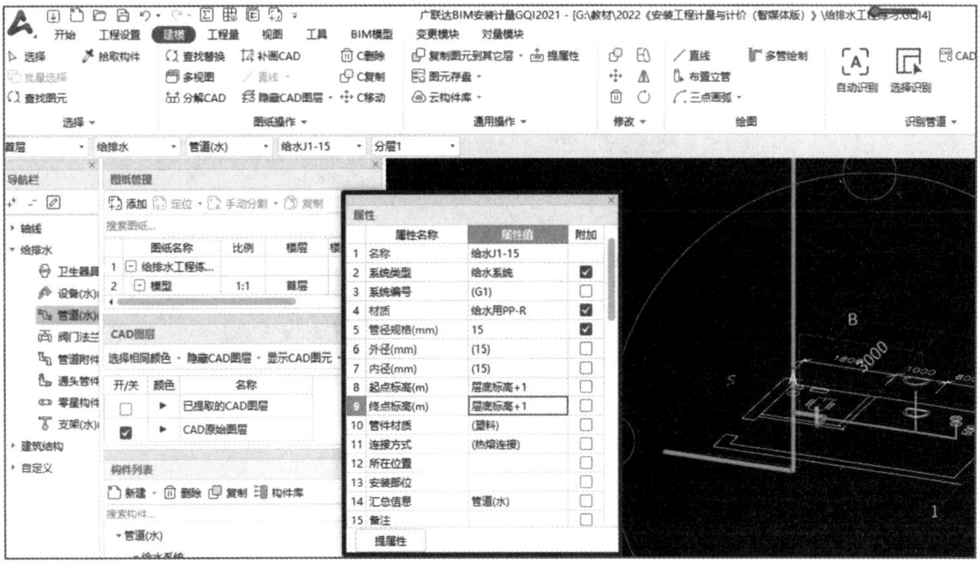

图 7.13　管道的三维立体图

6. 管道附件识别

导航栏中，单击给排水专业中“管道附件（水）”，根据图纸设计要求新建相应的管道附件，在属性编辑器中输入相应的属性值，管道附件有如：水表、压力表、水流指示器等。案例工程给排水附件（水表）如图 7.14 所示。

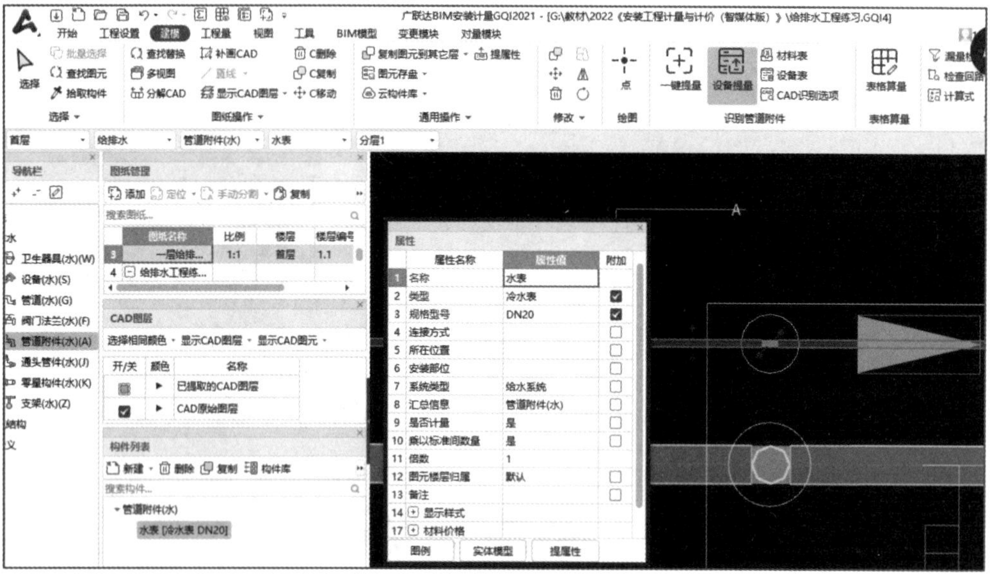

图 7.14　管道附件的属性

7. 给排水管道检查提量

采用“检查回路”、“计算式”等功能，检查系统工程量计算是否正确，如图 7.15 所示。

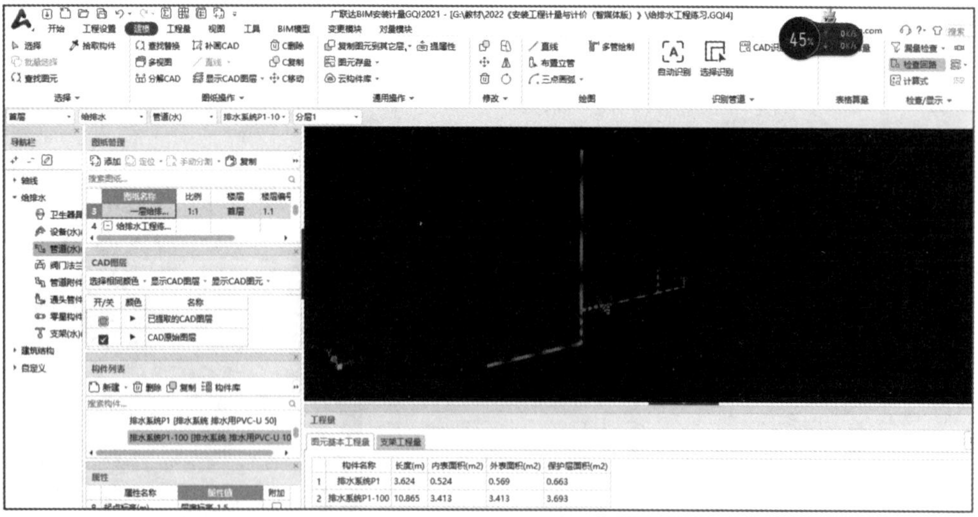

图 7.15　检查管道回路及工程量

8. 零星构件识别

导航栏中，单击给排水专业中“零星构件”，根据图纸设计要求生成相应的零星构件，现以套管生成为例。首先，在建筑结构中，先自动识别墙，生成外墙；然后，在“零星构件”中，点击“生成套管”。案例工程生成套管操作如图 7.16 所示。

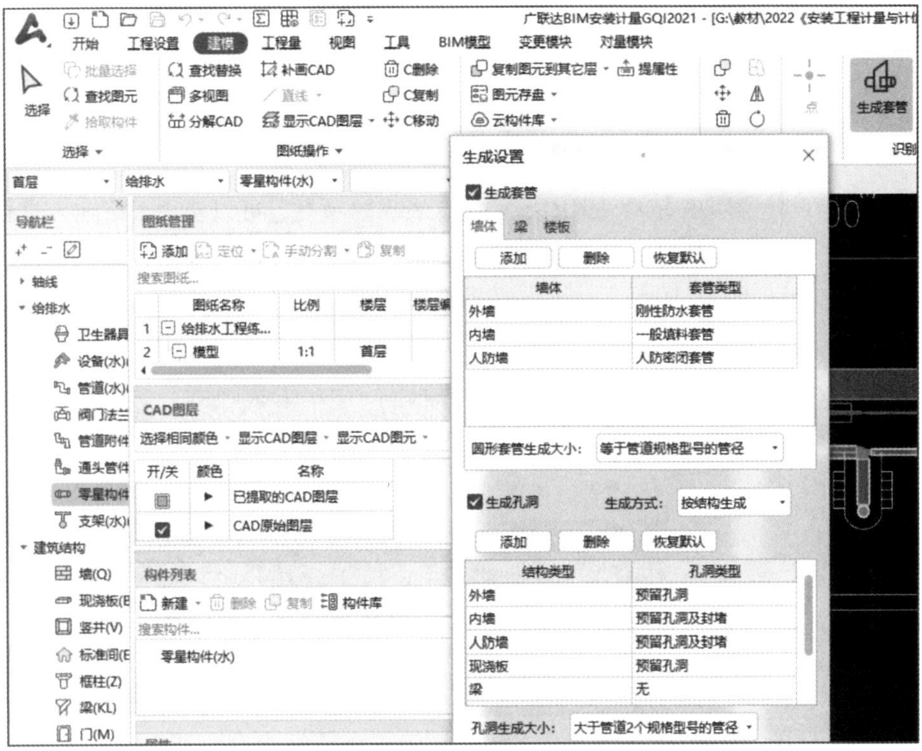

图 7.16　生成套管设置

【补充秘籍】在完成了整个给排水工程的工程量计取后，是否想对自己的劳动成果有个更加直观的感受呢？软件提供了三维查看的功能——“动态观察”，也方便大家对工程进一步进行检查。同时，结合“选择楼层”，可以查看整个工程所有楼层的三维显示效果，而非仅仅是当前楼层了，如图 7.17 所示。

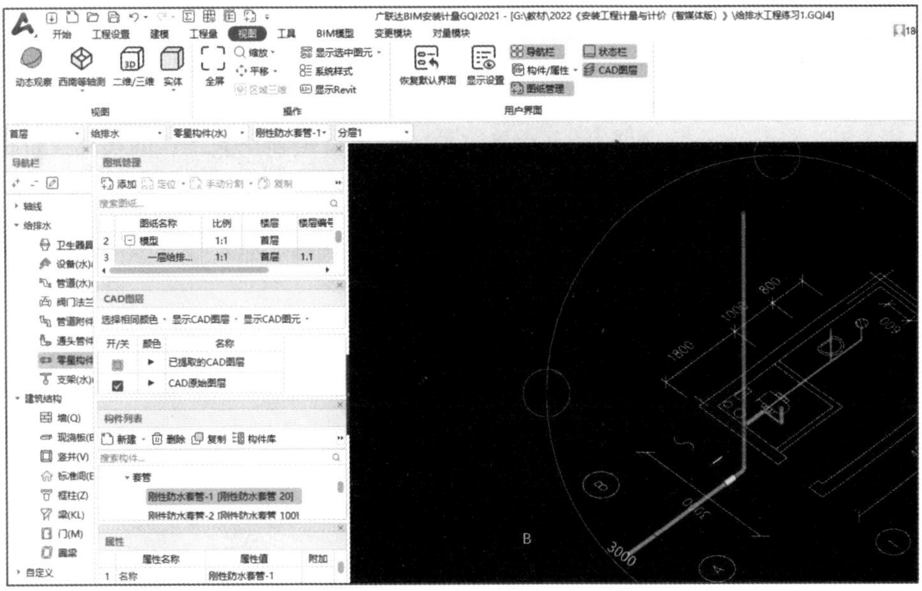

图 7.17　动态观察的工具栏

（四）表格输入法

学习完建模输入界面的整体操作流程，明确图纸中的工程量是如何在软件中实现计量后，下面再来看一下表格输入界面的操作流程。

对阻火圈等设计说明中有的，但图纸上没有表现的项目，可以使用表格输入进行安装算量。表格输入是安装算量的另一种方式，根据拟建工程的实际进行手动编辑、新建构件、编辑工程量表，最后计算出工程量。如图 7.18 所示。

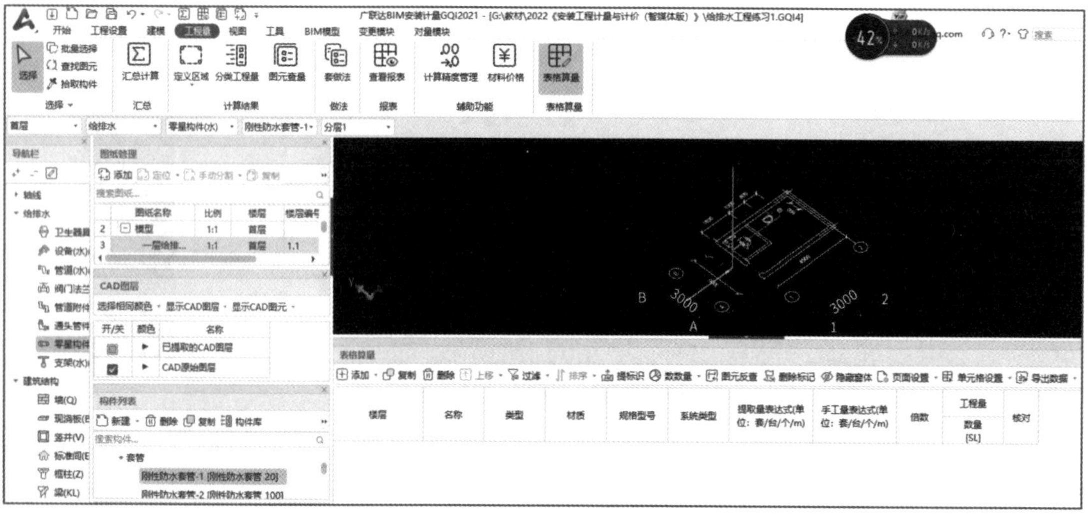

图 7.18　表格输入界面

对于不同的数据输出需求，可以利用工具栏上的“页面设置”进行个性化设置；同时，软件提供“单元格设置”，方便在实际使用中进行标记，例如：哪些是需要进一步洽商的，可以特殊标记出来。

【备注】表格输入法主要是针对 CAD 图纸上不能通过识别功能计算的构件，进行手动输入计算；或者在无 CAD 图纸情况下，进行手工算量。

工程量已经在绘图输入及表格输入界面完成计量，那么，做法的套用又该如何完成呢？集中套用做法界面为我们提供了一个便利的平台。

（五）集中套用做法

在功能包“工程量”中，点击“套做法”，可对整个项目的所有构件进行做法的统一套用，如手动套用“选择清单”、“选择定额”，也可以“自动套用清单”，完成整个项目工程的做法套用，从而快速得出工程量做法表，如图 7.19 所示。

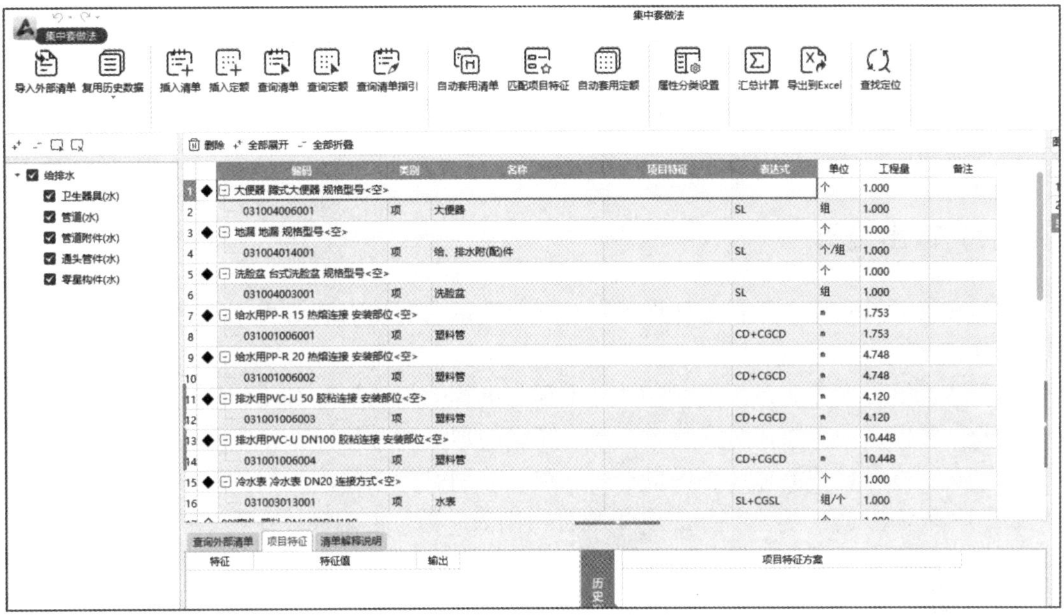

图 7.19　集中套用做法界面

（六）查看报表

整个工程量计取完毕，并套取了做法，该导出相应的工程量数据了。

点击“查看报表”，注意先行对整个专业工程进行汇总计算。

计算完成后，点击“报表预览”即可以查看给排水专业工程的工程量报表，也可以导出EXCEL文件，如图7.20所示。

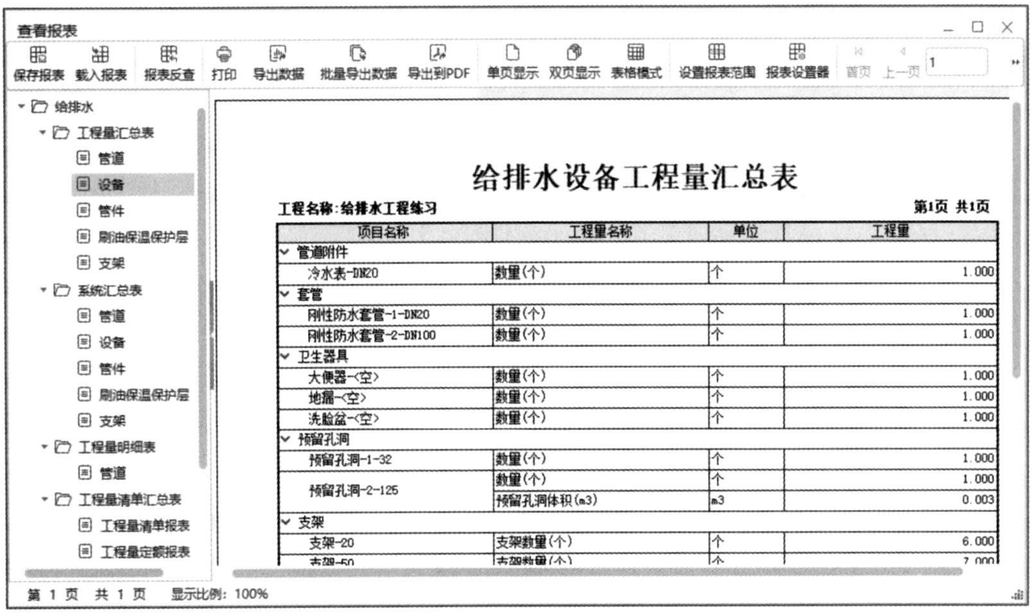

图 7.20　导出数据界面

【备注】报表预览可以选择查看所完成的专业工程的工程量，同时也可以导出 EXCEL 文件的形式提交阶段任务作业。同样，像表格输入界面，类似的可以利用“报表显示设置”对表格中需要显示或需要隐藏的工程量进行个性设置；而利用“报表反查”，则可以反查图元数据到相应的绘图界面的各个楼层中。

（七）输出结果

（1）安装算量软件中工程量计算规则必须与图纸及通用安装工程工程量计算规范中规则保持一致。

（2）结合给排水专业案例工程，学会手算与电算结果的汇总对比分析，针对其中比较典型的部分，可以进一步加强对安装专业理论知识的理解和对软件操作应用的熟悉。

（3）安装算量软件汇总计算后报表有五类，分别是绘图输入工程量汇总表、系统汇总表（分楼层）、系统汇总表（不分楼层）、工程量明细表、部位汇总表。查看工程量时，注意区分所需要的工程量对应报表。

任务三　应用软件计算某住宅楼给排水工程量

试用软件计算本教材项目三中任务五（某住宅楼给排水）的清单工程量。

项目八　安装工程计价软件应用

素质目标

培养应用新技术解决工程问题的能力，推动建筑信息化，助力数字化中国建设。

知识目标

熟悉应用工程计量价件进行工程量清单计价的过程和步骤。

能力目标

能够应用计价软件，进行清单计价书编制。

任务一　认识 BIM 工程量清单计价软件功能

本项目以广联达云计价平台 GCCP6.0 为例，进行讲解。该软件平台基于大数据、云计算等信息技术，为计价客户群，提供概算、预算、竣工结算阶段的数据编审、积累、分析和挖掘再利用，实现计价全业务一体化，全流程覆盖，从而使造价工程更高效、更智能。该平台具有以下功能。

1. 云数据功能

定额等数据库无需安装，在线应用，软件安装效率高，通过云端服务最新政策文件（勘误、费率文件等）实现在线快速更新。

2. 云报表功能

提供 3 000 多种云端报表方案；支持 PDF、EXCEL 在线智能识别搜索，个性化报表直接应用。

3. 优化智能组价功能

智能组价推荐历史组价数据，快速完成组价；提供在线云检查功能，快速分析清单组价合理性，提高组价准确性。

4. 量价一体功能

建立计价中清单子目和算量中构建的关联关系，实现快速提量。

5. 优化结算审核功能

合同内允许新增分部、清单、定额，相同材料沿用合同内价格，与原合同差异颜色标识区分。

任务二　BIM 工程量清单计价软件操作

现以本教材项目三中【例 3.1】的工程项目为例，进行 GCCP6.0 软件的操作。

（一）新建投标项目

1. 新建项目

双击桌面“广联达云计价平台 GCCP6.0”图标→单击“新建”进入“新建预算”，如图 8.1。

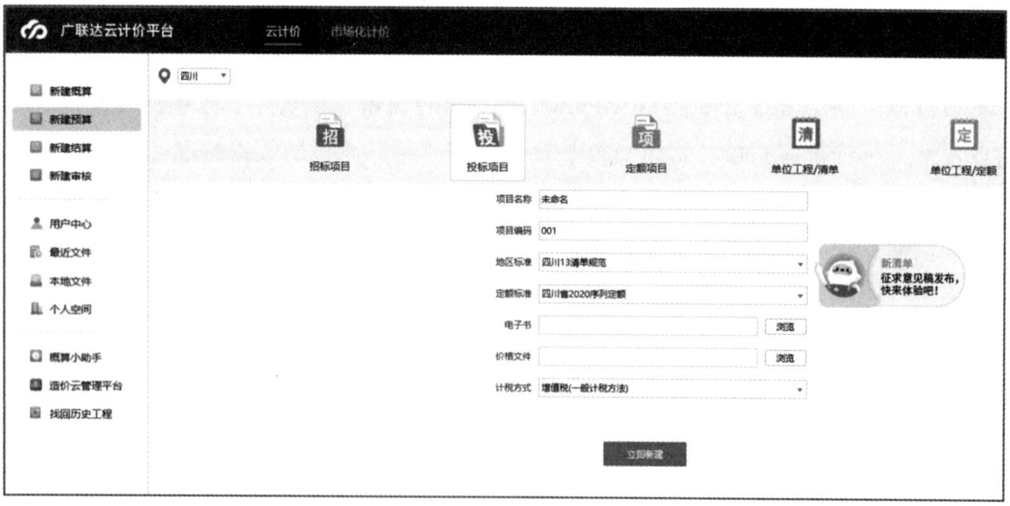

图 8.1　新建项目

2. 新建单位工程

在【单位工程】处，点击【安装工程】，建好安装工程后，如图 8.2。

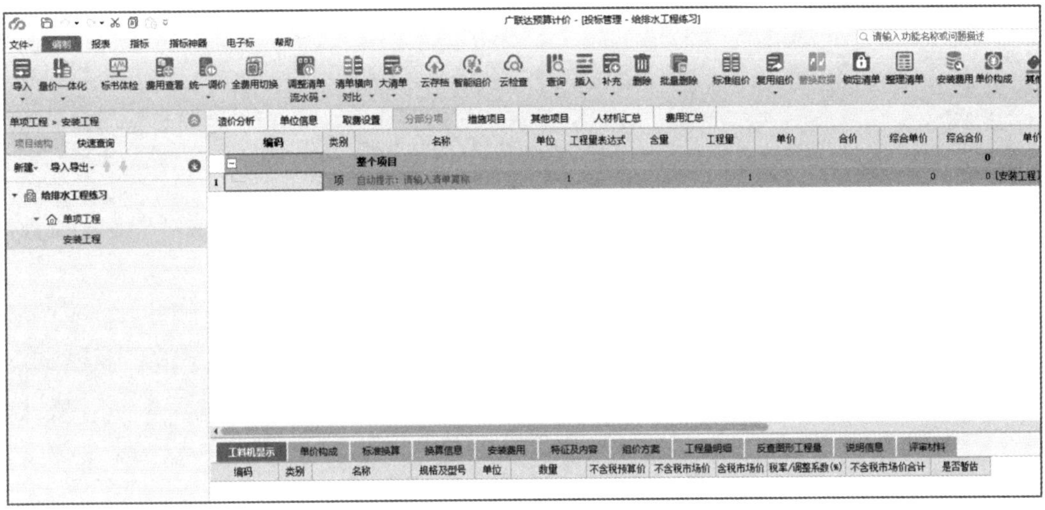

图 8.2　新建安装工程

（二）导入工程文件

（1）进入单位工程界面，点击【导入】选择【导入 Excel 文件】如图 8.3，选择相应工程量清单的 Excel 文件。

图 3.24 给排水工程量 Excel 文件下载

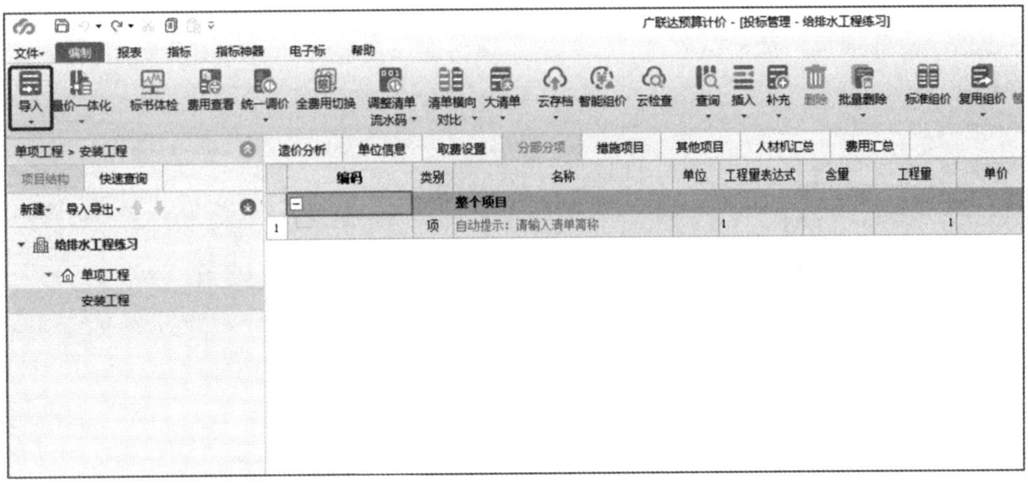

图 8.3　选择导入 Excel 文件

选择 Excel 文件所在位置，然后我们要进行检查列是否对应，无误后单击导入。

（2）完善分部分项清单，将项目特征补充完整。

解除清单锁定，进行项目特征的编辑完善。

（三）分部分项工程清单和定额插入

对于没有清单工程文件的项目，手动插入清单，并套用定额。

在分部分项页，点击【插入】选择【插入清单】或【插入子目】如图 8.4。

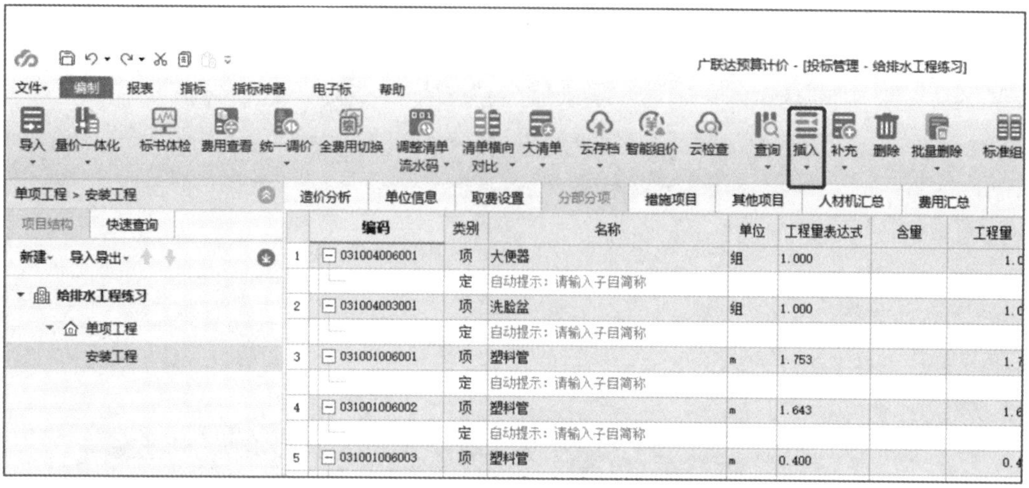

图 8.4 插入清单项及子目

也可在分部分项空格内，使用清单指引，选择对应的清单项目和定额项目。

（四）措施项目安装费用计入

由于安装工程中，不同的专业项目需要计取不同的脚手架搭拆费、系统调整费等，在该软件中将这些费用称为安装费用。计取过程操作如下：

点击“措施项目”页面，单击“安装费用”功能，在需要计取的安装费用前打勾，见图 8.5。

图 8.5 安装费用计取操作

（五）其他项目清单

其他项目清单，按照招标文件要求，将数据填入软件对应位置。

（六）调整费用

（1）在案例工程，“人材机汇总”界面下，可以根据软件提供的信息价、市场价等内容，调整材料价格，如图 8.6。

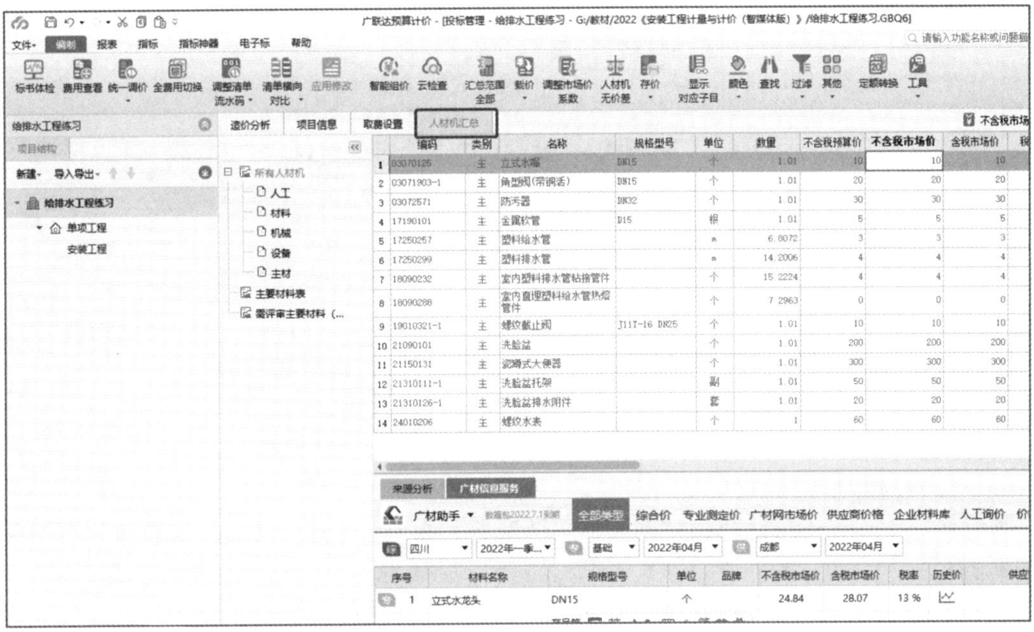

图 8.6　调整市场价

（2）如招标文件要求部分材料暂估，对于暂估材料表中要求的暂估材料，可以在人材机汇总中将暂估材料选中，并关联暂估材料。如图 8.7。

图 8.7　暂估材料关联

（3）在软件界面，可点击【取费设置】进行费率的统一调整，如图 8.8。

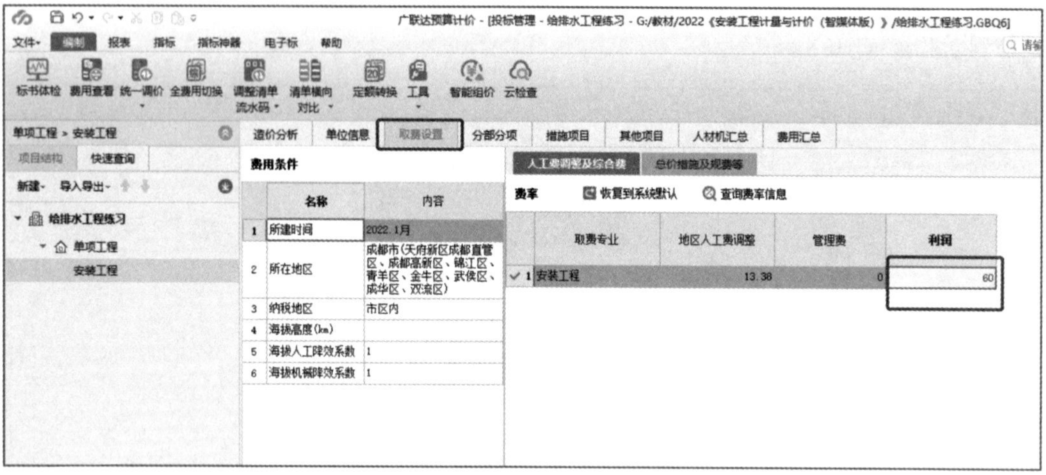

图 8.8　统一调整费率

（4）统一调整取费。

根据招标文件要求可同时调整两个标段的取费，在项目下运用【统一调价】进行调整，如图 8.9。

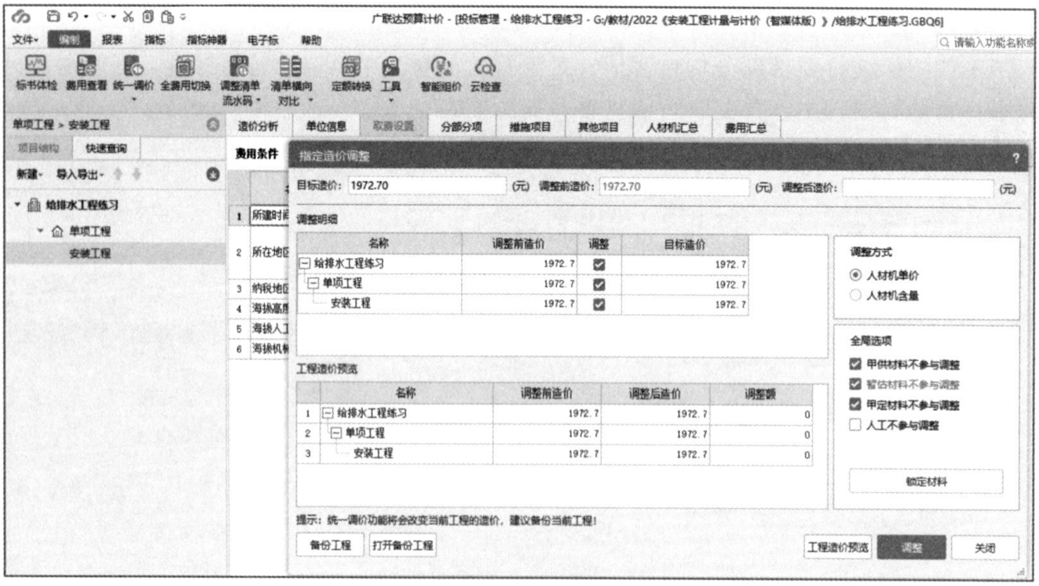

图 8.9　统一调整取费

（七）标书体检

软件提供了标书自检，点击“标书体检”，如图 8.10。

图 8.10 标书自检

（八）报表导出及打印

（1）进入报表界面，选择投标方，单击需要输出的报表。预览如图 8.11。

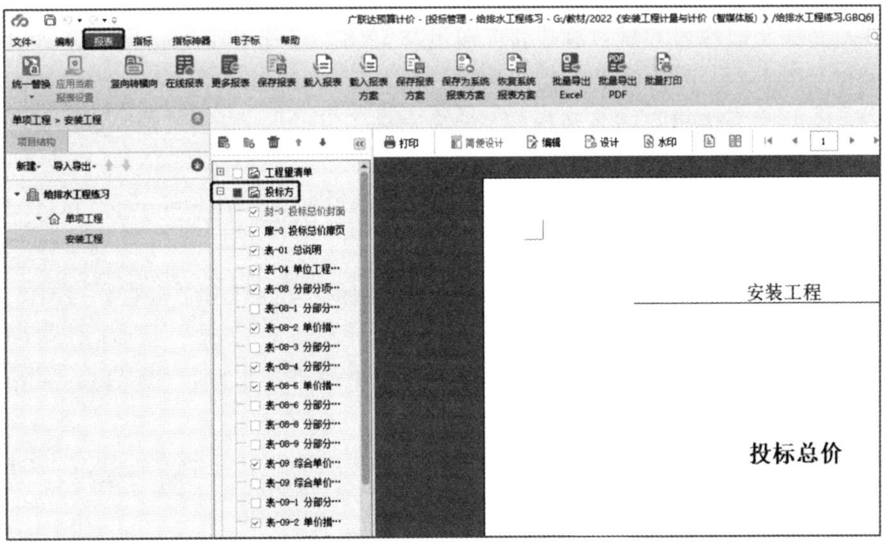

图 8.11 报表预览

（2）报表调整后，进行批量打印或导出。

任务三 应用软件编制某办公室电气照明工程投标报价书

试用软件编制本教材项目五中任务四（项目某办公室电气照明工程）的投标报价书。

参考文献

[1] 中华人民共和国住房和城乡建设部. 建设工程工程量清单计价规范：GB 50500—2013[S]. 北京：中国计划出版社，2013.

[2] 中华人民共和国住房和城乡建设部. 通用安装工程工程量计算规范：GB 50856—2013[S]. 北京：中国计划出版社，2013.

[3] 四川省建设工程造价总站. 四川省建设工程工程量清单计价定额 通用安装工程[Z]. 成都：四川科学技术出版社，2020.

[4] 刘晓艳，李华东. 安装工程计量与计价[M]. 成都：西南交通大学出版社，2011.

[5] 辽宁省建设厅. 建筑给水排水及采暖工程施工质量验收规范：GB 50242—2002[S]. 北京：中国建筑工业出版社，2002.

[6] 中华人民共和国住房和城乡建设部. 建筑给水排水制图标准：GB/T 50106—2010[S]. 北京：中国建筑工业出版社，2010.

[7] 中华人民共和国住房和城乡建设部. 通风与空调工程施工质量验收规范：GB 50243—2016[S]. 北京：中国计划出版社，2016.

[8] 中华人民共和国住房和城乡建设部. 洁净室施工及验收规范：GB 50591—2010[S]. 北京：中国建筑工业出版社，2010.

[9] 中华人民共和国住房和城乡建设部. 洁净厂房设计规范：GB 50073—2013[S]. 北京：中国计划出版社，2013.

[10] 中华人民共和国住房和城乡建设部. 暖通空调制图标准：GB/T 50114—2010[S]. 北京：中国建筑工业出版社，2010.

[11] 中华人民共和国住房和城乡建设部. 民用建筑电气设计标准：GB 51348—2019[S]. 北京：中国建筑工业出版社，2019.

[12] 中华人民共和国住房和城乡建设部. 建筑电气工程施工质量验收规范：GB 50303—2015[S]. 北京：中国计划出版社，2015.

[13] 中华人民共和国住房和城乡建设部. 建筑电气制图标准：GB/T 50786—2012[S]. 北京：中国建筑工业出版社，2012.

[14] 刘永强. 安装工程计量与计价[M]. 北京：北京理工大学出版社，2020.

[15] 冯钢，景巧玲. 安装工程计量与计价[M]. 北京：北京大学出版社，2014.

[16] 李海凌. 安装工程计量与计价[M]. 北京：机械工业出版社，2014.

[17] 广联达建筑课堂：广联达 BIM 安装计量 GQI2017 实战课程. https：//jzkt.fwxgx.com/courses/3725.html.

[18] 广联达建筑课堂：计价必修-云计价 GCCP6.0 投标. https：//jzkt.fwxgx.com/courses/19162.html.